高等学校计算机专业规划教材

移动应用开发技术

彭涛 孙连英 刘畅 编著

U0286120

清华大学出版社

北京

内 容 简 介

移动互联网的浪潮席卷全球,移动终端(包括手机、平板电脑等)的销售量已经超过传统的个人计算机和笔记本电脑。在移动操作系统中,Google Android 已经占据主流地位,基于 Android 的移动应用开发技术也成为软件开发的重要组成部分之一。本书由浅入深地介绍了 Android 应用程序开发的方法和技术,并对多线程程序设计、异步任务编程、Android 网络编程进行了重点讲解。以网上书城 App 作为开发案例贯穿全书,也是本书的一大特色,该案例包含数据库、服务器端和 Android App 端的全部内容。

本书内容丰富,实用性强,主要面向软件工程、计算机科学与技术等相关专业的本科生、研究生,同时也可供高等职业教育、IT 开发人员使用。

图书在版编目(CIP)数据

移动应用开发技术/彭涛,孙连英,刘畅编著. —北京:清华大学出版社,2021.1(2025.1重印)
高等学校计算机专业规划教材
ISBN 978-7-302-55459-2

Ⅰ.①移… Ⅱ.①彭… ②孙… ③刘… Ⅲ.①移动电话机-应用程序-程序设计-高等学校-教材 Ⅳ.①TN929.53

中国版本图书馆 CIP 数据核字(2020)第 083948 号

责任编辑:龙启铭　常建丽
封面设计:何凤霞
责任校对:时翠兰
责任印制:沈　露

出版发行:清华大学出版社
　　　　网　　　址:https://www.tup.com.cn,https://www.wqxuetang.com
　　　　地　　　址:北京清华大学学研大厦 A 座　　　　邮　　编:100084
　　　　社 总 机:010-83470000　　　　邮　　购:010-62786544
　　　　投稿与读者服务:010-62776969,c-service@tup.tsinghua.edu.cn
　　　　质量反馈:010-62772015,zhiliang@tup.tsinghua.edu.cn
　　　　课件下载:https://www.tup.com.cn,010-83470236
印 装 者:北京鑫海金澳胶印有限公司
经　　销:全国新华书店
开　　本:185mm×260mm　　印　　张:23.5　　字　　数:540 千字
版　　次:2021 年 1 月第 1 版　　印　　次:2025 年 1 月第 4 次印刷
定　　价:69.00 元

产品编号:080571-01

前言

背景

移动互联网的浪潮席卷全球,移动终端(包括手机、平板电脑等)的销售量已经超过传统的个人计算机和笔记本电脑。在移动终端的智能操作系统中,Google Android 已经占据主流地位,基于 Android 平台的移动应用开发技术也成为软件工程、计算机科学与技术等专业技术体系的重要组成部分之一。

本书特色

本书由浅入深地介绍了基于 Android 平台进行应用程序开发的相关知识和技术,内容包括 Android 简介、Android 开发环境、第一个 Android App、Android 生命周期和用户界面、组件通信与广播消息、后台服务、网络编程技术,以及完整的综合示例设计与开发,尤其对多线程程序设计、异步任务编程、Android 网络开发等方面进行了重点讲解和论述。以网上书城 App 作为开发案例贯穿全书,也是本书的一大特色。全书知识点与应用实例相结合。本书内容从简单到复杂,阶梯式递进,读者可以根据需要选读。

读者对象

本书可作为高等院校软件工程、计算机科学与技术等相关专业本科生教材,也可作为相关专业研究生的参考资料,还可作为学习 Java 高级开发、数据库开发的职业技能培训教材。

本书作者

本书受到北京联合大学 2017 年产学合作规划教材建设项目资助,由北京联合大学软件工程优秀教学团队完成。参加本书编写工作的有北京联合大学的彭涛、孙连英和刘畅等,其中,第 1、2、5、11 章由彭涛编写,第 3、4、6、7 章由孙连英编写,第 8～10、12 章由刘畅编写,全书由彭涛统稿。在本书的编写过程中还得到了蒋圆、刘小安等的帮助,在此表示感谢。

对于本书实例开发中涉及的程序源代码,读者可以从清华大学出版社网站上免费下载。

由于作者水平有限,以及 Android 应用程序开发技术日新月异,书中遗漏之处在所难免,敬请读者批评指正。

编　者

2021 年 1 月

目录

第 9 章　Java 网络开发技术　　/241

第 10 章　XML 与 JSON 技术　　/267

第1章

Android App 开发概述

    Android 是由谷歌(Google)公司发布的一个开放源代码的手机平台,由 Linux 内核、中间件、应用程序框架和应用软件组成,是第一个可以完全定制、免费、开放的手机平台。

    本章对 Android 系统进行简介,说明了 Android App 开发的主要特点,同时对 Android 体系结构以及其中每一部分进行详细讲解。在对 Android 历史版本进行简要说明之后,对 Android App 开发中最常用的四大组件和核心配置文件 AndroidManifest.xml 进行介绍。本章最后介绍 Android App 开发工具 Android Studio 的安装及其特点。

1.1 Android 简介

    Android 系统的官方网站是 https://www.android.com/。Android 不仅能够在智能手机中使用,还可以在平板电脑、移动互联网终端、便携式媒体播放器和电视等电子设备上使用。随着 Android 4.0 版本的公布,Android 系统迎来了全新的时代。Android 4.0 同时支持智能手机和平板电脑,开发人员不需要针对不同屏幕尺寸开发多个版本的软件。以前只能用于大屏幕设备的开发技巧,现在也可以平滑地引入智能手机的开发页面中。

    早期的手机内部是没有操作系统的,所有软件都是由手机生产商在设计时定制的,因此手机设计完成后基本上没有扩展功能。后期的手机为了提高手机的可扩展性,使用了专为移动设备开发的操作系统。目前,手机上的操作系统主要包括 Google Android、Apple iOS、Microsoft Windows Phone 等。

    2003 年 10 月,Andy Rubin 等人一起创办了 Android 公司。2005 年 8 月,Google 公司花费 5000 万美元收购了这家仅成立 22 个月的公司,并让 Andy Rubin 继续负责 Android 项目。经过数年的研发之后,Google 公司终于在 2008 年推出了 Android 系统的第一个版本。但从此以后,Android 的发展就一直受到重重阻挠。Apple 创始人兼 CEO Steve Jobs 自始至终认为 Android 是一个抄袭 iPhone 的产品,其中使用了诸多 iPhone 的创意,并声称一定毁掉 Android。而本身就是基于 Linux 开发的 Android 操作系统,在 2010 年被 Linux 团队从 Linux 内核主线中除名。又由于 Android 中的应用程序都是使用 Java 开发的,Java 技术的所有者 Oracle(Java 技术的创始者 SUN 已于 2009 年 4 月被 Oracle 收购)则针对 Android 侵犯 Java 知识产权一事对 Google 公司提起了诉讼。可是,似乎再多的困难也阻挡不了 Android 快速前进的步伐。由于 Google 公司的开放政策,任何手机厂商和个人都能免费获取到 Android 操作系统的源代码,并且可以自由使用和定制。三星、HTC、摩托罗拉、索爱等公司都推出了各自系列的 Android 手机,Android 市场上百花齐放。仅仅推出两年后,Android 就超过已经霸占市场逾十年的 Nokia Symbian,成为全球第一大智能手机操作系统,并且每天还会有数百万台新的 Android 设备(包含手机、平板电脑、智能穿戴设备等)被激活。近几年,国内的手机也是大放异彩,小米、华为、魅族等新兴品牌都推出相当不错的 Android 手机,并且也得到市场的认可,如今 Android 已经占据全球智能手机操作系统 70% 以上的份额。目前,Android 系统的最新版本是 Android 8.1(截至 2018 年 3 月),其网址为 https://www.android.com/versions/oreo-8-0/。使用 Android 8.0 系统的手机,其关于手机的界面如图 1.1 所示。

图 1.1　使用 Android 8.0 系统的手机

2017 年 3 月,Google Android 系统超过 Microsoft Windows,成为网络第一大操作系统。对于移动平台,这也许具有里程碑意义。据分析公司 StatCounter 的研究发现,从网络使用上看,Google Android 首次超过 Microsoft Windows,成为第一大操作系统。2017 年 3 月,从 StatCounter 的网络活跃度看,Google 公司的 Android 系统占比 37.93%,超过 Microsoft Windows 系统的 37.91%。虽然数字差距微乎其微,但这已经足够说明问题,尤其是从历年来的趋势上看，如图 1.2 所示。

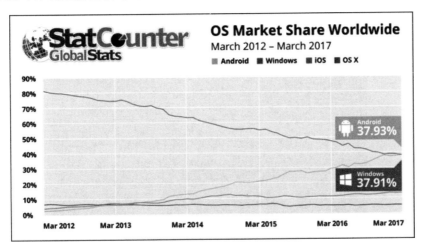

图 1.2　Google 公司的 Android 系统活动量超过 Microsoft Windows

（来源：https://www.linuxprobe.com/android-exceed-windows.html）

StatCounter 的发现是基于其从 250 万个网页获得的数据，并声称为此生成了每月超过 150 亿次页面浏览量，以此跟踪了两个操作系统随时间的推移逐渐趋同的趋势。有趣的是，对于 Apple 公司而言，其移动 iOS 的使用量很早就已经超过 Mac OS，2017 年 3 月，iOS 的活动量接近 Mac OS 的 3 倍。

1.2　Android 体系结构

Android 是基于 Linux 内核的软件平台和操作系统，采用了软件堆栈（Software Stack）的架构，共分为 4 层，如图 1.3 所示。第一层是 Linux 内核，提供由操作系统内核管理的底层基础功能；第二层是中间件层，由函数库和 Android Runtime 构成；第三层是 Java API 框架层，提供了 Android 平台基本的管理功能和组件重用机制；第四层是应用程序层，提供了一系列核心应用程序。

1. Linux 内核

Android 平台的基础是 Linux 内核。例如，Android Runtime（ART，Android 运行时环境）依靠 Linux 内核执行底层功能，如线程和低层内存管理。使用 Linux 内核可让 Android 利用主要安全功能，并且允许设备制造商为著名的内核开发硬件驱动程序。Android 平台的底层使用的是 Linux 内核，是硬件和其他软件堆栈之间的一个抽象隔离层，提供安全机制、内存管理、进程管理、网络协议堆栈、电源管理和驱动程序等功能。驱动程序包括 WiFi 驱动、声音驱动、显示驱动、摄像头驱动、闪存驱动、Binder（IPC）驱动和键盘驱动等。从图 1.1 中可以看出，该手机上运行的 Android 8.0 系统使用的是 Linux 内核 4.4.23 版本。如果想了解有关 Linux 内核的更多信息，可访问其官方网站 https://www.kernel.org/。

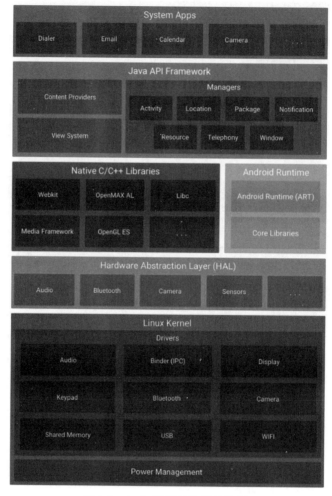

图 1.3　Android 系统体系结构图

2. 硬件抽象层

硬件抽象层(Hardware Abstraction Layer,HAL)提供标准接口,向更高级别的 Java API 框架显示设备硬件功能。HAL 包含了多个库模块,其中每个模块都为特定类型的硬件组件实现一个接口,如相机或蓝牙模块。当 API 框架要求访问设备硬件时,Android 系统将为该硬件组件加载库模块。

3. Android Runtime

对于运行 Android 5.0(API 级别 21)或更高版本的设备,每个应用程序都在其自己的进程中运行,并且有其自己的 Android Runtime(ART)实例。ART 编写为通过执行 DEX 文件在低内存设备上运行多个虚拟机。DEX 文件是一种专为 Android 设计的字节码格式,经过优化,使用的内存很少。编译工具链(如 Jack)将 Java 源代码编译为 DEX 字节码,使其可在 Android 平台上运行。

ART 的部分主要功能包括:

- 预先(Ahead Of Time,AOT)和即时(Just In Time,JIT)编译。
- 优化的垃圾回收(Garbage Collection,GC)。
- 更好的调试支持,包括专用采样分析器、详细的诊断异常和崩溃报告,并且能够设置监视点以监控特定字段。

在 Android 版本 5.0(API 级别 21)之前,Dalvik 是 Android Runtime。如果应用程序在 ART 上运行效果很好,那么它应该也可以在 Dalvik 上运行,但反过来则不一定。

Android 还包含一套核心运行时库,可提供 Java API 框架使用的 Java 编程语言的大部分功能,包括一些 Java 8 语言功能。

4. 原生 C/C++ 库

许多核心 Android 系统组件和服务(如 ART 和 HAL)构建自原生代码,需要以 C 和 C++ 编写的原生库。Android 平台提供 Java 框架 API,以向应用显示其中部分原生库的功能。例如,可以通过 Android 框架的 Java OpenGL API 访问 OpenGL ES,以支持在应用程序中绘制和操作 2D 和 3D 图形。

如果开发的是需要 C 或 C++ 代码的应用程序,可以使用 Android NDK 直接从原生代码访问某些原生平台库。

5. Java API 框架

Java API 框架提供了 Android 平台基本的管理功能和组件重用机制,包括 Activity 管理、窗体管理、包管理、电话管理、资源管理、位置管理、通知消息管理、View 系统和内存提供者等。ContentProvider 用来共享私有数据,实现跨进程的数据访问;Resource Manager 允许应用程序使用非代码资源,如图像、布局和本地化的字符串等;Notification Manager 允许应用程序在状态栏中显示提示信息;Activity Manager 用来管理应用程序的生命周期;Windows Manager 用来启动应用程序的窗体;Location Manager 用来管理与地图相关的服务功能;Telephony Manager 用来管理与电话相关的功能;Package Manager 用来管理安装在 Android 系统内的应用程序。

可通过以 Java 语言编写的 API 使用 Android 系统的整个功能集。这些 API 形成创建 Android 应用程序所需的构建块,它们可简化核心模块化系统组件和服务的重复使用,包括以下组件和服务:

- 丰富、可扩展的视图系统,可用于构建应用程序的 UI,包括列表、网格、文本框、按钮,甚至可嵌入的网络浏览器。
- 资源管理器,用于访问非代码资源,如本地化的字符串、图形和布局文件。
- 通知管理器,可让所有应用程序在状态栏中显示自定义提醒。
- Activity 管理器,用于管理应用程序的生命周期,提供常见的导航返回栈。
- 内容提供程序,可让应用程序访问其他应用程序(如"联系人"应用程序)中的数据或者共享其自己的数据。

开发者可以完全访问 Android 系统应用使用的框架 API。

6. 应用程序

Android 系统提供了一套用于电子邮件、短信、日历、互联网浏览和联系人等的核心应用程序。平台提供的应用程序与用户可以选择安装的应用程序一样,没有特殊状态。

因此,第三方应用程序可成为用户的默认网络浏览器、短信Messenger,甚至默认键盘(有一些例外,如系统的"设置"应用)。

　　系统应用程序可用作用户的应用程序,以及提供开发者可从自己的应用程序访问的主要功能。例如,如果应用程序要发短信,无须自己构建该功能,可以改为调用已安装的短信应用程序向指定的接收者发送消息。

1.3　Android 版本

　　表1.1列出了目前主要的Android系统版本及其详细信息。当读者看到这张表格时,数据可能已经发生了变化,查看最新的数据可以访问 http://developer.android.google.cn/about/ dashboards/。

表 1.1　Android 系统版本

版本	代号	API	市场份额/%
2.3.3-2.3.7	Gingerbread	10	0.3
4.0.3-4.0.4	Ice Cream Sandwich	15	0.4
4.1.x		16	1.7
4.2.x	Jelly Bean	17	2.6
4.3		18	0.7
4.4	KitKat	19	12.0
5.0		21	5.4
5.1	Lollipop	22	19.2
6.0	Marshmallow	23	28.1
7.0		24	22.3
7.1	Nougat	25	6.2
8.0		26	0.8
8.1	Oreo	27	0.3

　　2008年9月,Google公司正式发布了Android 1.0版本,这也是Android系统最早的版本。随后的几年,Google公司以惊人的速度不断更新Android系统,Android 2.1、2.2、2.3系统的推出使Android占据了大量市场。2011年2月,Google公司发布了Android 3.0系统,这个版本的系统是专为平板电脑设计的,但也是Android为数不多的比较失败的版本,推出之后一直不见什么起色,市场份额也少得可怜。不过很快,2011年10月,Google公司又推出了Android 4.0版本,这个版本不再对手机和平板电脑进行区分对待,既可以应用在手机上,也可以在平板电脑上使用。在2014年的Google I/O大会上,Google公司推出了号称史上版本改动最大的Android 5.0系统,其中使用ART运行环境替代了Dalvik虚拟机,大大提高了应用程序的运行速度,同时还提出了Material Design

的概念优化应用程序的界面设计。除此之外,Google 公司还推出了 Android Wear、Android Auto、Android TV 等系统,从而进军可穿戴设备、汽车、电视等全新的领域。之后,Android 的更新速度更加迅速,在 2015 年的 Google I/O 大会上,Google 公司推出了 Android 6.0 系统,加入了运行时权限的功能。在 2016 年的 Google I/O 大会上,Google 公司推出了 Android 7.0 系统,加入了多窗口模式功能。

从表 1.1 可以看出,目前 Android 4.0 以上的系统已经占据超过 98% 的 Android 市场份额,因此,在本书中开发 Android 应用程序时也只面向 Android 4.0 及以上版本的系统,不再考虑 Android 2.x 系统的兼容问题了。

1.4 Android 的特点

Android 提供了一个内容丰富的应用程序框架,支持开发人员使用 Java 语言为 Android 移动设备开发应用程序和游戏。Android 应用程序开发新手需要了解以下有关 Android 应用程序框架的基本概念。

1. 应用程序提供了多个入口点

Android 应用程序都是将各种可单独调用的不同组件加以组合开发而成。例如,组件(Component)可以是为用户界面(User Interface,UI)提供一个屏幕的单个 Activity,也可以是在后台独立运行的、完成指定工作的"服务"(Service)。开发人员可以使用 Intent 在一个组件中启动另一个组件。另外,开发人员还可以启动其他应用程序中的组件,例如,可以在任何应用程序中启动地图应用程序(如百度地图、高德地图等)中的 Activity,以显示用户当前的地理位置。此模式可为单个应用程序提供多个入口点,并使 Android 系统中的所有应用程序彼此之间无缝连接、完美转换,对用户而言就像使用一个应用程序一样。

2. 应用程序可适应不同的设备

Android 提供了一个自适应的应用程序框架,该框架为不同的设备(包括 Android 手机、平板电脑、Android TV 等)配置提供了独特的资源。例如,可以针对不同的屏幕尺寸创建不同的 XML(Extensible Markup Language,可扩展标记语言)布局文件,Android 系统将根据当前设备的屏幕尺寸自动确定要使用的 XML 布局文件。

另外,如有任何应用程序需要相机等特定的硬件,则可在运行时查询设备功能的可用性。如有必要,还可以声明应用程序必需的功能,使应用市场商店不得在不支持这些功能的设备上安装应用程序。

Android 广泛支持 GSM(Global System for Mobile Communication,全球移动通信系统)、3G 和 4G 的语音与数据业务,支持接收语音呼叫和 SMS 短信,支持数据存储共享和 IPC 消息机制,为地理位置服务、谷歌地图服务提供易于使用的 API 函数库,提供组件复用和内置程序替换的应用程序框架,提供基于 WebKit 的浏览器,广泛支持各种流行的视频、音频和图像文件格式,支持的格式有 MPEG4、H264、MP3、AAC、AMR、JPG、PNG 和 GIF 等,为 2D 和 3D 图像处理提供专用的 API 库函数。

Android 系统提供了访问硬件的 API(Application Programming Interface,应用程序

编程接口)库函数,用来简化像摄像头、GPS(Global Positioning System,全球定位系统)等硬件的访问过程。只要支持 Android 应用程序框架的手机,对硬件访问的方法是完全一致的,因此,即使将应用程序移植到不同硬件配置的手机上,也无须改变应用程序对硬件的访问方法。Android 支持的硬件包括 GPS、摄像头、网络连接、WiFi、蓝牙、NFC(Near Field Communication,近场通信)、加速度计、触摸屏和电源管理等。

在内存和进程管理方面,Android 具有自己的运行时和虚拟机。与 Java 和.NET 运行时不同,Android 运行时还可以管理进程的生命周期。Android 为了保证高优先级进程运行和正在与用户交互进程的响应速度,允许停止或终止正在运行的低优先级进程,以释放被占用的系统资源。Android 进程的优先级并不是固定不变的,而是根据进程是否在前台和是否与用户交互而不断变化的。

在界面设计上,Android 提供了丰富的界面控件供开发者调用,从而加快了用户界面的开发速度,也保证了 Android 平台上程序界面的一致性。Android 将界面设计与程序逻辑分离,使用 XML 文件对界面布局进行描述,有利于界面的修改和维护。

Android 提供了轻量级的进程通信机制 Intent,使跨进程组件通信和发送系统级广播消息成为可能。通过设置组件的 Intent 过滤器,组件利用匹配和筛选机制可以准确地获取和处理 Intent,完成对应的工作任务。

Android 提供了 Service 作为无用户界面、长时间后台运行的组件。Android 是多任务系统,但由于受到屏幕尺寸的限制,同一时刻只允许一个应用程序在前台运行。Service 无须用户干预,可以稳定地、长时间在后台运行,可为应用程序提供特定的后台功能,还可以实现事件处理或数据更新等功能。

Android 支持高效、快速的数据存储方式,包括 SharedPreferences、文件存储和轻量级关系数据库 SQLite,应用程序可以使用适合的方法对数据进行保存和访问。同时,为了便于跨进程共享数据,Android 提供了通用的共享数据接口 ContentProvider,可以在无须了解数据源、路径等的情况下,对共享数据进行查询、添加、删除和更新等操作。

Android 支持位置服务和地图应用,可以通过 SDK(Software Development Kit,软件开发工具包)提供的 API 直接获取当前地理位置信息,追踪设备的移动路线,或设定敏感区域,并可以将 Google 地图嵌入 Android 应用程序中,实现地理信息的可视化开发。

Android 支持 Widget 插件,可以方便地在 Android 系统上开发桌面应用,实现常见的桌面小工具,或在主屏上显示重要的信息。随着 Android 系统可以在平板电脑上使用,Widget 插件的实用性也在不断提高。

Android NDK(Native Development Kit,原生开发工具包)支持使用本地代码(C 或 C++)开发应用程序的部分核心模块,提高了程序的运行效率,并有助于增加 Android 开发的灵活性。

1.5　Android App 开发简介

Android 应用程序的开发主要使用 Java 语言。Android SDK 工具将应用程序代码和相关的所有数据和资源文件都编译到一个 Android 软件包中(即带有.apk 扩展名的存档文件)。一个 apk 文件包含对应的 Android 应用程序的所有内容,它是在基于 Android 系统的设备上用来安装应用程序的文件。安装到 Android 设备后,每个 Android 应用程序都运行在自己的安全沙箱内。

Android 操作系统是一种多用户的 Linux 系统,其中每个应用程序都是一个不同的用户;默认情况下,Android 系统会为每个应用程序分配一个唯一的 Linux 用户 ID(该 ID 仅由 Android 系统使用,应用程序并不需要知道)。Android 系统为应用程序中的所有文件设置权限,使得只有分配给该应用程序的用户 ID 才能访问这些文件;由于每个进程都具有自己的虚拟机(Virtual Machine,VM),因此应用程序的代码是在与其他应用程序相隔离的环境中运行的;默认情况下,每个应用程序都在其自己的 Linux 进程内运行。Android 系统会在需要执行任何应用程序的组件时启动该进程,然后在不再需要该进程或系统必须为其他应用程序恢复内存时关闭该进程。

Android 系统可以通过这种方式实现最小权限原则。也就是说,默认情况下,每个应用程序只能访问执行其工作所需的组件,而不能访问其他组件。基于最小权限原则的环境是非常安全的,在这个环境中,应用程序不能访问 Android 系统中未获得权限的部分。不过,应用程序仍然可以通过一些途径与其他应用程序共享数据以及访问系统服务。

1.5.1　应用程序组件

应用程序组件是构建 Android 应用程序的基本组成部分。每个组件都是一个不同的入口点,Android 系统可以通过它进入该组件所属的应用程序。并非所有组件都是用户的实际入口点,有些组件相互依赖,但每个组件都以独立实体的形式存在,并发挥特定作用。每个组件都是唯一的组成部分,完成了应用程序总体行为的特定子集。

Android 应用程序中包括 4 种不同类型的应用程序组件。每种类型的应用程序组件都服务于不同的目的,并且在组件的创建和销毁以及组件的生命周期方面各不相同。

1. Activity

Activity 表示用户界面中的单个屏幕界面。例如,电子邮件应用程序具有一个显示新电子邮件列表的 Activity、一个用于撰写电子邮件的 Activity 以及一个用于阅读电子邮件详细信息的 Activity。尽管这些 Activity 之间通过协作在电子邮件应用程序中形成了一种紧密结合的用户体验,但每个 Activity 都独立于其他 Activity 而存在。因此,其他应用程序可以启动其中任何一个 Activity(如果电子邮件应用程序允许)。例如,相机应用程序可以启动电子邮件应用程序中的用于撰写新电子邮件的 Activity,以便用户共享图片。

2. 服务

服务(Service)是一种在后台运行的组件,用于执行长时间运行的操作或为远程进程执行作业。服务不提供用户界面。例如,当用户位于其他应用程序中时,服务可能在后台播放音乐或者通过网络获取数据,但不会阻断用户与 Activity 的交互。诸如 Activity 等其他组件可以启动服务,让其运行或与其绑定,以便与其进行交互。

3. 广播接收器

广播接收器(BroadcastReceiver)是一种用于响应系统范围广播通知的组件。许多广播都是由系统发起的,例如,通知屏幕已关闭、电池电量不足或已拍摄照片的广播。应用程序也可以发起广播,例如,通知其他应用程序某些数据已下载至设备,并且可供其使用。尽管广播接收器不会显示用户界面,但它们可以创建状态栏通知,在发生广播事件时提醒用户。广播接收器更常见的用途是作为通向其他组件的"通道",设计用于执行极少量的工作。例如,它可能会基于事件发起一项服务执行某项工作。自定义的广播接收器类一般从 BroadcastReceiver 类继承,覆盖其中的方法,并且每条广播都通过 Intent 类的对象进行传递。

4. 内容提供程序

内容提供程序(ContentProvider)管理一组共享的应用数据。可以将数据存储在文件系统、SQLite 数据库、网络上或应用程序可以访问的任何其他永久性存储位置。其他应用程序可以通过内容提供程序查询数据,甚至修改数据(如果内容提供程序允许)。例如,Android 系统可为管理用户联系人信息的内容提供程序。因此,任何具有适当权限的应用都可以查询内容提供程序的某一部分(如 ContactsContract.Data),以读取和写入有关特定人员的信息。

内容提供程序也适用于读取和写入应用程序不共享的私有数据。例如,记事本示例应用程序使用内容提供程序保存笔记。内容提供程序作为 ContentProvider 的子类实现,并且必须实现让其他应用程序能够执行事务的一组标准 API。

Android 系统设计的独特之处在于,任何应用程序都可以启动其他应用程序的组件。例如,如果想让用户使用设备的相机拍摄照片,很可能有另一个应用程序可以执行该操作,那么应用程序就可以利用该应用程序拍摄照片,而不是开发一个 Activity 自行拍摄照片,即不需要重复造轮子。不需要集成甚至链接到该相机应用的代码,只启动拍摄照片的相机应用中的 Activity 即可。完成拍摄时,系统甚至会将照片返回之前的应用程序,以便用户使用。对用户而言,就好像相机真正是应用程序的组成部分一样。

当系统启动某个组件时,会启动该应用程序的进程(如果尚未运行),并实例化该组件所需的类。例如,如果应用程序启动相机应用程序中拍摄照片的 Activity,则该 Activity 会运行在属于相机应用程序的进程中,而不是之前应用程序的进程中。因此,与大多数其他操作系统上的应用程序不同,Android 应用程序并没有单一入口点(一般情况下,C 语言程序的入口是 main 函数,而 Java Application 的入口也是 main 函数)。

一般情况下,大多数操作系统都在单独的进程中运行每个应用程序,且其文件权限会限制对其他应用程序的访问,因此开发人员开发的应用程序一般无法直接启动其他应用程序中的组件,但 Android 系统却可以。在 Android 系统中,如果要启动其他应用程序中的组件,只需向 Android 系统传递一个消息,指定想启动特定组件的 Intent 即可,之后 Android 系统便会启动该组件。

4 种组件类型中的 3 种(Activity、Service 和 BroadcastReceiver)都是通过名为 Intent 的异步消息启动的。Intent 会在运行时将各个组件相互绑定(可以将 Intent 看作从其他组件请求操作的信使,类似生物学中的信使 RNA),无论组件属于当前应用程序,还是属于其他应用程序。

Intent 使用 Intent 对象创建,它定义的消息用于启动特定组件或特定类型的组件。

Intent 可以是显式的,也可以是隐式的。

对于 Activity 和服务,Intent 定义要执行的操作(如"查看"或"发送"某个内容),并且可以指定要执行操作的数据的 URI(Uniform Resource Identifier,统一资源标识符),以及正在启动的组件可能需要了解的信息。例如,通过 Intent 传达的请求可以是启动一个显示图像或打开网页的 Activity。在某些情况下,可以启动 Activity 接收结果,在这种情况下,Activity 也会在 Intent 中返回结果。例如,可以发出一个 Intent,让用户选取某位联系人并将其返回,返回 Intent 包括指向所选联系人的 URI。

对于广播接收器,Intent 只会定义要广播的通知(例如,指示设备电池电量不足的广播只包括指示"电池电量不足"的已知操作字符串)。

Intent 不会启动另一个组件类型:内容提供程序 ContentProvider,后者会在成为 ContentResolver 的请求目标时启动。内容解析程序通过内容提供程序处理所有直接事务,使得通过提供程序执行事务的组件可以无须执行事务,而是改为在 ContentResolver 对象上调用方法。这会在内容提供程序与请求信息的组件之间留出一个抽象层,其目的是确保安全。

不同类型的组件有不同的启动方法,主要包括:

- 可以通过将 Intent 传递到 startActivity()方法或 startActivityForResult()方法(当想让 Activity 返回结果时)启动 Activity(或为其安排新任务)。
- 可以通过将 Intent 传递到 startService()方法启动服务(或对执行中的服务下达新指令)。也可以通过将 Intent 传递到 bindService()方法绑定到该服务。
- 可以通过将 Intent 传递到 sendBroadcast()方法、sendOrderedBroadcast()方法或 sendStickyBroadcast()方法等发起广播。
- 可以通过在 ContentResolver 对象上调用 query()方法对内容提供程序执行查询。

1.5.2　AndroidManifest.xml 配置文件

在 Android 系统启动应用程序的组件之前,系统必须通过读取应用程序的 AndroidManifest.xml 文件(也称为"清单"文件)确认组件存在。应用程序必须在此文件中声明其所有组件,该文件必须位于应用程序项目目录的根目录下。

除了声明应用程序的组件外,AndroidManifest.xml 配置文件还有许多其他作用,主要包括:

- 确定应用程序需要的任何用户权限,如互联网访问权限、对用户联系人的读取权限等。
- 根据应用程序使用的 API,声明应用程序所需的最低 API 级别。
- 声明应用程序使用或需要的硬件和软件功能,如相机、蓝牙服务或多点触摸屏幕。
- 应用需要链接的 API 库(Android 框架 API 除外),如百度地图库等。
- 其他功能。

AndroidManifest.xml 配置文件的主要任务是告知 Android 系统有关应用程序组件的信息。例如,在配置文件中可以像下面这样声明 Activity:

```
<?xml version="1.0" encoding="UTF-8"?>
```

```
<manifest ...>
    <application android:icon="@drawable/app_icon.png" ...>
        <activity
android:name="com.example.project.MainActivity"
android:label="@string/example_label" ...>
        </activity>
        ...
    </application>
</manifest>
```

在<application>元素中,android:icon 属性指向标识应用程序的图标对应的资源。在<activity>元素中,android:name 属性指定 Activity 子类的完全限定类名,android:label 属性指定用作 Activity 的用户可见标签的字符串。

必须通过以下方式声明应用程序的所有组件:

- Activity 的<activity>元素。
- 服务的<service>元素。
- 广播接收器的<receiver>元素。
- 内容提供程序的<provider>元素。

已经包括在源代码中、但未在 AndroidManifest.xml 配置文件中声明的 Activity、服务和内容提供程序对 Android 系统不可见,因此也永远不会运行。不过,广播接收器可以在清单文件中声明或在代码中动态创建(如 BroadcastReceiver 对象)并通过调用 registerReceiver()在系统中注册。

可以使用 Intent 启动 Activity、服务和广播接收器。可以通过在 Intent 中显式命名目标组件(使用组件类名)执行此操作。不过,Intent 的真正强大之处在于隐式 Intent 概念。隐式 Intent 的作用无非是描述要执行的操作类型(还可选择描述用户需要执行的操作针对的数据),让系统能够在设备上找到可执行该操作的组件,并启动该组件。如果有多个组件可以执行 Intent 描述的操作,则由用户选择使用哪个组件。

系统通过将接收到的 Intent 与设备上的其他应用程序的清单文件中提供的 Intent 过滤器进行比较确定可以响应 Intent 的组件。当在应用的清单文件中声明 Activity 时,可以选择性地加入声明 Activity 功能的 Intent 过滤器,以便响应来自其他应用程序的 Intent。可以通过将<intent-filter>元素作为组件声明元素的子项添加为组件声明 Intent 过滤器。

例如,如果开发的电子邮件应用程序包含一个用于撰写新电子邮件的 Activity,则可以像下面这样声明一个 Intent 过滤器响应"send" Intent(以发送新电子邮件):

```
<manifest ...>
    ...
    <application ...>
        <activity android:name="com.example.project.ComposeEmailActivity">
            <intent-filter>
                <action android:name="android.intent.action.SEND" />
```

```
            <data android:type="*/*" />
            <categoryandroid:name="android.intent.category.DEFAULT" />
        </intent-filter>
    </activity>
</application>
</manifest>
```

　　然后,如果另一个应用程序创建了一个包含 ACTION_SEND 操作的 Intent 对象,并将该对象作为参数调用 startActivity( )方法,则 Android 系统可能会启动 Activity,以便用户能够编写电子邮件的内容并发送。

　　基于 Android 系统的设备多种多样,并非所有设备都提供相同的特性和功能。为防止将应用程序安装在缺少应用所需特性的设备上,开发人员必须通过在 AndroidManifest.xml 配置文件中声明设备和软件要求,为应用程序支持的设备类型明确定义一个配置文件。其中大多数声明只是为了提供信息,系统不会读取它们,但 Google Play 等外部服务会读取它们,以便当用户在其设备中搜索应用时为用户提供过滤功能。

　　例如,如果应用程序需要使用相机,并使用 Android 2.1(API 级别 7)中引入的 API,则应该像下面这样在 AndroidManifest.xml 配置文件中以要求形式声明这些信息:

```
<manifest ...>
    <uses-feature android:name="android.hardware.camera.any"
                  android:required="true" />
    <uses-sdk android:minSdkVersion="7"
              android:targetSdkVersion="19" />
    ...
</manifest>
```

　　现在,没有相机且 Android 版本低于 2.1(API Level 7)的设备无法安装该应用程序。

1.5.3　应用程序资源

　　Android 应用程序并非只包含代码,它还需要与源代码分离的资源,如图像、音频文件以及任何与应用程序的视觉呈现有关的内容。例如,一般使用 XML 文件定义 Activity 用户界面的动画、菜单、样式、颜色和布局等。这种实现方式的好处是能使这些信息通过 XML 文件进行配置,与源代码相分离,使用应用程序资源能够在不修改代码的情况下轻松地更新应用程序的各种特性,并可通过提供备用资源集能够针对各种设备配置(如不同的语言和屏幕尺寸)对应用程序进行优化。

　　对于 Android 项目中包括的每一项资源,SDK 构建工具都会定义一个唯一的整型 ID,可以利用它引用应用代码或 XML 中定义的其他资源。例如,如果应用程序中包含一个名为 order.png 的图像文件(保存在 res/drawable/目录中),则 Android SDK 工具会生成一个名为 R.drawable.order 的资源 ID,可以利用它引用该图像并将其插入用户界面。

　　提供与源代码分离的资源的其中一个重要优点是,可以提供针对不同设备配置的备用资源。例如，通过在 XML 中定义 UI 字符串，可以将字符串翻译为其他语言，并将这些字符串保存在单独的文件中。然后，Android 系统会根据向资源目录名称追加的语言限定符（如为中文字符串值追加 res/values-zh/）和用户的语言设置，应用程序中用户界面包含的字符串自动设置为相应的语言。

Android 支持许多不同的备用资源限定符。限定符是一种加入资源目录名称中，用来定义这些资源适用的设备配置的简短字符串。例如，开发人员经常会根据设备的屏幕方向和尺寸为 Activity 创建不同的布局。又如，当设备屏幕为纵向（长型）时，可能需要一种垂直排列按钮的布局；但当屏幕为横向（宽型）时，应按水平方向排列按钮。要想根据方向更改布局，可以定义两种不同的布局，然后对每个布局的目录名称应用相应的限定符。最后，Android 系统会根据当前设备方向自动使用相应的布局。

1.6 Android 开发环境

1.6.1 Android Studio 的安装

Android Studio 的下载地址为 https://developer.android.com/studio/ index.html，目前最新的版本为 3.1.1（发布日期为 2018 年 4 月 9 日），如图 1.4 所示。

图 1.4 Android Studio 下载界面

双击安装文件进入安装界面，单击 Next 按钮，如图 1.5 所示。

选择安装的组件，如图 1.6 所示，第一个选项是 Android Studio 的主程序，为必选，第二个选项是虚拟机，如果需要在计算机上运行虚拟机进行调试，就勾选该项，然后单击 Next 按钮。

选择安装路径，如图 1.7 所示，这里在 E 盘下新建了一个 Android Studio 目录，选择这个目录，然后单击 Next 按钮。

图 1.5　Android Studio 安装界面

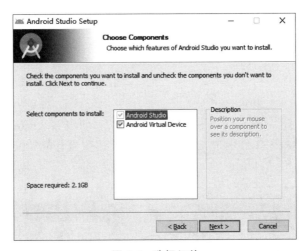

图 1.6　选择组件

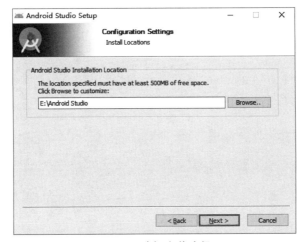

图 1.7　选择安装路径

接下来一直单击 Next 按钮,完成后勾选 Start Android Studio 选项,单击 Finish 按钮,会出现设置选项,由于是第一次安装,之前没有配置文件,所以选择不导入,如图 1.8 所示。

图 1.8　选择导入配置

如果提示没有找到 Android SDK,则单击 Cancel 按钮,如图 1.9 所示。

图 1.9　SDK 错误提示

安装完成后会进入配置页面,Standard 是指一切都使用默认配置,比较方便;Custom 是指根据用户的特殊需求自行定义。这里选择默认配置,单击 Next 按钮,如图 1.10 所示。

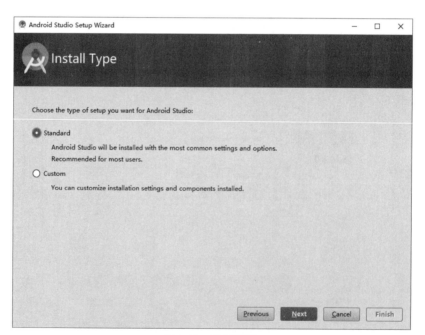

图 1.10　选择配置

选择 SDK 的下载位置，单击 Next 按钮，如图 1.11 所示。接下来需要等待 SDK 的下载与解压，时间比较长。下载完成后，单击 Finish 按钮，安装与配置就完成了，如图 1.12 和图 1.13 所示。

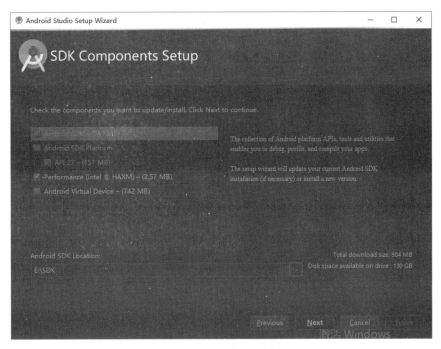

图 1.11　SDK 下载路径选择图

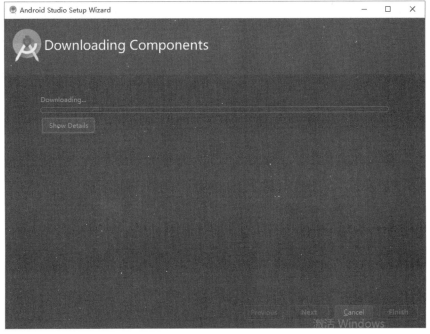

图 1.12　SDK 下载页面

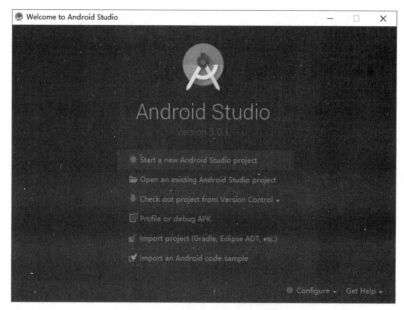

图 1.13　安装配置完成界面

1.6.2　Android Studio 的特点

据 Android Studio 官网介绍,最新版本的 IDE 具有如下特点。

1. Instant Run

将代码和资源更改推送到在设备或模拟器上运行的应用中,让开发人员可以立刻看到更改的实际效果。Instant Run 可以显著加快应用程序的编辑、构建和运行周期。

2. 智能代码编辑器

智能代码编辑器可在每一步提供帮助,帮助编写更好的代码,加快工作速度,提高工作效率。Android Studio 是基于 IntelliJ 而构建的,能够进行高级代码自动完成、重构和代码分析。

3. 快速且功能丰富的模拟器

以比使用物理设备更快的速度安装并运行应用程序,并且几乎可以在所有 Android 设备配置中测试应用程序:Android 手机、Android 平板电脑、Android Wear 和 Android TV 设备。最新的 Android Emulator 2.0 运行速度比以往版本更快,并允许开发人员动态调整模拟器的大小以及访问一组传感器控件。Android 模拟器运行效果如图 1.14 所示。

4. 强大灵活的构建系统

轻松地将项目配置为包含代码库,并可从单个项目生成多个构建变体。借助 Gradle,Android Studio 提供高性能的自动构建、稳健的依赖项管理以及可自定义的构建配置功能。

5. 专为所有 Android 设备而开发

利用单个项目开发针对多种机型的应用,从而可以轻松地在应用的不同版本之间共享代码。Android Studio 提供了统一的环境,用于开发适用于 Android 手机、平板电脑、Android Wear、Android TV 以及 Android Auto 的应用。

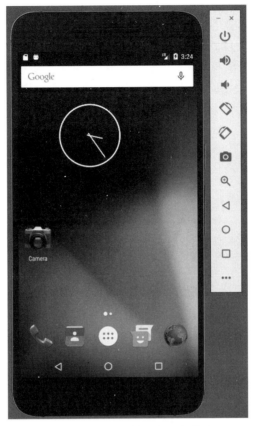

图 1.14　Android 模拟器运行效果

6. 代码模板和 GitHub 集成

可使用适用于不同模式(如抽屉式导航栏和视图分页器)的代码模板开始项目,也可以从 GitHub 导入 Google 代码示例。Android Studio 的项目向导使得在一个新项目中添加代码变得十分简单。

习　题　1

1. Android 应用程序需要打包成(　　　)文件格式在手机上安装运行。

(A) .class　　　　　(B) .xml　　　　　(C) .apk　　　　　(D) .dex

2. Android 的英文意思是"机器人",那么,在移动设备上它指的是(　　　)。

(A) 机器人　　　　(B) 操作系统　　　　(C) CPU　　　　　(D) 内存卡

3. (　　　)属于 Android 体系结构中的应用程序。

(A) SQLite　　　　(B) OpenGL ES　　　(C) 浏览器　　　　(D) WebKit

4. Android 系统架构从下往上分为_____、_____、_____和_____四层。

5. Android 系统中的四大组件包含：_____、_____、_____、_____。

6. Java 中的访问修饰符有哪些？它们限制的范围是什么？

7. 抽象类与接口有哪些相同点，有哪些不同点？

8. 简要说明 Android 平台的特征。

9. 简述 Android 平台体系结构的层次划分，并说明各个层次的作用。

10. 简述 Android App 开发中的四大组件，并说明每个组件的作用。

11. 简述 AndroidManifest.xml 配置文件的作用。

第2章

第一个 Android App

本章主要介绍开发 Android 应用程序的基础知识和基本方法。通过本章内容的学习,读者可以掌握使用 Android Studio 开发 Android 应用程序的过程和方法。了解 Android 应用程序的目录结构和自动生成文件的作用,可以为后续的 Android 应用程序开发奠定坚实的基础。

2.1 创建 Android App 项目

本节介绍如何使用 Android Studio 集成开发环境建立第一个 Android 应用程序 HelloAndroid。首先启动 Android Studio,如图 2.1 所示。

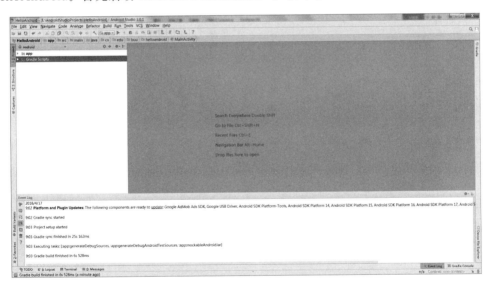

图 2.1 Android Studio 集成开发环境

单击 File 菜单,选择 New 之后再选择 New Project...,会显示出新建 Android 项目界面。在新建 Android 项目这一步,首先需要填写应用程序名称(Application name),应用程序名称是 Android 应用程序在 Android 手机或模拟器中显示的名称,这里填入 HelloAndroid,如图 2.2 所示。

Company domain 表示公司域名,如果是个人开发者、没有公司域名,使用默认的 example.com 即可,此处填写了笔者所在学校的域名 buu.edu.cn。Package name 表示项目的包名,由于 Android 系统就是通过应用程序的包名区分不同应用程序的,因此包名一定要具有唯一性。Android Studio 会根据应用程序的名称和公司域名自动帮助开发人员生成合适的包名,如果不想使用默认生成的包名,也可以单击右侧的 Edit 按钮自行修改。最后,Project location 表示项目代码存放的路径,如果没有特殊要求,使用默认值即可。

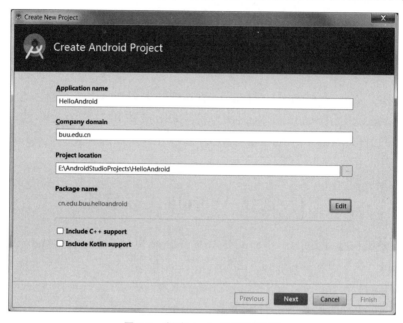

图 2.2　新建 Android 项目界面

接下来单击 Next 按钮对项目运行的目标 Android 设备进行设置,如图 2.3 所示。

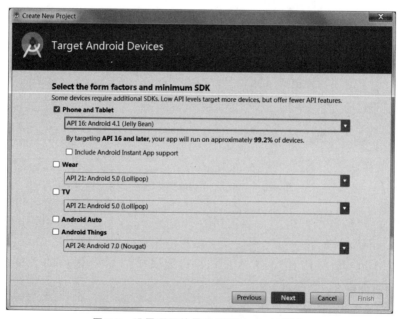

图 2.3　设置项目的最低兼容 Android 版本

此处忽略了 Wear、TV、Android Auto 和 Android Things 等几个选项，仅选择了 Phone and Tablet。另外，设置本项目运行的最低兼容 Android 版本为 API 16：Android 4.1(Jelly Bean)，可以看出，该版本及以上的系统大约支持目前市场上 99.2% 的设备。

接着单击 Next 按钮会跳转到创建 Activity 的界面，这里可以选择一种模板，如图 2.4 所示。可以看出，Android Studio 提供了很多种内置模板，由于这是第一个项目，此处直接选择 Empty Activity 创建一个空的 Activity 就可以了。

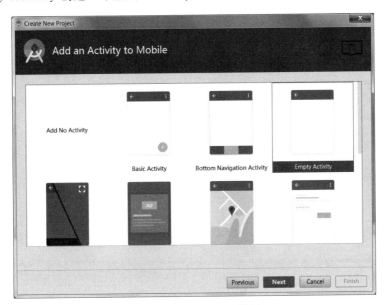

图 2.4　选择 Activity 模板

继续单击 Next 按钮，可以给刚创建的 Activity 及其布局(Layout)命名，如图 2.5 所示。

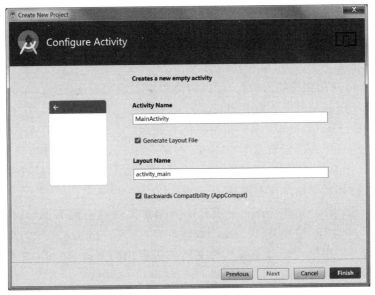

图 2.5　设置 Activity 和 Layout

其中,Activity Name 表示 Activity 的名称,同时该名称会成为项目源代码中自定义 Activity 类(Activity 的子类)的类名,因此需要符合 Java 语言中类名称的命名规范,此处填入 MainActivity。Layout Name 表示布局文件的名称,这里填入 activity_main,然后单击 Finish 按钮。在 Android Studio 进行一些操作和设置之后,一个新的 Android 项目就会创建成功,如图 2.6 所示。

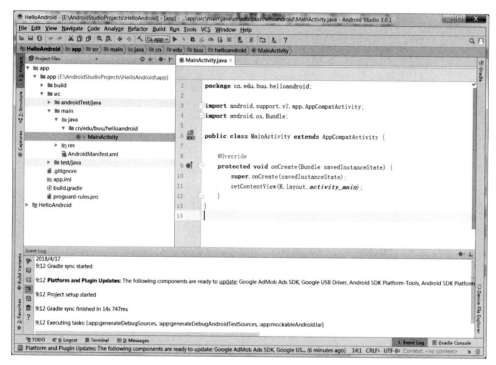

图 2.6　HelloAndroid 项目界面

打开 Project 窗口(单击 View→Tool Windows→Project),并从窗口顶部的下拉列表中选择 Android 视图,随后可以看到下列文件:

- app → java → cn.edu.buu.helloandroid → MainActivity.java:这是主 Activity(Android 应用程序的入口点)。当构建和运行应用程序时,Android 系统会启动此 Activity 的实例并加载其布局。

- app→res→layout→activity_main.xml:此 XML 文件会定义 Activity 界面的布局。它包含了一个带有文本"Hello world!"的 TextView 控件。

- app→manifests→AndroidManifest.xml:该配置文件描述了应用程序的基本特性并定义应用程序中的所有组件。

- Gradle Scripts→build.gradle:项目中有两个文件具有此名称,其中一个用于项目,另一个用于"应用"模块。每个模块均有自己的 build.gradle 文件,但此项目当前仅有一个模块。开发人员一般主要使用模块的 build.gradle 文件配置 Gradle 工具编译和构建应用程序的方式。

2.2　Android App 项目结构

Android Studio 中的一个项目包含了应用程序定义工作区所需的一切内容,从源代码和资源到测试代码和构建配置,应有尽有。当启动新项目时,Android Studio 会为所有文件创建所需结构,然后使其在 IDE(Integrated Development Environment,集成开发环境)左侧的 Project 窗口中可见(单击 View→Tool Windows→Project)。本节将概括介绍项目内的主要组件。

2.2.1　模块

模块(module)是源文件和构建设置的集合,允许开发人员将项目分成不同的功能单元。一个项目可以包含一个或多个模块,并且一个模块可以将其他模块用作依赖项。每个模块都可以独立构建、测试和调试。如果在自己的项目中创建代码库或者希望为不同的设备类型(例如电话和穿戴式设备)创建不同的代码和资源组,但保留相同项目内的所有文件并共享某些代码,那么增加模块数量将非常有用。可以单击 File→New→New Module,向项目中添加新模块。

Android Studio 提供了以下 3 种不同类型的模块。

1. Android 应用程序模块

Android 应用程序模块为应用程序的源代码、资源文件和应用级设置(如模块级构建文件和 Android 清单文件)提供容器。创建新项目时,默认的模块名称是“app”。

在 Create New Module 窗口中,Android Studio 主要提供了以下 5 个应用模块。

- Phone & Tablet Module。
- Android Wear Module。
- Android TV Module。
- Android Things Module。
- Feature Module。

上述每种模块都提供了基础文件和一些代码模板,非常适合对应的应用程序或设备类型。

2. 库模块

库模块为可重用代码提供容器,可以将其用作其他应用程序模块的依赖项或者导入其他项目中。库模块在结构上与应用程序模块相同,但在构建时,它将创建一个代码归档文件,而不是 APK,因此无法在 Android 设备上直接安装、运行。

在 Create New Module 窗口中,Android Studio 提供了以下两种库模块。

- Android Library:这种类型的库可以包含 Android 项目中支持的所有文件类型,包括源代码、资源和清单文件。构建结果是一个 Android 归档文件(Android

Archive,AAR),可以将其作为 Android 应用程序模块的依赖项添加。

- Java Library:此类型的库只能包含 Java 源文件。构建结果是一个 Java 归档文件（Java Archive,JAR),可以将其作为 Android 应用程序模块或其他 Java 项目的依赖项添加。

3. Google Cloud 模块

Google Cloud 模块主要为 Google Cloud 后端代码提供容器。此模块可以为使用简单 HTTP、Cloud Endpoints 和云消息传递连接到应用程序的 Java App 引擎后端添加所需的代码和依赖项。可以开发后端应用程序,提供应用程序所需的云服务。

利用 Android Studio 创建和开发 Google Cloud 模块时,可以在同一个项目中管理 Android 应用程序代码和 Google Cloud 后端代码,也可以在本地运行和测试后端代码,并使用 Android Studio 部署 Google Cloud 模块。

一些人也将模块称为子项目,在 Gradle 中也将模块称为项目。例如,在创建库模块并且希望以依赖项的形式将其添加到 Android 应用模块时,必须按如下代码所示进行声明。

```
dependencies {
  compile project(':my-library-module')
}
```

2.2.2　项目文件

默认情况下,Android Studio 会在 Android 视图中显示项目文件。此视图显示的并不是磁盘上的实际文件层次结构,而是按模块和文件类型组织的,其优点是简化项目主要源文件之间的导航,同时将不常用的特定文件或目录隐藏。与磁盘上的结构相比,一些结构变化包括:

- 在顶级 Gradle Script 组中显示项目中与构建相关的所有配置文件。
- 在模块级组(如果为不同的产品 flavor 和构建类型使用了不同的清单文件)中显示每个模块的所有清单文件。
- 在一个组中显示所有备用资源文件,而不是按照资源限定符在不同的文件夹中显示。

HelloAndroid 项目文件的详细信息(Android 视图)如图 2.7 所示。

可以看出,在每个 Android 应用程序模块内,文件显示在以下组中。

- manifests:包含 AndroidManifest.xml 配置文件。
- java:包含 Java 源代码文件(包括 JUnit 测试代码),这些文件按软件包的名称分隔。
- res:包含所有非代码资源,包括 XML 布局文件、UI 中用到的字符串以及位图图像等,这些资源分别采用不同的子目录进行存储(包括 drawable、layout、mipmap、values 等)。

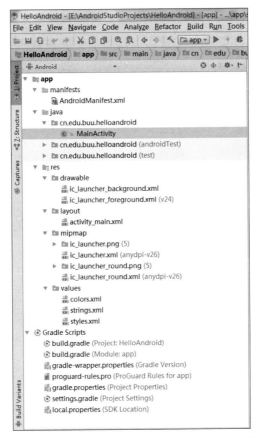

图 2.7　**HelloAndroid** 项目文件的详细信息（**Android** 视图）

2.2.3　Android 项目视图

　　要查看项目的实际文件结构（包括 Android 视图下隐藏的所有文件），可以从 Project 窗口顶部的下拉菜单中选择 Project。HelloAndroid 项目文件的详细信息（Project 视图）如图 2.8 所示。

　　选择 Project 视图后，可以看到更多的文件和目录。下面是一些重要的文件和目录：

（1）build/：包含构建输出。

（2）libs/：包含私有库。

（3）src/：包含模块的所有代码和资源文件，分为以下子目录。

- src/androidTest/：包含在 Android 设备上运行的测试的代码。
- src/main：包含"主"源集文件，即所有构建变体共享的 Android 代码和资源（其他构建变体的文件位于同级目录中，如调试构建类型的文件位于 src/debug/中）。
- src/main/AndroidManifest.xml：应用程序的配置文件，说明应用程序以及包含的每个组件的性质。
- src/main/java/：包含 Java 代码源。

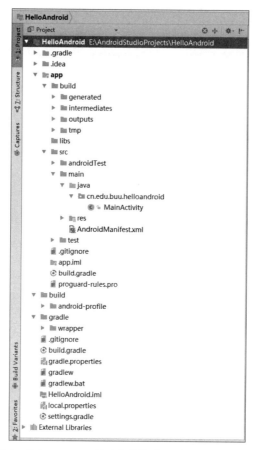

图 2.8　HelloAndroid 项目文件的详细信息（Project 视图）

- src/main/jni/：包含使用 Java 本地接口（Java Native Interface，JNI）的本地代码。
- src/main/gen/：包含 Android Studio 生成的 Java 文件，如 R.java 文件以及从 AIDL（Android Interface Definition Language，Android 接口定义语言）文件创建的接口。
- src/main/res/：包含应用资源，如可绘制对象文件、XML 布局文件和 UI 字符串等。
- src/main/assets/：包含应原封不动地编译到.apk 文件中的文件。可以使用 URI 像浏览典型文件系统一样浏览此目录，以及使用 AssetManager 以字节流形式读取文件。例如，此位置非常适合纹理和游戏数据。
- src/test/：包含在主机 Java 虚拟机（Java Virtual Machine，JVM）上运行的本地测试的代码。

（4）build.gradle（模块）：定义模块特定的构建配置。

（5）build.gradle（项目）：定义适用于所有模块的构建配置。此文件已集成到项目中，因此应当在所有其他源代码的修订控制中保留这个文件。

2.2.4　项目结构设置

要更改 Android Studio 项目的各种设置,可单击 File→Project Structure 打开 Project Structure 对话框。此对话框包含以下部分。

- SDK Location:设置项目使用的 JDK、Android SDK 和 Android NDK 的位置。
- Project:设置 Gradle 和 Android Plugin for Gradle 的版本,以及项目的存储路径。
- Developer Services:包含 Google 公司或其他第三方的 Android Studio 附加组件的设置。
- Modules:允许编辑模块特定的构建配置,包括目标和最低 SDK、应用签名和库依赖项。

Project Structure 对话框的 Developer Services 部分包含可为应用使用的多种服务的配置页面。本部分包含以下页面。

- AdMob:允许启用 Google 公司的 AdMob 组件,此组件可以帮助了解用户,并向他们显示量身定制的广告。
- Analytics:允许启用 Google Analytics(分析),此组件可以帮助衡量用户在各种设备和环境中与应用程序的互动。
- Authentication:允许用户通过 Google Sign-In 服务使用其 Google 公司账号登录应用程序。
- Cloud:允许为应用开启基于云的 Firebase 服务。
- Notifications:允许使用 Google Cloud Messaging 在应用程序与服务器之间通信。

开启这些服务中的任何一项都可能使 Android Studio 向应用程序中添加所需依赖项和权限。如果启用相关服务,每个配置页面都会列出 Android Studio 进行的以上操作及其他操作。

借助 Modules 设置部分,可以为项目的每个模块更改配置选项。每个模块的配置页面分成以下 5 个标签。

- Properties:指定编译模块用的 SDK 和构建工具的版本。
- Signing:指定用于签署 APK 的证书。
- Flavors:允许创建多个构建的 flavor,其中每个 flavor 指定一组配置设置,如模块的最低和目标 SDK 版本,以及版本代码和版本名称。例如,可以定义一个最低 SDK 为 15、目标 SDK 为 21 的 flavor,以及另一个最低 SDK 为 19、目标 SDK 为 23 的 flavor。
- Build Types:允许创建和修改构建配置。默认情况下,每个模块都有调试和发布构建类型,还可以根据需要定义更多的类型。
- Dependencies:列出此模块的库、文件和模块依赖项。可以通过此窗格添加、修改和删除依赖项。

2.3　Android 设备

此处的 Android 设备是指任何能够运行 Android 应用程序的真实硬件设备或模拟真实硬件设备的模拟器(Emulator)软件,包括采用 Android 系统的手机、平板电脑、可穿戴设备、智能电视、汽车、物联网智能硬件等,以及上述硬件的模拟器。具体来说,Android 设备可以分为 Android 物理设备(也称为 Android 真实设备)和 Android 虚拟设备(AVD,主要通过模拟器软件实现)两大类。

2.3.1　Android 物理设备

Google 公司在 2016 年 12 月推出了 Android 物联网操作系统项目 Brillo 的开发者预览版,新项目的名称强调了 Android 的属性——Android Things。至此,Google 公司已经在智能电视(Android TV)、车载电子娱乐系统(Android Auto)、智能手表(Android Wear)和物联网(Android Things)四大领域都推出了基于 Android 的嵌入式操作系统。由此可见,Android 物理设备绝不局限于 Android 手机和平板电脑,也包括运行了 Android 系统的智能手表、智能电视、智能汽车和物联网智能硬件等多种物理设备。

最新的 Android Things 开发者预览版对 Android 系统进行了大幅精简,以支持廉价的超低功耗物联网硬件,目前 Android Things 对英特尔 Edison、NXP Pico 和 Raspberry Pi 3 等都提供了完整的技术支持方案。另外,Google 公司还与上述公司合作,为 Android Things 产品和方案从开发硬件走向大规模生产打造一条平滑的路径。Android Things 允许开发者使用 Android API 和 Google Service 开发智能设备,使用通常的 Android 开发软件堆栈,如 Android Studio、官方 SDK 和 Google Play 服务,开发物联网产品。开发者还能使用 Google Weave 协议实现物联网设备与 Google Cloud Vision 这样的云服务之间的通信。

2014 年 3 月 19 日,Google 公司在 2014 Google I/O 大会上推出了为智能手表打造的全新智能平台 Android Wear。Android Wear 在 2015 Google I/O 大会上得到了一定程度的更新。Android Wear 拥有 LG G Watch、Moto 360、三星 Gear Live 三款产品。2015 年 9 月 8 日,由摩托罗拉公司推出的智能手表 Moto 360 二代作为国内发售的第一款搭载官方 Android Wear 的设备正式在上海发布,这标志着 Android Wear 正式落地中国。2016 年 5 月 19 日,Google 公司推出了新一代的智能手表操作系统 Android Wear 2.0,未来 Android 智能手表将不再依赖手机运行。2017 年 2 月 9 日,谷歌公司发布了 Android Wear 2.0 系统,并与 LG 合作推出了 LG Watch Style 和 LG Watch Sport 两款新智能手表。

2018 年 4 月,Google 公司宣布 Android 智能手表搭载的系统 Android Wear 更名为 Wear OS,而且 Wear OS 中国版推出了"嘿,小安"(对应英文 Hi, Android)这句唤醒词来触发手表上的语音助手。

综上所述,Android 物理设备主要包括基于 Android 系统的手机、平板电脑、智能手表、智能眼镜等智能穿戴设备、智能电视、汽车以及物联网智能硬件等多种物理硬件设备。

2.3.2 Android 虚拟设备

Android 设备出现在市场上已有数年之久,并且已经获得相当高的市场份额。因此,市面上使用的 Android 物理设备有广泛的硬件选择和 Android 系统版本。成功的应用程序应该能够在这广泛的物理设备上运行,而应用开发人员只能针对很小范围内的物理设备运行程序。幸运的是,开发人员可以使用 AVD 在计算机上运行和调试 Android 应用程序。

编译后的应用程序可以在物理设备或者虚拟设备上测试。AVD 是 Android 平台在主机(通常是开发机器)上的模拟器。

采用 AVD 大大简化了 Android 应用程序的测试工作,主要原因包括:

- 可以创建多种 AVD 配置,在不同版本的 Android 系统上测试应用程序。
- 可以使用不同的(模拟)硬件配置,如 GPS 或者无 GPS。
- 在 IDE 中单击 Run 按钮时,可自动启动 AVD 并安装编译后的应用程序。
- AVD 具有比物理设备更多的 Android 系统版本和硬件版本组合,可在这种组合环境上测试应用程序。

在 Android Studio 中单击 Tools → Android → AVD Manager,可以通过 AVD Manager 对当前开发环境中的 AVD 进行管理,如图 2.9 所示。之后出现的 AVD Manager 界面如图 2.10 所示。

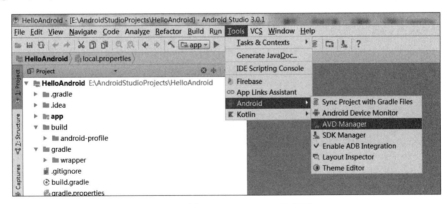

图 2.9 选择 AVD Manager 的界面

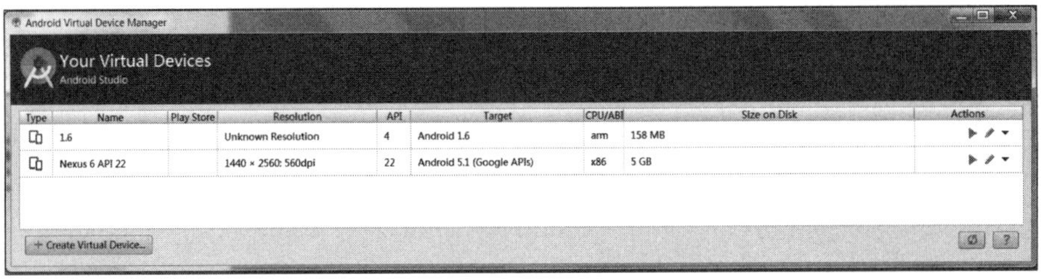

图 2.10 AVD Manager 界面

单击 Create Virtual Device,新建虚拟设备的界面,如图 2.11 所示。单击 Next 按钮,出现选择操作系统界面,如图 2.12 所示。单击 Next 按钮,出现确认 AVD 设置界面,如图 2.13 所示。

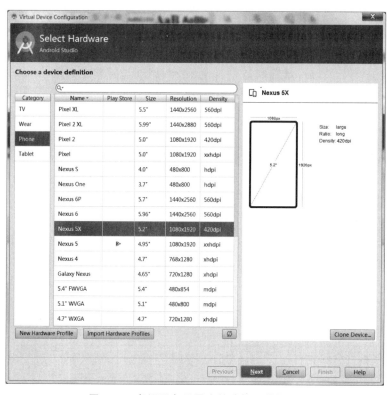

图 2.11　虚拟设备设置中的选择硬件界面

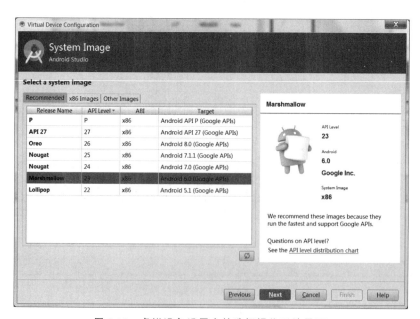

图 2.12　虚拟设备设置中的选择操作系统界面

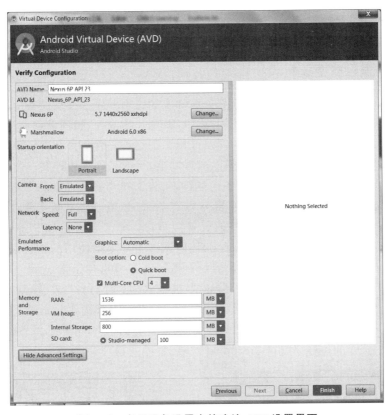

图 2.13　虚拟设备设置中的确认 AVD 设置界面

单击 Finish 按钮即完成了一个新的 AVD 的创建，在 AVD Manager 界面（如图 2.10 所示）选择该 AVD，单击运行的绿色图标即可启动该 AVD，运行结果如图 2.14 所示。

图 2.14　Nexus 6P API 23 AVD 运行结果

2.4　Android App 的运行

2.4.1　在物理设备上运行

开发 Android 应用程序时,应该首先关注开发的应用程序在物理设备上的运行情况。除了能够切实带来应用程序的外观、使用感受以及用户功能外,物理设备也是测试某些特定功能的唯一途径,例如通话。如果在开发过程中手边正好有一台物理设备,也可以通过配置让模拟器拥有与其完全一致的硬件及软件功能,从而做到一边开发一边运行测试。

要使 Android 应用程序在物理设备上运行,首先需要将物理设备与 IDE 相连。连接 Android 设备与计算机的途径就是大家非常熟悉的 USB 接口。可能需要在设备上启用 USB 调试,具体步骤为:首先打开设备的设置屏幕,选择"开发者选项""等级设置"或者"应用程序";然后选择"开发";接着勾选 USB 调试项目。如果使用的物理设备上运行着 Android 4.2 或者更高版本,则可能需要通过设置让开发者选项正常显示。打开"关于手机",在列表中多次单击"内部版本号",会显示"开发者模式已打开"或"您已处于开发者模式"的提示字样。然后返回之前的界面,下面会出现"开发人员选项",如图 2.15 所示。

单击"开发人员选项",出现如图 2.16 所示的设置界面,打开其中的"USB 调试"选项,即可使当前手机作为运行 Android Studio 中应用程序的物理设备。

图 2.15　开发人员选项　　　　　图 2.16　设置 USB 调试等选项信息

　　在 Android Studio 中运行 Android 应用程序时,可以在设备列表中选择物理设备或者虚拟设备,如图 2.17 所示,其中 Connected Devices 中的 HUAWEI BKL-AL20 为测试使用的手机(测试手机为华为荣耀 V10),其 Android 系统版本为 8.0.0。

图 2.17　运行 Android 应用程序时选择物理设备

HelloAndroid 程序在物理设备上的运行结果如图 2.18 所示。

图 2.18　HelloAndroid 程序在物理设备上的运行结果

2.4.2　在虚拟设备上运行

Android Emulator(Android 模拟器)可以模拟 Android 物理设备并将其显示在开发计算机上。利用该模拟器,可以对 Android 应用程序进行原型设计、开发和测试,无须使用物理硬件设备。模拟器支持 Android 电话、平板电脑、Android Wear 和 Android TV 设备,并随附一些预定义的设备类型,便于开发人员快速上手,可以创建自己的设备定义和模拟器皮肤。

Android 模拟器运行速度快,功能强大且丰富。模拟器传输信息的速度要比使用连接的物理硬件设备传输快,从而可以加快开发流程。Android 模拟器的多核特性让模拟器可以充分利用开发计算机上的多核处理器,进一步提升模拟器的性能。

选择 Nexus 6P API 23 的 AVD,如图 2.17 所示,该 AVD 运行的结果如图 2.14 所示。HelloAndroid 程序在模拟器上的运行结果如图 2.19 所示。

图 2.19　HelloAndroid 程序在模拟器上的运行结果

2.5　第一个 App 详细分析

现在我们的第一个 Android App 已经在物理设备和虚拟设备上成功运行了。那么,这个 App 对应的 Project 内部到底是如果构成的呢? 下面对这个项目进行详细分析。

2.5.1　自定义的 Activity 类

项目中包含了一个 MainActivity 类,该类的完整代码如下所示。

```
package cn.edu.buu.helloandroid;
import android.os.Bundle;
import android.support.v7.app.AppCompatActivity;
public class MainActivity extends AppCompatActivity {
    @Override
    protected void onCreate(Bundle savedInstanceState) {
        super.onCreate(savedInstanceState);
        setContentView(R.layout.activity_main);
    }
}
```

可以看出,MainActivity 类是继承自 AppCompatActivity 的,这是一种向下兼容的 Activity,可以将 Activity 在各个 Android 系统版本中增加的特性和功能最低兼容到 Android 2.1 系统。Activity 是 Android 系统提供的一个非常重要的类,开发 Android App 的绝大多数项目中都包含了自定义的 Activity 子类(此处是 AppCompatActivity 的 子类,而 AppCompatActivity 类本身也是 Activity 的子类)。然后可以看到,在 MainActivity 类中定义了一个 onCreate()方法,这个方法是在 MainActivity 被创建之后、显示在屏幕之前一定会执行的。该方法中只有两行代码,并且没有"Hello World!"的字样,那么在物理设备和虚拟设备上显示的"Hello World!"到底是在哪里定义的?答案是资源文件。一个 Android App 的项目,并不仅包含 Java 源代码,还包括资源文件、其他二进制文件等。

2.5.2　资源文件

Android 程序的设计和开发采用了软件开发中的一种经典方法——实现与显示相分离,也就是说,一般不在自定义的 Activity 类的代码中直接包含与界面有关的内容,而是首先在布局文件中定义界面的详细内容,之后在自定义的 Activity 类中直接使用。可以看到,在 MainActivity 类的 onCreate()方法中调用了 setContentView()方法,而正是在调用这个方法时使用了 R.layout.activity_main 表示的布局,那么"Hello World!"很可能就是在这个文件中定义的。

布局文件都是定义在 res/layout 目录下的。展开 layout 目录,可以看到 activity_main.xml 文件,打开该文件并切换到 Text 视图,该布局文件的 XML 代码如下所示。

```xml
<?xml version="1.0" encoding="utf-8"?>
<android.support.constraint.ConstraintLayout
xmlns:android="http://schemas.android.com/apk/res/android"
    xmlns:app="http://schemas.android.com/apk/res-auto"
    xmlns:tools="http://schemas.android.com/tools"
    android:layout_width="match_parent"
```

```
android:layout_height="match_parent"
tools:context="cn.edu.buu.helloandroid.MainActivity">
<TextView
android:layout_width="wrap_content"
android:layout_height="wrap_content"
android:text="Hello World!"
app:layout_constraintBottom_toBottomOf="parent"
app:layout_constraintLeft_toLeftOf="parent"
app:layout_constraintRight_toRightOf="parent"
app:layout_constraintTop_toTopOf="parent" />
</android.support.constraint.ConstraintLayout>
```

这个布局文件采用 XML 作为界面布局的定义语言(关于 XML,请参考作者的另一部教材:《XML 技术与应用》,清华大学出版社,ISBN:9787302284666)。目前大家可能还不太理解该布局文件的内容,布局文件的内容此处不展开说明,详细情况参见第 4、5 章。从该布局文件可以看出,该布局包含了一个 TextView 控件,这是 Android 系统提供的一种控件,主要用于在布局中显示文字。在 TextView 控件的定义中看到了"Hello World!"的字样,是 TextView 的 android:text 属性的值。

实际上,展开 res 目录,可以看出该目录包含的子目录和文件有很多,如图 2.20 所示。

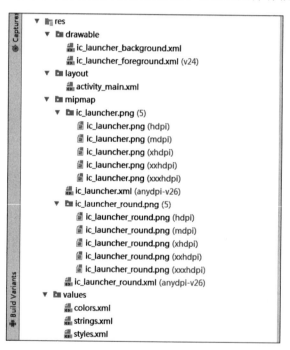

图 2.20   res 目录下的子目录和文件

res 目录的含义是资源(resource)。所有以 drawable 开头的文件夹都是用来存储图片的,所有以 mipmap 开头的文件夹都是用来存储应用程序图标的,所有以 values 开头的文件夹都用来存储字符串、样式、颜色等配置,而 layout 文件夹则用来存储布局文件。

之所以有这么多 mipmap 开头的文件夹,主要是为了让应用程序能够更好地兼容各种设备,drawable 文件夹也是类似的情况。虽然 Android Studio 没有自动生成,但是可以自己创建 drawable-hdpi、drawable-xhdpi、drawable-xxhdpi 等文件夹。开发应用程序时最好能够给同一张图片提供几个不同分辨率的版本,分别放在这些文件夹下,然后当应用程序运行时,会自动根据当前运行设备分辨率的高低选择加载哪个文件夹下的图片。当然,这只是理想情况,大多数情况下可能只有一份图片,这时把所有图片都放在 drawable-xxhdpi 文件夹下就可以了。

单击 res/values 目录下的 strings.xml 文件,内容如下所示。

```
<resources>
<string name="app_name">HelloAndroid</string>
</resources>
```

可以看到,这里定义了一个应用程序名的字符串,该字符串的键是 app_name,其值为 HelloAndroid,也就是在应用程序列表中显示的该应用程序的名称。

对于 res 目录中的资源(包括字符串和图片、应用程序图标、布局文件等),有以下两种引用方式:

- 在 XML 中,通过 @string/app_name 可以获得该字符串的引用。
- 在代码中,通过 R.string.app_name 可以获得该字符串的引用。

基本的语法就是上面这两种方式,其中 string 部分表示引用了 strings.xml 中定义的字符串资源,如果是引用的图片资源,就可以替换成 drawable;如果是引用的应用程序图标,就可以替换成 mipmap;如果是引用的布局文件,就可以替换成 layout,以此类推。

在 XML 文件中的引用示例将在 2.5.3 节进行说明,此处主要说明在代码中的引用。MainActivity 类的 onCreate()方法中有如下代码,可以看出,使用 R.layout.activity_main 引用 layout 文件夹下的布局文件 ActivityMain.xml 作为参数,调用了 setContentView() 方法:

```
setContentView(R.layout.activity_main);
```

下面对 R.java 进行说明,在代码中经常会出现 R.layout.activity_main 类似的形式。R.java 是由 Android Studio 自动生成的,关于项目中所有资源信息的 Java 源代码文件,该文件的名称 R 是资源 resource 的首字母。该文件由开发环境自动生成,开发人员一般不修改其中的内容。

在 HelloAndroid 项目(Project 视图)中,R.java 的具体位置如图 2.21 所示。

第一个 Android 应用程序 HelloAndroid 的开发,使用的版本是 Android Studio 3.0.1,在 HelloAndroid 项目中的 R.java 文件有 11582 行,而早期使用 Eclipse 基于 Android 2.x 版本开发时自动生成的 R.java 一般只有几十行代码。

在 R.java 中定义了一个最终类 R(最终类,final class,表示该类不能被继承)。在 R 类中定义了几个静态的最终子类:anim、attr、bool、color、dimen、drawable、id、integer、layout、mipmap、string、style、styleable,主要用于存储项目中不同类型的资源信息,在上述这些内部类中又定义了各自类型中的具体资源。下面仍以 MainActivity 的 onCreate()方

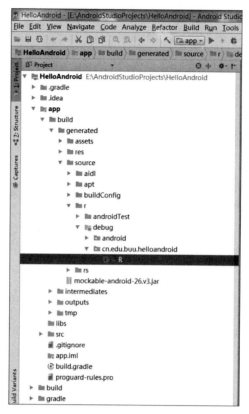

图 2.21 由开发环境自动生成的 R.java

法中对 setContentView()方法调用时的参数 R.layout.activity_main 为例,通过 R.java 的定义可以看出,layout 类是 R 类中的一个静态内部类,因此可以通过 R.layout 直接访问 layout 类。又因为 activity_main 是 layout 类中定义的一个静态成员变量(如图 2.22 所示),因此可以通过 layout.activity_main 引用该静态成员变量,把上述两步合起来,就得到了 R.layout.activity_main 的这种引用形式。关于 Java 语言及面向对象程序设计的基础知识,可以参考作者的另一部教材:《Java 面向对象程序设计》,清华大学出版社,ISBN:9787302489078。

至于通过 R.string.app_name 获得在 strings.xml 中定义的字符串,也是同样的道理,如图 2.23 所示,光标所在行(第 3050 行)定义了变量 app_name。

2.5.3 AndroidManifest.xml 配置文件

HelloAndroid 项目的 AndroidManifest.xml 配置文件如下所示。

```xml
<?xml version="1.0" encoding="utf-8"?>
<manifest xmlns:android="http://schemas.android.com/apk/res/android"
    package="cn.edu.buu.helloandroid">
    <application
        android:allowBackup="true"
```

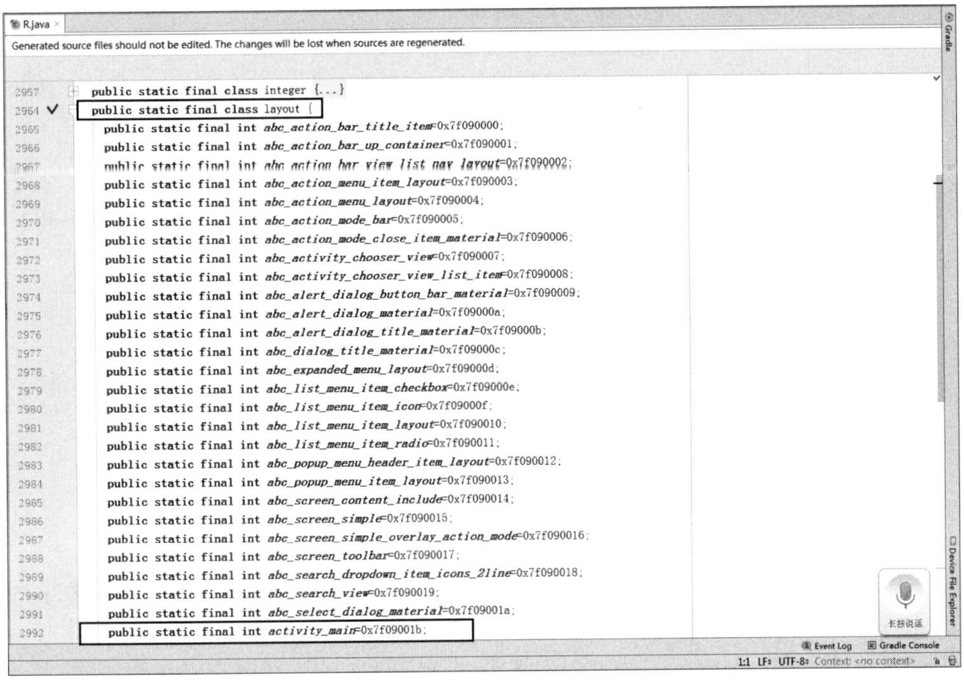

图 2.22　在 R 类的子类 layout 中定义的 activity_main

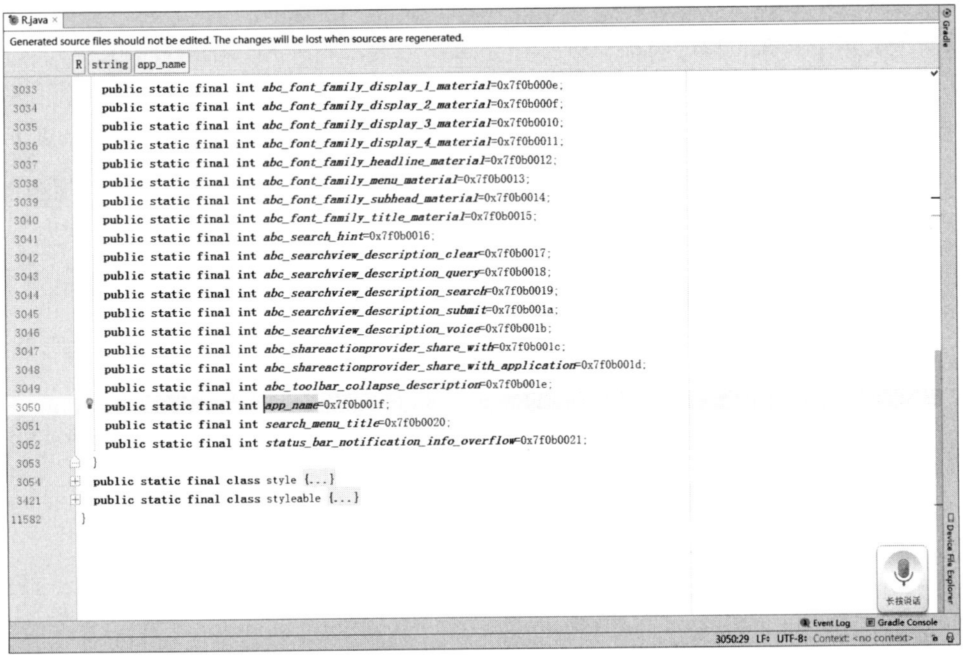

图 2.23　在 R 类的 string 子类中定义的 app_name

```
android:icon="@mipmap/ic_launcher"
android:label="@string/app_name"
android:roundIcon="@mipmap/ic_launcher_round"
android:supportsRtl="true"
android:theme="@style/AppTheme">
<activity android:name=".MainActivity">
    <intent-filter>
        <action android:name=
        "android.intent.action.MAIN" />
        <category android:name=
        "android.intent.category.LAUNCHER" />
    </intent-filter>
</activity>
</application>
</manifest>
```

可以看出,该配置文件的根元素是 manifest。在 manifest 元素中定义了元素 application,元素 application 是与 Android 应用程序对应的。在元素 application 中又定义了元素 activity,毫无疑问,后者是与应用程序中的 Activity 对应的,通过元素 activity 的 android:name 属性指定了对应的 Activity 的类名为 MainActivity,而该类所在的包则是通过根元素 manifest 的 package 属性指定的。根据 XML 的规定,父元素的属性值在没有被子元素重新指定值的情况下对所有子元素是默认有效的。在元素 activity 中定义了子元素 intent-filter,其中 action 元素和 category 元素的 android:name 属性值分别为 android.intent. action. MAIN 和 android. intent. category. LAUNCHER,前者表示该 Activity 是应用程序最先启动的 Activity,后者则表示该 Activity 所在的应用程序是否显示在 Android 系统的程序列表里。如果有一个 Activity 的应用程序(即 HelloAndroid)只声明了 android.intent.action. MAIN,而没有声明 android.intent.category.LAUNCHER,那么应用程序在运行时将报错。

在上述 XML 配置文件中,通过@mipmap/ic_launcher 引用了 mipmap 下的 ID 为 ic_launcher的应用程序图标,通过@string/app_name 引用了 string 下的 ID 为 app_name 的字符串(其值为 HelloAndroid),通过@mipmap/ ic_launcher_round 引用了 mipmap 下的 ID 为 ic_launcher_round 的应用程序图标,通过@style/AppTheme 引用了 style 下的 ID 为 AppTheme 的样式。由此可见,在 XML 配置文件中,通过这种语法形式访问项目中已有的资源非常普遍。另外,在第 4、5 章中还将学习开发人员如何添加新的资源,如各种类型的控件。

2.6 Android Studio 常用工具

Android Studio 中有一些非常实用的工具,包括 Logcat 和 DDMS 等,下面将分别进行介绍。

2.6.1　Logcat

日志在任何项目的开发过程中都起着非常重要的作用。在 Android 项目中如果想查看日志，一般使用 Logcat 工具。单击 Android Studio 最下方状态栏中的 6：Android，出现如图 2.24 所示的界面。

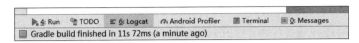

图 2.24　选择 Logcat 工具

之后就会出现 Logcat 界面，如图 2.25 所示。

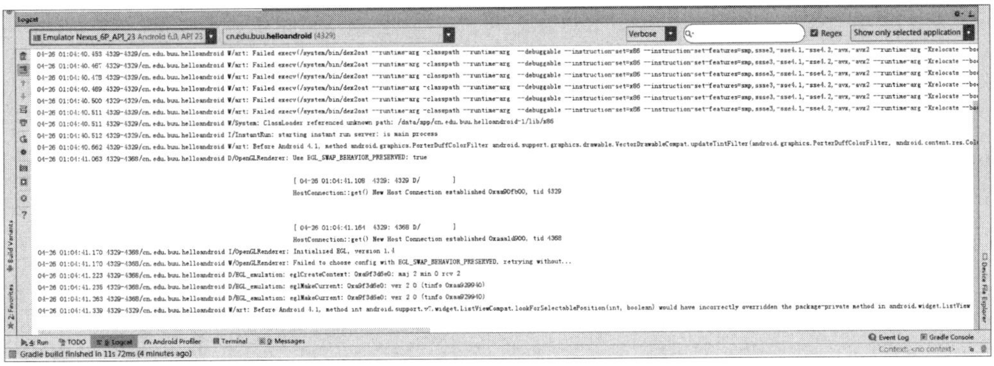

图 2.25　Logcat 界面

图 2.25 中，Logcat 的选项主要包括 Devices、Log level 和过滤器（Filter）。Devices 选项中，如果只连接一个设备，就不需要选择了。日志级别（Log level）选项中，包括以下几个级别：Verbose、Debug、Info、Warn、Error、Assert，以上级别依次升高。过滤器选项中，Logcat 默认会自动生成一个过滤条件是 Package name（项目包名）的过滤器。在 HelloAndroid 项目中过滤器的条件为 cn.edu.buu.helloandroid。

Android 中的日志工具类是 Log（android.util.Log），该类提供了如下几个方法供开发人员打印日志信息：

- Log.v（）：用于打印最琐碎的、意义最小的日志信息，对应级别 verbose，是 Android 日志中级别最低的一种。
- Log.d（）：用于打印一些调试信息，这些信息对开发人员调试程序和分析问题应该是有帮助的，对应级别 debug，比 verbose 高一级。
- Log.i（）：用于打印一些比较重要的数据，这些数据应该是开发人员非常想看到的、可以帮开发人员分析用户行为数据，对应级别 info，比 debug 高一级。
- Log.w（）：用于打印一些警告信息，提示程序在这个地方可能会有潜在的风险，最好修复一下出现警告的地方，对应级别 warn，比 info 高一级。
- Log.e（）：用于打印程序中的错误信息，例如程序进入 catch 语句中。当有错误信息打印出来时，一般都代表应用程序出现严重问题了，必须尽快修复，对应级别 error，比 warn 高一级。

除上述方法外,还有一个特殊的方法:Log.wtf()。该方法在输出日志的同时,会把此处代码此时的执行路径(方法调用栈)打印出来。

下面展示日志工具类 Log 的用法。在 MainActivity 类的 onCreate()方法的最后添加一行打印日志的语句,如下所示。

```
@Override
protected void onCreate(Bundle savedInstanceState) {
    super.onCreate(savedInstanceState);
    setContentView(R.layout.activity_main);
//打印日志信息,级别是 debug
Log.d("MainActivity","onCreate method is executing...");
}
```

在调用 Log.d()方法时传递了两个参数:第一个参数是 tag(标签),一般使用调用类的类名即可,用于对打印信息进行过滤;第二个参数是 msg,即想打印的具体日志内容。

现在重新运行项目,单击工具栏中的绿色小箭头,或者按快捷键 Shift+F10。使用模拟器重新运行 HelloAndroid 程序,应该已经能看到日志了,如图 2.26 所示,光标所在行即添加的 Log 代码输出结果。

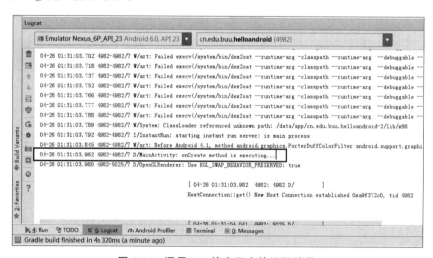

图 2.26　调用 Log 输出日志的运行结果

单击过滤器那个下拉框,选择 Edit Filter Configuration,在弹出的对话框中单击左上角的加号新创建一个 Filter,如图 2.27 所示。

新建过滤器中需要填写的主要信息,其含义如下:

- Name:Filter 名称。
- by Log Tag:通过日志的 tag 过滤。
- by Log Message:通过日志的 msg 内容过滤。
- by Package Name:通过包名过滤。
- by PID:通过 PID 过滤。
- by Log Level:通过日志等级过滤。

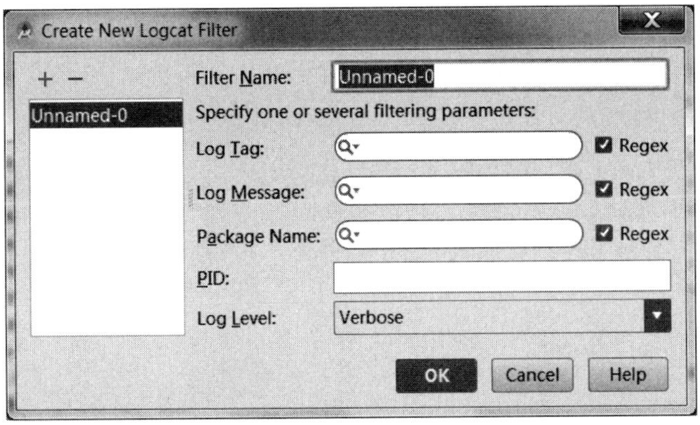

图 2.27　新建 Filter 界面

- regex：表示可以使用正则表达式进行匹配。

以上过滤条件可以组合。

下面说明如何使用过滤器。首先创建一个 tag 为 Robotics 的过滤器，过滤条件是 tag 等于 Robotics。将 Filter 选择为 Robotics，原有的日志信息不见了，因为匹配不到 tag 等于 Robotics 的日志。现在把 onCreate()方法中的日志 tag 改为 Robotics，如下所示。

```
Log.d("Robotics", "onCreate method is executing... ");
```

然后重新运行，将 Filter 选择为 Robotics，上述日志信息出现了，如图 2.28 所示。

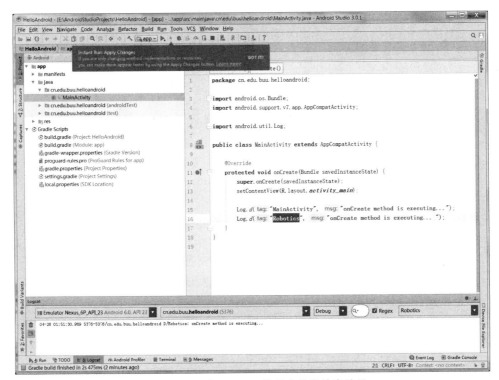

图 2.28　tag 为 Robotics 的日志信息输出结果

　　可能有很多的 Java 初学者都非常喜欢使用 System.out.println()方法输出日志信息。不过,在真正的项目开发中是不建议使用 System.out.println()方法的。为什么不建议使用 System.out.println()方法呢? 其实,这个方法除了使用方便外,其他一无是处。在 Eclipse 开发环境中只需要输入 syso,然后按下代码提示键,System.out.println()方法就会自动出来,这可能也是很多 Java 初学者青睐该方法的原因之一。但是,这个方法有很多缺点,如日志打印不可控制、打印时间无法确定、不能添加过滤器、日志信息没有等级区分等。

2.6.2　DDMS

　　DDMS(Dalvik Debug Monitor Service,Dalvik 调试监控服务)是 Android 开发环境中的 Dalvik 虚拟机调试监控服务。使用 DDMS 可以进行的操作有: 为测试设备截屏、查看特定进程中正在运行的线程以及堆信息、Logcat、广播状态信息、模拟电话呼叫、接收 SMS(Short Message Service,短消息服务)、虚拟地理坐标等,功能非常强大,对于 Android 开发者来说是一个非常实用的工具。

　　在 Android Studio 中通过单击 Tools→Android→Android Device Monitor 打开 DDMS,如图 2.29 所示。

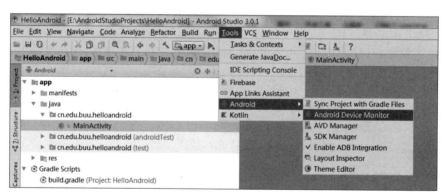

图 2.29　选择 Android Device Monitor 的界面

　　DDMS 打开后,其界面如图 2.30 所示。在 Android Studio 中,其标题为 Android Device Monitor(Android 设备监视器)。

　　在 Android Device Monitor 中,主要选项卡的功能如下。

- Devices:查看到所有与 DDMS 连接的模拟器详细信息,以及每个模拟器正在运行的 App 进程,每个进程最右边对应的是与调试器链接的端口。
- Emulator Control:实现对模拟器的控制,如接听电话,根据选项模拟各种不同网络的情况,模拟短信发送及虚拟地址坐标用于测试 GPS 功能等。
- Logcat:查看日志输入信息,可以对日志使用 Filter 进行过滤。
- File Explorer:File Explorer 文件浏览器,查看 Android 模拟器中的文件,可以很方便地导入/导出文件。
- Heap:查看应用中内存的使用情况。

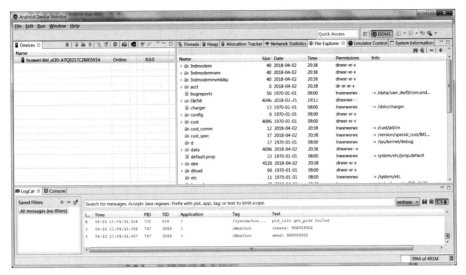

图 2.30　Android Device Monitor 界面

- Dump HPROF file：单击 DDMS 工具条上的 Dump HPROF 文件按钮，选择文件存储位置，然后再运行 hprof-conv。可以用 MAT 分析 heap dumps 启动 MAT，然后加载刚才生成的 HPROF 文件。
- Screen capture：截屏操作。
- Thread：查看进程中的线程情况。

习　题　2

1. Android 应用程序需要打包成（　　）文件格式在手机上安装运行。

　　（A）.class　　　　　（B）.xml　　　　　（C）.apk　　　　　（D）.dex

2. 一个 Android 工程中以.java 作为后缀的源文件在（　　）路径下。

　　（A）res　　　　　（B）asset　　　　　（C）gen　　　　　（D）src

3. Android 项目的 res/layout/路径下放的以.xml 作为后缀的文件是（　　）。

　　（A）界面布局文件　　　　　　　　（B）源代码文件

　　（C）视频文件　　　　　　　　　　（D）音频文件

4. Android 的四大组件不包括（　　）。

　　（A）Service　　　　　　　　　　（B）Activity

　　（C）Fragment　　　　　　　　　（D）BroadcastReceiver

5. ＿＿＿＿＿＿＿是 Android 应用程序中最重要、最常见的应用组件。

6. 简述 R.java 和 AndroidManifest.xml 文件的用途。

7. 建立一个基于 Android 7.0 版本（代号 Nougat，API 24）的 AVD。

8. 使用 Android Studio 创建一个名为 MyFirstApp 的工程，包名称为 cn.edu.buu.myfirstapp，程序运行时显示如下信息：你好，这是我的第一个 Android 应用程序！并采用第 7 题中建立的 AVD 运行。

第3章

网上书城案例

为了更好地说明如何使用 Android 提供的各种技术开发一个完整的 Android App，本书将提供一个网上书城的开发案例，开发案例的一些具体技术将会在后续的章节中一一介绍。本章介绍该开发案例的整体功能需求，同时展示该案例开发完成后的预期效果。

开发案例的名称为网上书城，类似于一个网上购物平台，用户可以注册登录、浏览商品、下单购买；开发案例除了移动端（Android App）的开发之外，还包括服务器端后台接口的开发，以及数据库的设计和部分数据的装载。通过本章内容的学习，希望读者对接下来开发的实际案例有初步的了解。

3.1　网上书城需求概述

在动手开发之前，首先对开发案例的需求进行梳理。以下是移动端应用大致要实现的功能：

- 展示书籍（商品）信息，用户可以浏览、查看。
- 搜索、匹配书籍信息，用户可以快速查找。
- 用户可以注册、登录账号、退出账号、修改账号信息。
- 选择书籍下单以及添加购物车下单。
- 查看订单以及订单详情的功能。
- 下单时地址管理。

整个 Android 应用将会完成以上功能，包含一个购物平台的基本模块，应用涉及的技术包括网络、数据存储、UI 等，这些知识会在后续的章节详细讲述。

移动端（Android App）的数据需要从后台获取，通过向服务器端（Server）发送网络数据请求，服务器端应用程序会处理相应请求并从数据库（database）获取数据，数据库返回数据给服务器端，服务器端获取数据之后，程序会对获取到的数据进行处理，然后返回处理结果给发送请求的移动端，这是一个简单的网络请求与响应过程，整个过程如图 3.1 所示。

在网上书城的案例开发中，服务器端选择 Java 语言进行开发，主要是考虑到 Java 在服务器端的应用广泛，目前市场上很多大型项目都是用 Java 完成后台开发的。Java 有大量可用的组件库，特别是 Spring 框架的出现，使得 Java Web 开发更加简单、方便。数据库管理系统（Database Management System，DBMS）采用了关系型数据库 MySQL，MySQL 使用的 SQL 是用于访问数据库的最常用的标准化语言。MySQL 成本低、可靠性好、性能高，是目前流行的开源数据库。

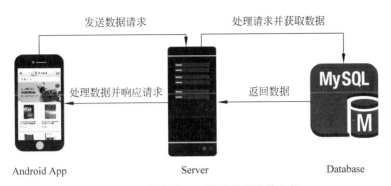

图 3.1　网上书城 App 及服务器整体架构

3.2　网上书城 App 案例展示

软件开发一般是根据产品原型进行的,产品原型展示了基本的界面信息,以及界面的交互逻辑,通过产品原型将大致的界面及内容写好,界面的美化需要根据 UI 的设计图更改,这里直接展示 Android 应用程序的截图,根据实际的成品开发。

图 3.2 所示是网上书城应用程序的首页,最上面是网上书店的标题、图标、购物车,接下来是搜索框、轮播图,最后是展示商品的列表。图 3.3 展示的是左侧的侧滑栏,包含登录状态、首页、我的订单、我的账户和收货地址。

图 3.2　App 首页

图 3.3　首页侧滑栏

图 3.4 与图 3.5 分别是登录界面和创建新账户界面,从侧滑栏界面单击"你好,登录"就可以进入登录界面,登录界面要获取用户手机号码、密码。在登录界面单击"创建新账

户"按钮可进入创建账户界面,创建账户界面需要用户输入姓名、用户手机号以及创建密码。两个页面都有"显示密码"的复选框,勾选该项后能展示输入的密码。

图 3.4　登录界面

图 3.5　创建账户界面

　　图 3.6 和图 3.7 是书籍详细信息界面,展示了书籍的基本信息与介绍,包括价格、描述、商品特点 & 基本信息等。

图 3.6　书籍详细信息界面 1

图 3.7　书籍详细信息界面 2

图 3.8 所示是购物车界面,展示了加入购物车的书籍列表信息,单击"去结算"按钮会跳转到地址选择界面,单击"删除"按钮会将选中的书籍从购物车中清除;如图 3.9 所示,地址选择界面展示了收货人的信息,可以单击"编辑"按钮修改收货地址信息,或单击"去支付"按钮跳转到结算界面,若单击"删除"按钮,则需要重新填写收货地址,填写完成后单击"保存"按钮后才能去结算。

图 3.8　购物车界面

图 3.9　地址选择界面

图 3.10 所示是编辑地址界面,通过该界面可以修改收货人的信息。图 3.11 是结算界面,单击"确认支付"按钮会生成订单。

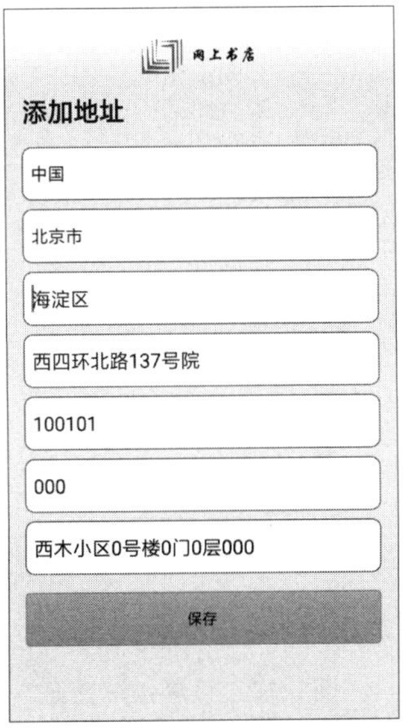

图 3.10　编辑地址界面

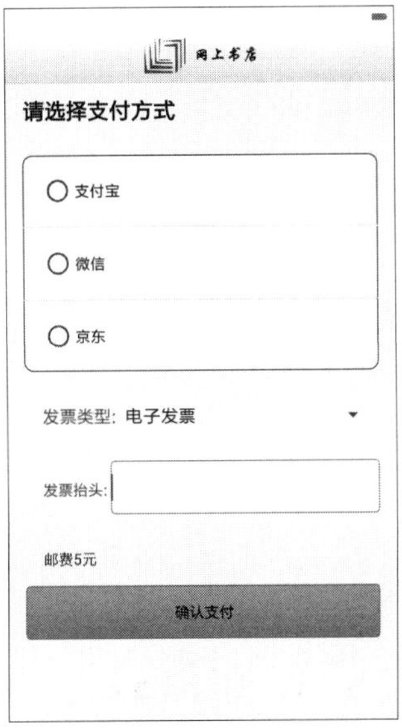

图 3.11　结算界面

图 3.12 为账户信息界面,展示了用户的基本信息,这里可以退出登录状态。单击"编辑"按钮可进入信息修改界面,如图 3.13 所示。

图 3.12　账户信息界面　　　　　　　图 3.13　信息修改界面

　　最后是订单列表页,如图 3.14 所示,从这里可以查看所有提交的订单,以及订单详情页。图 3.15 是订单详情页面,可以查看订单详情。

图 3.14　订单列表界面　　　　　　　图 3.15　订单详情界面

以上基本包含了网上书城应用程序的相关界面,整个应用程序的功能并不是很复杂,主要内容在于网络通信、UI 布局以及相关的业务逻辑的编写。

3.3　主要技术与框架

网上书店应用程序的开发会用到一些基本知识,如四大组件中的 Activity、许多 UI 控件（如 Button、TextView、EditText、ListView 等）、Intent 意图、数据存储 SharedPreferences,以及第三方开源框架,虽然 Android 原生开发已经相当成熟,但是在开放源代码框架盛行的今天,有许多第三方开源框架和库可以使用,如 OkHttp,它们极大地提升了开发的效率。

首先是轮播图的开源库 RollViewPager,这是一个自动轮播的 ViewPager,支持无限循环,触摸时会暂停播放,指示器可以为点或数字,还可以自定义,位置也可以改变,可以设置轮播的时间间隔等,在网上书店的首页将会用到。

Picasso 是一款优秀的 Android 图片加载框架,它有以下特征:自动检测适配器,重新使用并取消以前的下载;转换图像,以更好地适应布局并减少内存大小;支持错误占位符作为可选功能;使用 Picasso 极大地简化了图片加载的方式,它最简单的方式如下:

```
Picasso.with(context).load(url).into(imageView);
```

网络请求的框架使用了 OkHttp,这是目前最火热的轻量级网络访问开发框架。OkHttp 有许多优势,如允许连接到同一个主机地址的所有请求,提高请求效率;共享 Socket 减少对服务器的请求次数;通过连接池,减少了请求延迟,缓存响应数据减少重复的网络请求;除了 OkHttp,还会讲解 Google Volley 的使用,这是在 2013 年 Google I/O 大会上推出的一个 Android 网络通信框架,相对于 HttpURLConnection 更简单、网络通信更快。

这些开源框架在 GitHub 开源社区都可以找到,上面有这些开源库的源码,GitHub 是一个免费的远程仓库,也是一个开源协作社区,通过 GitHub,既可以让别人参与你的开源项目,你也可以参与别人的开源项目。GitHub 上有许多这样的项目,如果有兴趣,可以看一些热门的开源项目,对自己的技术提升也是有帮助的。

3.4　数据库设计

服务器端应用程序的开发需要先设计数据库,然后再进行开发。一个良好的数据库设计能保证开发顺利进行,如果一个表设计得不合理,当后期需求变更频繁时,更改表设计会变得一筹莫展。

使用 MySQL 数据库系统时,应根据合理的场景选择最优的存储引擎,通常选择 InnoDB。如果在可以不考虑事务处理以及可以承受崩溃恢复代价的情况下,需要更好的读操作性能,可以选择 MyISAM,因为 MyISAM 读数据的性能比 InnoDB 好。

字段的设计应该遵循以下原则:

（1）尽量选择最小的数据类型，这样能使磁盘、内存和 CPU 占用更少，例如一个状态值只有 0 和 1 两种状态，则选用 tinyint，长度为 1。

（2）字段的设计尽量避免 NULL，因为 NULL 会让 MySQL 的处理程序变得复杂，通常用 0 或者非 NULL 的合理默认值。

当然，这个项目的数据库设计不用考虑那么多，不过上述知识在以后的工作中可能会用到，很多设计需要自己在实践中了解与完善。在设计数据库时，可以参考一些已经成熟的数据库设计，想一想他们为什么这样设计，这也可以避免走一些弯路。

现在开始数据库设计、建表。这里推荐一个连接数据库的前端工具——Navicat，这是一套快速、可靠的数据库管理工具，专为简化数据库的管理以及降低系统管理成本而设，可以对本机或远程的 MySQL、SQL Server、SQLite、Oracle 以及 PostgreSQL 数据库进行管理和开发。

下载后安装，打开软件，单击左上角的"连接"按钮，如图 3.16 所示。

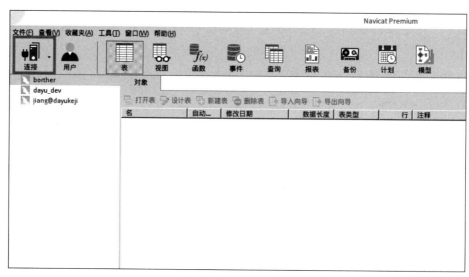

图 3.16　Navicat 主界面

选择 MySQL，弹出新建连接信息窗口，如图 3.17 所示。

在"常规"选项卡中填写相关信息；连接名只是一个名称，这里填 local，主机名或者 IP 地址填 localhost，表示本机地址，端口为 3306，用户名和密码是本机安装 MySQL 设置的用户名和密码（确保本机已经完成 MySQL 的安装和配置）。

填写完成之后，单击"连接测试"按钮，如果连接失败，则需要检查本机 MySQL 的安装是否成功，如果提示连接成功，单击"确定"按钮回到首页，可以看到左边增加了一个叫 local 的连接，双击它就可以连接到本地数据库了。

选择 local 右击，在弹出的快捷菜单中选择"新建数据库"，新建的数据库名叫作 amazon，字符集选择 utf8 -- UTF-8 Unicode，排序规则选择 utf8_general_ci，单击"确定"按钮，如图 3.18 所示。

打开 amazon 数据库，选中表右击，从弹出的快捷菜单中选择"新建表"，开始创建数据表 user(用户表)、orders(订单表)、orderdetails(订单详情表)、cart(购物车表)、address
(地址表)、book(书籍表),数据库中各表的详细信息如图 3.19～图 3.24 所示。

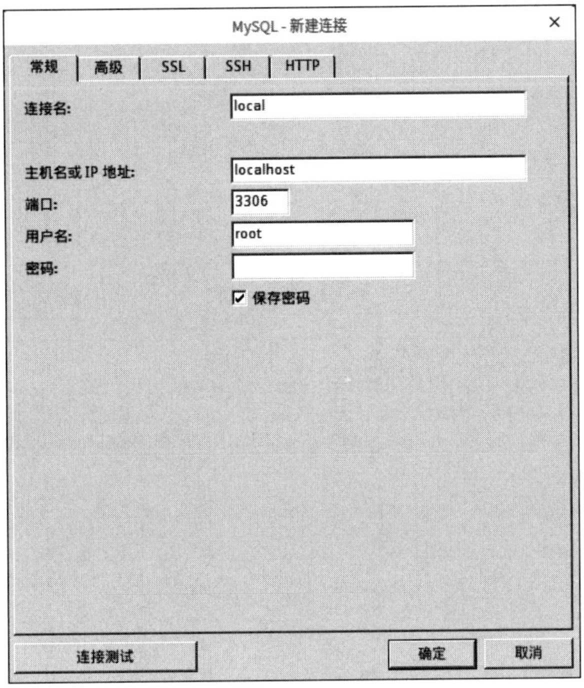

图 3.17　新建连接信息窗口

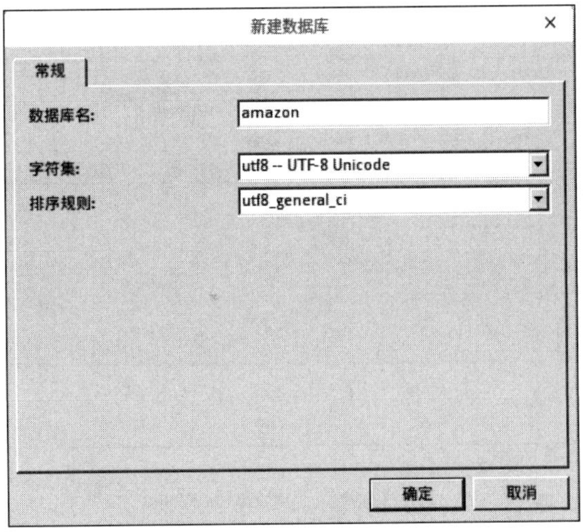

图 3.18　新建数据库

　　完成表的字段设计后,接下来完成表关系连接。数据库外键关联如图 3.25 所示,
user 表的 u_id 与 address 的 u_id 关联,并与 orders 的 u_id 关联,orders 的 o_id 与
orderdetails 的 o_id 关联,orderdetails 的 b_id 与 book 的 b_id 关联。

名	类型	长度	小数点	不是 null	
u_id	int	11	0	☑	🔑1
u_register	varchar	50	0	☑	
u_name	varchar	22	0	☑	
u_sex	varchar	4	0	☑	
u_password	varchar	200	0	☑	
u_phone	varchar	11	0	☑	
u_qq	varchar	15	0	☑	
u_pay_one	varchar	50	0	☑	
u_pay_two	varchar	50	0	☐	
u_pay_three	varchar	50	0	☑	
u_pay_four	varchar	50	0	☐	

图 3.19　user 表

名	类型	长度	小数点	不是 null	
o_id	int	11	0	☑	🔑1
o_bussiness_id	varchar	50	0	☑	
o_count	float	0	0	☐	
u_id	int	11	0	☑	
a_id	int	11	0	☑	
o_date	date	0	0	☑	
o_status	varchar	10	0	☑	
o_deliver	varchar	30	0	☑	
o_deliverfee	float	0	0	☑	
u_pay	varchar	50	0	☑	
u_invoicetype	varchar	10	0	☑	
u_invoicetitle	varchar	50	0	☑	

图 3.20　orders 表

名	类型	长度	小数点	不是 null	
d_id	int	11	0	☑	🔑1
o_id	int	11	0	☑	
b_id	varchar	20	0	☑	
preferential	float	0	0	☑	
quantity	int	11	0	☑	

图 3.21　orderdetails 表

名	类型	长度	小数点	不是 null	
c_id	int	255	0	☑	🔑1
u_id	int	11	0	☑	
b_id	varchar	20	0	☑	

图 3.22　cart 表

名	类型	长度	小数点	不是 null	
a_id	int	11	0	☑	🔑1
u_id	int	11	0	☑	
zipCode	varchar	12	0	☑	
province	varchar	20	0	☑	
country	varchar	30	0	☑	
township	varchar	30	0	☑	
street	varchar	30	0	☑	
t_number	varchar	22	0	☑	
remarks	varchar	50	0	☐	

图 3.23　address 表

名	类型	长度	小数点	不是 null	
b_id	varchar	20	0	☑	🔑1
b_isbn	varchar	20	0	☑	
b_publish	varchar	30	0	☑	
b_name	varchar	50	0	☑	
b_author_one	varchar	50	0	☑	
b_author_two	varchar	50	0	☐	
b_author_three	varchar	50	0	☐	
b_author_four	varchar	50	0	☐	
b_author_five	varchar	50	0	☐	
b_language	varchar	10	0	☑	
b_format	int	11	0	☑	
b_size	varchar	20	0	☑	
b_weight	varchar	10	0	☑	
b_star	float	0	0	☐	
b_rank	int	11	0	☑	
b_unitPrice	float	0	0	☐	
b_discription	varchar	1000	0	☑	
b_status	varchar	10	0	☑	

图 3.24　book 表

图 3.25　数据库外键关联

接下来在数据库中填写一些测试数据，包括 user 信息表、book 信息表（一）、book 信息表（二）、address 信息表、orders 信息表以及 orderdetails 信息表，如图 3.26～图 3.31 所示。

u_id	u_register	u_name	u_sex	u_password	u_phone	u_qq	u_pay_one	u_pay_two	u_pay_three	u_pay_four
1	Marry	赵娇	女	6021a1e49c1b869295f3aa4a41282a67	13156689712	122564987	储蓄卡	支付宝		
2	jack123	李国华	男	ba9dc2525dab50f1fdcfb116f2b57e1c	15623358419	56854718	储蓄卡	支付宝	微信	
3	Chenrui	陈锐	男	613491242373a83d6975de5d5f05e984	18655721568	6457875412	储蓄卡	微信		
4	john1987	孙旭城	男	4b9c9444e9a8e20d0a45ee57d53a6fd4	15069888522	457878455	信用卡	支付宝	微信	
5	yuxia	周玉霞	女	e4a06475f42970dff71d35ef5c724d31	13795729563	9687745156	储蓄卡	支付宝		
6	James	吴汉兴	男	28f70deac17ca5dd8c2597187c5fc92c	18057875541	657456961	微信			
7	noble	郑阳	男	0c0dd5851709edb936e908b770c285aa	15355785976	5525356358	储蓄卡	信用卡	支付宝	微信
8	Sunny	王玲娟	女	c3694bd93a05c65b66faab6267b1f33e	15987665221	325698178	信用卡	支付宝		
9	Elison	韩一平	男	93590c356871f3d61f6012f725120803	13356118943	265331115	储蓄卡	支付宝	微信	
10	angela	李丽颖	女	4d600660f9c714024d58ce1ad28f9e46	15573908515	897751789	信用卡	支付宝	微信	
11	gerry	沈庆	男	1efe09d94f16c5f26dc4f15ac31a6879	13285968877	84689773	信用卡			
12	peter	彭良才	男	19bc5d3acf531d28b7dd6a9fe13ed4bc	13056857665	986851712	储蓄卡	信用卡	支付宝	微信
18	XiaoMing	小茗同学	男	ernpC/d9KsQZJ3rpd2pPfg==	13901088888	666	支付宝	微信	信用卡	(Null)

图 3.26　user 信息表

b_id	b_isbn	b_publish	b_name	b_author_one	b_author_two	b_author_three	b_author_four	b_author_five
B0053UHO2E	9787303057313	北京师范大学出版社	教育信息处理(第2版)	傅德荣	章慧敏	刘清堂		
B0055OQTEC	9787121135811	电子工业出版社	3G智能手机创意设计:首届北京市大学生计算机应用大赛获奖作品精选	柳贡慧				
B008RHS12W	9787561788193	华东师范大学出版社	教育信息处理应用(附光盘1张)	沈霞凤	范云欢			
B008SO31YM	9787302284460	清华大学出版社	高等学校计算机专业规划教材XML技术与应用	彭涛	孙连英			
B00DFUUYTO	9787213055380	浙江人民出版社	简单的逻辑学	D.Q.麦克伦尼				
B00GDI2R0Y	9787121217228	电子工业出版社	移动终端应用创意与程序设计(2013版)	黄先开				
B00NOLJ946	9787302363528	清华大学出版社	高等学校计算机专业教材精选-算法与程序设计:面向对象程序设计实例教程	孙连英	刘畅	彭涛		
B016DWSEXI	9787115403090	人民邮电出版社	Spark快速大数据分析	卡劳	肯维尼斯科	温德尔	扎哈里亚	
B017XYLC6Q	9787121274906	电子工业出版社	移动终端应用创意与程序设计(2015版)	黄先开				
B01AHQ6W62	9787302242179X	清华大学出版社	卓越工程师培养质量保障:基于工程教育认证的视角	钱鸿				
B01AOFXOHG	9787121279738	电子工业出版社	移动互联网应用开发与创新	鲍泓				
B01ASI38UE	9787111525124	机械工业出版社	高等教育规划教材:数据库系统原理与MySQL应用教程	李辉				
B01B863786	9787030471415	科学出版社	中国大学及学科专业评价咨询报告(2016-2017)	邱均平	赵蓉英	柴雯	董克	
B01D8I3OSU	9787111529065	机械工业出版社	深度学习:方法及应用	邓力	俞栋			
B01G8JOUSO	9787121286203	电子工业出版社	自然语言处理原理与技术实现	罗刚				
B01H1K0A60	9787302435677	清华大学出版社	高等学校计算机专业规划教材:数据库技术与应用(MySQL版)	李辉				
B06XBX2ZWS	9787803051727X	科学出版社	中国大学与学科专业评价报告2017-2018	邱均平	赵蓉英	杨思洛	董克	
B071F17VKS	9787517123460	中国言实出版社	大国战略	金一南				
B073LJR2JF	9787559407764	江苏凤凰文艺出版社	罗生门	芥川龙之介				
B074JV6Y48	9787559404688	江苏凤凰文艺出版社	人间滋味	汪曾祺				

图 3.27　book 信息表（一）

b_language	b_format	b_size	b_weight	b_star	b_rank	b_unitPrice	b_discription	b_status	b_type	b_picture
简体中文	16	22.8 x 16.8 x 1.6 cm	422 g	4.5	481680	30.1	作者傅德荣看了	有货	教育	https://images-na.ssl-images-amazon.com/images/I/81NdFWd-%2BUL.jpg
简体中文	16	23.4 x 18.2 x 1 cm	299 g	0	1963684	41	本书是北京市	无货	计算机与互联网	https://images-na.ssl-images-amazon.com/images/I/81NdFWd-%2BUL.jpg
简体中文	16	25.8 x 18.4 x 1.2 cm	499 g	0	1124598	32	《教师教育指	有货	教育	https://images-na.ssl-images-amazon.com/images/I/81NdFWd-%2BUL.jpg
简体中文	16	25.6 x 18.2 x 1.2 cm	458 g	5	1045881	22.1	《高等学校计算	有货	编程与开发	https://images-na.ssl-images-amazon.com/images/I/81NdFWd-%2BUL.jpg
简体中文	16	21 x 14.4 x 1.2 cm	200 g	4	218	23.4	《简单的逻辑学	有货	逻辑学原理	https://images-na.ssl-images-amazon.com/images/I/81NdFWd-%2BUL.jpg
简体中文	16	23.6 x 16.8 x 1.2 cm	358 g	0	1591315	47	本书是围绕移	有货	操作系统	https://images-na.ssl-images-amazon.com/images/I/81NdFWd-%2BUL.jpg
简体中文	16	25.6 x 18.4 x 1.4 cm	358 g	0	1592127	32.2	《高等学校计	有货	大中专教材	https://images-na.ssl-images-amazon.com/images/I/81NdFWd-%2BUL.jpg
简体中文	16	22.8 x 17.6 x 1.4 cm	363 g	4.5	2934	46.6	本书是Spark开	有货	计算机科学理论	https://images-na.ssl-images-amazon.com/images/I/81NdFWd-%2BUL.jpg
简体中文	16	23.6 x 16.8 x 1.4 cm	381 g	0	1451080	43.65	本书是对2014版	有货	操作系统	https://images-na.ssl-images-amazon.com/images/I/81NdFWd-%2BUL.jpg
简体中文	16	21.4 x 14.9 x 1.9 cm	358 g	0	517365	32.5	《卓越工程师培	有货	考试辅导	https://images-na.ssl-images-amazon.com/images/I/81NdFWd-%2BUL.jpg
简体中文	16	25.4 x 18.2 x 1.6 cm	581 g	0	1522498	44.2	本书以移动互	有货	计算机与互联网	https://images-na.ssl-images-amazon.com/images/I/81NdFWd-%2BUL.jpg
简体中文	16	25.6 x 18.2 x 1.6 cm	581 g	0	850644	44.2	本书以MySQL关	有货	大中专教材	https://images-na.ssl-images-amazon.com/images/I/81NdFWd-%2BUL.jpg
简体中文	16	4□28 x 20.8 x 1.8 cm	662 g	4.8	174853	40.7	本书分3个子部	有货	教育理论与研究	https://images-na.ssl-images-amazon.com/images/I/81NdFWd-%2BUL.jpg
简体中文	16	23.4 x 16.8 x 0.6 cm	322 g	3.3	92429	33.4	《深度学习:方	有货	数据库	https://images-na.ssl-images-amazon.com/images/I/81NdFWd-%2BUL.jpg
简体中文	16	23.2 x 18.6 x 2.4 cm	821 g	1.9	75817	51.35	本书详细介绍自	有货	编程与开发	https://images-na.ssl-images-amazon.com/images/I/81NdFWd-%2BUL.jpg
简体中文	16	25.2 x 18.4 x 1.2 cm	521 g	0	1032449	35.2	《高等学校计算	有货	大中专教材	https://images-na.ssl-images-amazon.com/images/I/81NdFWd-%2BUL.jpg
简体中文	16	27.8 x 20.8 x 1.8 cm	721 g	0	27939	42.3	本书由中国科	有货	教育理论与研究	https://images-na.ssl-images-amazon.com/images/I/81NdFWd-%2BUL.jpg
简体中文	16	23 x 16.4 x 2 cm	440 g	5	703	37.78	国家战略问题了	有货	政治与军事	https://images-na.ssl-images-amazon.com/images/I/81NdFWd-%2BUL.jpg
简体中文	32	20.6 x 14.4 x 1.8 cm	322 g	4.4	2	30.86	《罗生门》日本	有货	小说	https://images-na.ssl-images-amazon.com/images/I/81NdFWd-%2BUL.jpg
简体中文	32	18.6 x 12.2 x 2.2 cm	381 g	4.9	16	37.2	味道是一种国	有货	散文杂着集	https://images-na.ssl-images-amazon.com/images/I/81NdFWd-%2BUL.jpg

图 3.28　book 信息表（二）

图 3.29 address 信息表

图 3.30 orders 信息表

图 3.31 orderdetails 信息表

以上就是数据库的基本介绍与建表设计,完成这些准备工作后,就可以开始进行开发了。

3.5 创建网上书城项目

打开 Android Studio,创建一个新项目,项目名称为 bookstore,包名为 buu.bookstore.android,如图 3.32 所示,单击 Next 按钮。

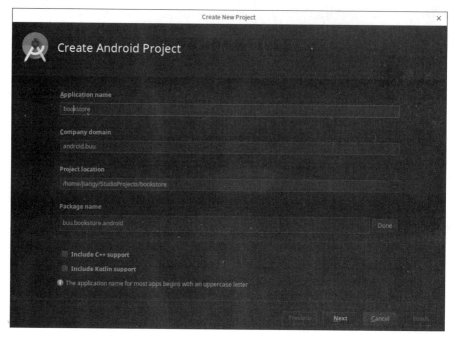

图 3.32 创建项目界面

选择最低适配版本,这里选择 API 21:Android 5.0,如图 3.33 所示,单击 Next 按钮,选择默认配置,一直单击 Next 按钮,最后单击 Finish 按钮即可。项目创建好之后,相关的内容会在后面的章节穿插讲解。

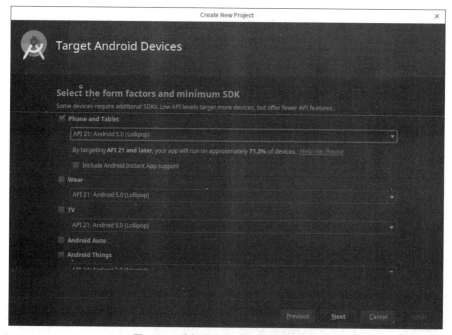

图 3.33 选择目标 Android 设备界面

习　题　3

1. 结合本章内容,说明具备网络访问功能的 Android 应用程序与服务器(包括后台使用的数据库系统)之间的关系。

2. 服务器在返回给 Android 应用程序数据时,数据一般采用什么格式存储并传输?

3. 对于第 2 题中的数据格式,采用什么技术方法或第三方工具包解析?

4. Android 应用程序通过网络服务器时,一般使用什么网络协议?

5. 对于大多数商业应用系统(如京东、饿了么等),一般可以通过浏览器和手机端应用程序(包括 Android、iOS 等平台)访问。二者访问的服务器程序是各自独立地重复开发,还是能够共享地仅开发一次即可?

第4章

Activity

Activity 是 Android 应用程序四大组件中最基础、最重要的组件,是应用程序与用户进行交互的基本单元。本章说明了 Activity 的基本用法,包括 Activity 的创建、布局的创建与加载、在配置文件中注册 Activity,以及在 Activity 中如何使用 Toast 和 OptionsMenu 等。大多数 Android 应用程序都会包含多个 Activity,本章介绍如何使用 Intent 在 Activity 之间跳转。使用 Activity 进行编程,重写其生命周期的回调方法是实现业务逻辑的主要手段。本章在介绍 Activity 的生命周期之后,用实例演示如何重写 Activity 的生命周期回调方法。最后,仍以网上书店的客户端 App 为例,讲解在该 App 的开发中 Activity 方面的编程情况。

4.1　Activity 概述

Activity 是 Android 应用程序中最重要的组件,它为用户提供了一个用于任务交互的用户界面,其作用类似于使用浏览器软件时的网页(二者都可以包含控件,都占据一个窗口),是用户与应用程序交互的基本单元。例如,通过 Activity,用户可以拨打电话、拍照、发邮件,或者查看地图等。有的教材和参考资料把 Activity 翻译为活动,由于中文中活动很少作为用户交互基本单元的意思,因此以下仍采用 Activity 这个英文单词本身,而不采用"活动"的翻译方法。英文中采用 Activity 的说法,主要是表示用户通过 Activity 完成与应用程序交互的活动和任务(关于任务,在返回栈中会有更详细的说明,请参见 4.4.2 节返回栈)。每个 Activity 都被分配了一个窗口。在这个窗口中,可以显示用户交互所需的内容(即不同类型的各种控件)。这个窗口通常占满整个屏幕,但也有的窗口比屏幕小,并且浮在其他窗口的上面,如需要用户确认的"动态申请权限"对话框。

一个 Android 应用程序通常由多个 Activity 组成,它们彼此保持弱的绑定状态。典型地,当一个 Activity 在一个应用程序内被指定为主 Activity(一般通过 AndroidManifest.xml 配置文件指定),那么当应用程序第一次启动时,该 Activity 将第一个出现在用户面前。为了展示不同的内容,每个 Activity 可以启动另外一个 Activity。每当一个新的 Activity 被启动,之前的 Activity 将被停止,但是 Android 系统并不是直接销毁之前的 Activity,而是会把它压入一个栈中(back stack,返回栈)。栈是一种常用的数据结构,又称为堆栈,是一种受限的线性表。栈的特点是只允许在表中的同一端(称为栈顶)插入或删除元素。栈中的元素符合后进先出(First In Last Out,FILO)的性质。当一个新的 Activity 启动,该 Activity 将被放到栈顶并获得用户交互的焦点。后台栈遵循后进先出的栈访问机制。因此,当用户完成当前界面并单击"返回"按钮时,它将被出栈(并销毁),而之前的 Activity 将被恢复。

当一个 Activity 因为另一个 Activity 的启动而被停止,那么其生命周期中的回调方法将会以状态改变的形式被 Android 系统调用。Activity 通过自身状态的改变可以收到多个回调方法。当 Android 系统创建、停止、恢复、销毁 Activity 时,会调动 Activity 中相应的回调方法。每个回调方法都应该完成相应的处理工作。例如,当 Android 系统停止一个 Activity 时,该 Activity 应当释放比较大的对象,如网络连接对象、数据库连接对象等。当 Activity 恢复时,可以请求必需的资源并恢复一些被打断的动作。这些状态事务的处理就构成了 Activity 的生命周期。

接下来讨论如何搭建和使用 Activity,并讨论 Activity 的生命周期是怎么工作的,这样就可以合理地管理不同 Activity 状态间的事务处理。

4.2　Activity 的基本用法

要创建一个 Activity 对象,首先必须定义一个 Activity 类(或者它的某个子类)的子类。在该子类里需要实现 Android 系统调用的回调方法,这些方法用于 Activity 在生命周期中进行事务处理,如创建、停止、恢复、销毁等,其中最重要的两个回调方法如下。

- onCreate()方法:必须实现这个方法。系统会在创建 Activity 的时候调用这个方法。在实现这个方法的同时,需要实现 Activity 的重要组件。最重要的是,必须在这里调用 setContentView()来定义 Activity 用于用户交互的布局。
- onPause()方法:系统将会调用这个方法作为用户离开 Activity 的首先提示(虽然这并不意味 Activity 正在被销毁)。这通常是应该在用户会话之前提交并保存任何更改的时机(因为用户可能不会再回到这个 Activity)。

还应该会用到一些其他的生命周期回调方法,它们将帮助在 Activity 和可能导致 Activity 停止甚至销毁之间保持流畅的用户体验。所有的生命周期回调方法都将在后面讨论,详细内容请看管理 Activity 的生命周期。

4.2.1　手动创建 Activity

在第 2 章的 HelloAndroid 项目中,通过向导在项目中添加了一个 Empty Activity,其类名为 MainActivity。本节将创建一个不包含任何 Activity 的项目 ActivityDemo,这次我们准备手动创建 Activity,如图 4.1 所示。单击 Finish 按钮,等待 Gradle 构建完成后,项目就创建成功了。

项目创建成功后,仍然会默认使用 Android 模式的项目结构,这里手动改成 Project 模式。目前,ActivityDemo 项目中虽然还会自动生成很多文件,但是 app/src/main/java/cn.edu.buu.activitydemo 目录下应该是空的,如图 4.2 所示。

在项目的 src/main/java/cn.edu.buu.activitydemo 上右击,从弹出的快捷菜单中选择 New→Activity→Empty Activity,会弹出一个 New Android Activity 对话框,此处将 Activity 命名为 FirstActivity,并且不勾选 Generate Layout File 和 Launcher Activity 这两个选项,如图 4.3 所示。

图 4.1　在新建项目时不添加 Activity

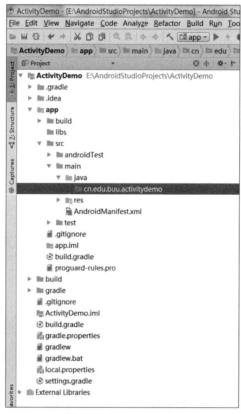

图 4.2　初始项目结构

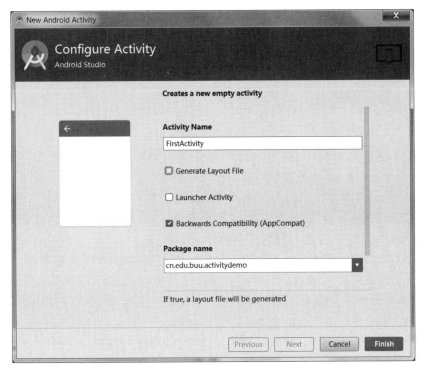

图 4.3　新建 Activity 对话框

勾选 Generate Layout File 表示自动为 FirstActivity 创建一个对应的布局文件。勾选 Launcher Activity 表示会自动将 FirstActivity 设置为当前项目的启动 Activity，即应用程序启动后用户看到的第一个 Activity。下面我们将手动完成上述任务。勾选 Backwards Compatibility 表示会为项目启用向下兼容的模式，一般选中该选项。单击 Finish 按钮完成创建。

Android 项目中的任何自定义 Activity 类都需要重写（也称为覆盖）其父类中的 onCreate()方法，而目前 FirstActivity 中已经重写了该方法，这是由 Android Studio 自动完成的。

FirstActivity 类的代码如下：

```
package cn.edu.buu.activitydemo;
import android.support.v7.app.AppCompatActivity;
import android.os.Bundle;
public class FirstActivity extends AppCompatActivity {
    @Override
    protected void onCreate(Bundle savedInstanceState) {
        super.onCreate(savedInstanceState);
    }
}
```

可以看到，FirstActivity 类的 onCreate()方法非常简单，仅调用了父类的 onCreate()

方法。当然,这只是由 Android Studio 自动完成的默认实现方式,后续还需要在其中增加自己的实现逻辑。另外,可以看出,自动生成的 FirstActivity 子类会从 AppCompatActivity 类(属于包 android.support. v7.app)继承,这主要是考虑到对低版本的 Android 系统的兼容性。

4.2.2　创建与加载布局

Activity 的用户接口由一些 View 的派生类组成的层级结构提供。每个 View(控件)控制 Activity 所在窗口的一个特殊的矩形空间,并且可以响应用户的交互。例如,一个 View 可能是一个按钮,当用户碰触的时候将发起动作。

Layouts 是一组继承了 ViewGroup 的布局,它们为子视图提供了唯一的布局模型。例如,线性布局、表格布局、相对布局等,也可以继承 View 和 ViewGroup(或它们的子类)创建自己的组件或布局,并用它们组成 Activity 布局。

定义布局最常用的方式是使用 XML 布局文件,它保存在程序的资源中。这种方式可以保证业务逻辑代码和用户交互界面分开。可以通过 setContentView()方法传递布局文件的 ID 设置程序 UI,该 ID 在由 Android Studio 自动生成的 R.java 中定义。另外,也可以在 Activity 代码中自己创建 View,并通过插入子 View 到 ViewGroup 中,然后把这些视图的根视图作为调用 setContentView()方法的参数传递给 Activity 使用。

下面手动创建一个布局文件。在目录 app/src/main/res 上右击,从弹出的快捷菜单中选择 New→Directory,会弹出一个"新建目录"对话框,在这里创建一个名为 layout 的目录,然后右击该目录,从弹出的快捷菜单中选择 New → Layout resource file,会弹出一个新建布局资源文件的窗口,此处将这个布局文件命名为 first_layout,根元素选择默认的 LinearLayout,如图 4.4 所示,单击 OK 按钮完成布局文件的创建,之后会看到布局编辑器。如果显示以下错误信息:Design editor is unavailable until a

图 4.4　新建布局资源文件

successful build,选择 Build 菜单,单击 Rebuild Project(如图 4.5 所示),即可解决上述问题。

布局编辑器如图 4.6 所示,这是 Android Studio 提供的可视化布局编辑器,可以在屏幕的中央区域预览当前的布局效果。布局编辑器窗口的最下方有两个选项卡,左边是 Design,右边是 Text。其中 Design 是当前的可视化布局编辑器,在这里不仅可以预览当前的布局效果,还可以通过拖曳的方式可视化地编辑布局。而 Text 通过 XML 文件的方式编辑布局。

切换到 Text 选项卡,可以看到如下布局代码:

```xml
<?xml version="1.0" encoding="utf-8"?>
<LinearLayout xmlns:android="http://schemas.android.com/apk/res/android"
    android:orientation="vertical"
    android:layout_width="match_parent"
```

```
        android:layout_height="match_parent">
</LinearLayout>
```

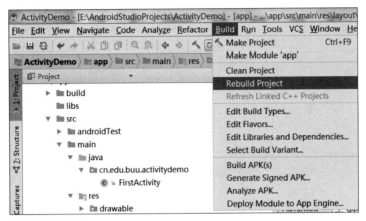

图 4.5　单击 Rebuild Project 解决布局编辑器不能显示的问题

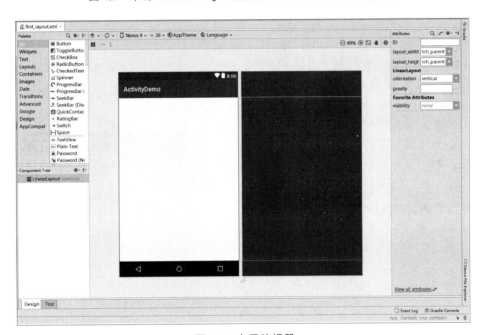

图 4.6　布局编辑器

　　由于在创建布局文件时选择了 LinearLayout 作为根元素,因此上述的布局文件中已经有了一个 LinearLayout 元素。现在对这个布局稍做修改,添加一个 Button,代码如下所示。

```
<LinearLayout xmlns:android="http://schemas.android.com/apk/res/android"
    android:orientation="vertical"
    android:layout_width="match_parent"
    android:layout_height="match_parent">
    <Button android:id="@+id/buttonJump"
```

```
            android:layout_width="match_parent"
            android:layout_height="wrap_content"
            android:text="Jump" />
    </ LinearLayout>
```

这里添加了一个 Button 控件,并在 Button 元素的内部增加了几个属性。android:id
是给当前的元素定义一个唯一的标识符,之后可以

在代码中对这个元素(也可以理解为该元素对应的
控件)进行操作。第一次看见@＋id/buttonJump 这
种形式可能感到很怪异,但如果把＋去掉,就变成了
@id/buttonJump,这种形式就熟悉多了,这就是在
XML 中引用资源的语法,只是把引用字符串的
string 换成了这里的 id。在 Android 开发中,如果需
要在 XML 中引用某一个 id,就使用@id/id_name
语法形式。随后,android:layout_width 指定了当前
元素的宽度,这里使用 match_parent 表示让当前元
素和父元素的宽度相同。android:layout_height 属
性则指定了当前元素的高度,这里使用 wrap_
content 表示当前元素的高度只要刚好包含里面的
内容即可。android:text 指定了元素中显示的文字
内容。如果还不能完全看明白上述说明,可以参考
关于布局的详细内容。现在按钮已经添加完成,可
以通过右侧工具栏中的 Preview 预览当前布局,如
图 4.7 所示。

图 4.7　当前布局的预览效果

可以看到,按钮已经成功显示出来,这样一个简单的布局就编写完成了。接下来需要
做的就是在 Activity 中加载这个布局。回到 FirstActivity 类,修改 onCreate()方法如下:

```
public class FirstActivity extends AppCompatActivity {
    @Override
    protected void onCreate(Bundle savedInstanceState) {
        super.onCreate(savedInstanceState);
        //使用指定的布局文件
        setContentView(R.layout.first_layout);
    }
}
```

可以看出,这里调用 setContentView()方法给当前的 Activity 加载一个指定的布局,
调用 setContentView()方法时,一般都会传入一个布局文件的 ID 作为参数。在第 2 章介
绍项目资源中曾经说过,项目中添加的任何资源都会在 R.java 中生成一个相应的、唯一
的资源 ID,因此刚才创建的 first_layout.xml 布局文件的 ID 已经添加到 R.java 文件中。
在 Java 代码中引用布局文件的语法就是 R.layout.first_layout 这种形式,因此,在调用
setContentView()方法时只使用 R.layout.first_layout 就可以得到 first_layout.xml 布局

文件的 ID,然后将这个值传入方法 setContentView()即可。

4.2.3　在 AndroidManifest.xml 文件中注册

第 2 章曾经提过,项目中所有的 Activity 都必须在 AndroidManifest.xml 中注册才能生效,而实际上 FirstActivity 已经在该配置文件中完成注册了,这是在创建FirstActivity 时由开发环境自动完成的,配置文件 AndroidManifest.xml 的内容如下所示。

```xml
<?xml version="1.0" encoding="utf-8"?>
<manifest xmlns:android="http://schemas.android.com/apk/res/android"
        package="cn.edu.buu.activitydemo">
    <application
        android:allowBackup="true"
        android:icon="@mipmap/ic_launcher"
        android:label="@string/app_name"
        android:roundIcon="@mipmap/ic_launcher_round"
        android:supportsRtl="true"
        android:theme="@style/AppTheme">
        <activity android:name=".FirstActivity">
        </activity>
    </application>
</manifest>
```

可以看出,Activity 的注册声明需要放在＜application＞元素内,这里是通过＜activity＞标签对 Activity 进行注册的。之前在使用 Eclipse 开发工具创建 Activity 或其他系统组件时,有时会忘记在 AndroidManifest.xml 配置文件中注册,从而导致程序运行崩溃。与 Eclipse 相比,Android Studio 更加自动化、智能化。

配置 FirstActivity 时,对应的 activity 标签的 android:name 属性值为.FirstActivity,这是该类的类名,该类所在的包名是由 manifest 标签的 package 属性值 cn.edu.buu.activitydemo 指定的。但是,虽然在 AndroidManifest.xml 配置文件中进行了注册,但是该程序并不能运行,因为并没有为应用程序配置"主"Activity。"主"Activity 的含义是,当该应用程序启动时,最先启动的那个 Activity。配置"主"Activity 的方法是:在 activity 标签内部添加 intent-filter 标签,并在 intent-filter 标签中添加＜action android:name="android.intent.action.MAIN" /＞和＜category android:name="android.intent.category.LAUNCHER" /＞这两句声明。

除此之外,还可以使用 android:label 指定 Activity 中标题栏的内容,标题栏是显示在 Activity 最顶部的。需要注意的是,给"主"Activity 指定的 label 不仅会显示在标题栏上,同时还会成为启动器(Launcher)中应用程序显示的名称。修改后的 AndroidManifest.xml 配置文件,代码如下所示。

```xml
<?xml version="1.0" encoding="utf-8"?>
<manifest xmlns:android="http://schemas.android.com/apk/res/android"
            package="cn.edu.buu.activitydemo">
```

```
<applicationandroid:allowBackup="true"
    android:icon="@mipmap/ic_launcher"
    android:label="ActivityDemo"
    android:roundIcon="@mipmap/ic_launcher_round"
    android:supportsRtl="true"
    android:theme="@style/AppTheme">
    <activity android:name=".FirstActivity">
        <intent-filter>
            <action android:name="android.intent.action.MAIN" />
            <category android:name="android.intent.category.LAUNCHER" />
        </intent-filter>
    </activity>
</application>
</manifest>
```

　　通过上述的 AndroidManifest.xml 配置文件,FirstActivity 就成为 ActivityDemo 项目的"主"Activity,即单击应用程序列表中的该项目时首先打开的就是 FirstActivity。ActivityDemo 项目运行结果如图 4.8 所示。界面的最顶端是一个标题栏,显示了在 AndroidManifest.xml 配置文件中设置的值(ActivityDemo)。标题栏的下面显示了在 first_layout.xml 布局文件中定义的内容,能够看到刚才定义的按钮控件。另外,图 4.9 显示了该应用程序在应用程序列表中的情况,ActivityDemo 显示在第 1 行的第 1 个位置 (默认是按字母顺序排列的),其应用程序图标采用的是 Android Studio 提供的默认应用程序图标。

图 4.8　ActivityDemo 项目运行结果

图 4.9　应用程序列表中的 ActivityDemo

4.2.4 使用 Toast

Toast 是 Android 系统提供的一种非常方便快捷的提醒方式,在应用程序中可以使用它将一些短小的提示信息显示给用户,这些信息会在一段时间后(短的时长为 2s、长的时长为 3.5s)自动消失,同时不会占用任何屏幕空间。下面就尝试一下如何在 Activity 中使用 Toast。

首先选择一个弹出 Toast 信息的事件点,前面已经在布局文件中添加了一个按钮对象,现在选择在用户单击这个按钮的时候弹出一个 Toast 提示信息。

在 FirstActivity.java 中首先定义一个 Button 类型的成员变量,用来表示在布局文件中添加的按钮控件,之后为该按钮控件添加事件处理的监听器,一旦用户单击了该按钮,就弹出相应的 Toast 提示信息。

完整的 FirstActivity.java 代码如下所示。

```java
package cn.edu.buu.activitydemo;
import android.support.v7.app.AppCompatActivity;
import android.os.Bundle;
import android.view.View;
import android.widget.Button;
import android.widget.Toast;
public class FirstActivity extends AppCompatActivity {
    private Button btnJump;
    @Override
    protected void onCreate(Bundle savedInstanceState) {
        super.onCreate(savedInstanceState);
        setContentView(R.layout.first_layout);
        this.btnJump=findViewById(R.id.buttonJump);
        BtnJumpListener btnJumpListener=new BtnJumpListener();
        this.btnJump.setOnClickListener(btnJumpListener);
    }
    private class BtnJumpListener
            implements View.OnClickListener {
        @Override
        public void onClick(View view) {
            Toast.makeText(FirstActivity.this,
                    "欢迎来到 ActivityDemo",
                    Toast.LENGTH_LONG)
                .show();
        }
    }
}
```

首先，在 FirstActivity 类中定义一个成员变量（private Button btnJump;），后面将使用这个成员变量对布局文件中添加的按钮控件进行表示引用，该类也可以在 onCreate() 方法中定义成局部变量。在 FirstActivity 类的 onCreate() 方法中，通过 findViewById() 方法让成员变量 btnJump 与布局文件中添加的按钮控件进行关联，调用 findViewById() 方法时的参数就是在布局文件中添加按钮时 button 元素属性 android:id 的值（"@+id/ buttonJump"）中/后面的部分。在之前版本的 Android 应用程序中，一般需要把 findViewById() 方法返回的对象（View 类型）强制类型转换为需要的具体类型（此处为 Button 类型），此处已经不需要使用强制类型转换这种非常麻烦的编程方式了。这是因为 Android 系统中提供的 findViewById() 方法已经升级为支持泛型的方法了，代码如下：

```
@Override
public <T extends View>T findViewById(@IdRes int id) {
return getDelegate().findViewById(id);
}
```

得到按钮的对象之后，通过调用 setOnClickListener() 方法为该按钮控件注册一个事件监听器，之后当用户单击该按钮时，Android 系统就会自动调用该事件监听器中的 public void onClick(View view) 方法。该方法实现的代码就是实现弹出 Toast 提示信息的功能。

Toast 的用法很简单，通过 Toast 类的静态方法 makeText() 创建出一个 Toast 类的对象，然后调用 show() 方法即可将指定的提示信息显示出来。Toast 类的 makeText() 方法需要 3 个参数，其中第 1 个参数是 Context，也就是 Toast 要求的上下文。Context 类本身是一个抽象类，由于 Activity 类就是 Context 类的子类（Service、Application 类也都是 Context 类的子类），因此，在任何需要 Context 类型的实际参数时，直接使用当前能够获得的 Activity 对象即可。由于 BtnJumpListener 类是 FirstActivity 类的内部类，因此，调用 makeText() 方法时不能直接使用 this（直接使用 this 表示的是 BtnJumpListener 类的当前对象）引用 FirstActivity 类的当前对象，需要明确写出 FirstActivity.this 引用 FirstActivity 类的当前对象作为 Context 类型的实际参数调用 makeText() 方法。makeText() 方法的第 2 个参数是 Toast 需要显示的提示信息类型，其类型是 String，第 3 个参数是设置 Toast 提示信息显示的时长，有两个已定义好的常量供选择：Toast. LENGTH_SHORT 和 Toast.LENGTH_LONG，前者其值为 0，时长为 2s，后者其值为 1，时长为 3.5s。

最后应补充说明的是，Toast 的中文意思是"烤面包"，而 Toaster 的中文意思则是"烤面包机"，首先设置好烘烤时间，到达这个时间面包片会自动弹出。采用 Toast 单词表示弹出的提示信息的主要原因在于，提示信息的弹出和到达指定的时间后面包片的弹出非常相似。会自动弹出面包片的烤面包机如图 4.10 所示。

修改程序后，Toast 运行结果如图 4.11 所示。

图 4.10 会自动弹出面包片的烤面包机

图 4.11 Toast 运行结果

4.2.5 使用 OptionsMenu

手机和计算机不同,它的屏幕空间很有限,因此在手机应用程序的界面设计中需要充分利用屏幕空间,与用户更好地交互,提升用户体验。如果在 Activity 中有大量的菜单需要显示,就给应用程序的界面设计带来了很大的困难,因为仅显示这些菜单就可能占用将近三分之一的屏幕空间。为了避免这种情况发生,Android 系统提供了一种方式,可以让菜单都能得到展示的同时,还能不占用屏幕空间。

右击 res 目录,从弹出的快捷菜单中选择 New→Directory,输入目录名称 menu,在 res 目录下新建一个 menu 目录,之后右击 menu 目录,从弹出的快捷菜单中选择 New→Menu resource file,在这个目录中新建一个文件名为 main 的菜单文件,如图 4.12 所示。

在得到的 main.xml 文件中添加如下的 XML 内容:

```xml
<?xml version="1.0" encoding="utf-8"?>
<menu xmlns:android="http://schemas.android.com/apk/res/android">
<item android:id="@+id/add_menu_item" android:title="添加" />
<item android:id="@+id/delete_menu_item" android:title="删除" />
</menu>
```

在上述内容中创建了两个菜单项,其中 item 标签用来创建具体的某个菜单项,然后通过 android:id 属性给这个菜单项指定一个唯一的 id,通过 android:title 属性给这个菜单项指定显示的文本内容。

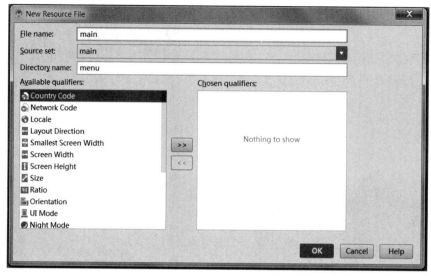

图 4.12　新建菜单文件

然后回到 FirstActivity. java 源文件，重写该类从 Activity 类继承得到的 onCreateOptionsMenu()方法（该方法在 Activity 类中定义），在 Android Studio 中重写方法可以使用快捷键 Ctrl＋O（O 代表 Override，方法重写）。重写 onCreateOptionsMenu() 方法的界面如图 4.13 所示。

图 4.13　重写 onCreateOptionsMenu()方法的界面

然后在 onCreateOptionsMenu( )方法中编写如下代码：

```
@Override
public boolean onCreateOptionsMenu(Menu menu) {
getMenuInflater().inflate(R.menu.main, menu);
return true;
}
```

在上述代码中，首先调用 getMenuInflater( )方法获得 MenuInflater 对象，再调用 MenuInflater 对象的 inflate( )方法就可以给当前的 Activity 对象创建菜单了。inflate( ) 方法接收两个参数，第 1 个参数用于指定通过哪个资源文件创建菜单，此处使用刚创建的 main.xml，其 id 为 R.menu.main。第 2 个参数用于指定从菜单资源文件中创建的菜单项 将添加到哪个 Menu 对象中，此处直接使用 onCreateOptionsMenu(Menu menu)方法的 参数 menu 即可。之后让 onCreateOptionsMenu( )方法返回 true，表示允许创建的菜单 显示出来，如果该方法返回 false，则表示创建的菜单不显示。

通过上述方法就创建了 OptionsMenu，创建上述菜单后，还需要让菜单真正工作起来， 这就必须定义监听菜单事件的监听器。在 FirstActivity.java 中重写 onOptionsItemSelected( ) 方法（该方法在 Activity 类中定义），此处主要是展示如何重写该方法，响应菜单事件的操 作就是显示 4.2.4 节讲述的 Toast 提示信息，代码如下：

```
@Override
public boolean onOptionsItemSelected(MenuItem item) {
    switch(item.getItemId()) {
        case R.id.add_menu_item:
            Toast.makeText(this, "添加图书信息", Toast.LENGTH_LONG).show();
            break;
        case R.id.delete_menu_item:
            Toast.makeText(this, "删除图书信息",Toast.LENGTH_LONG).show();
            break;
    }
    return true;
}
```

在 onOptionsItemSelected( )方法中，通过调用 item.getItemId( )方法判断用户单击 的是哪个菜单项，之后使用 switch-case 语句给每个菜单项定义相应的行为响应处理 操作。

进行上述修改之后，重新运行 ActivityDemo 程序，可以看出，标题栏的右侧多了一个 三点的符号，这就是菜单按钮，如图 4.14(a) 所示。可以看出，OptionsMenu 中的菜单项 默认是不显示的，只有当用户单击菜单按钮，才会弹出里面具体的菜单项，因此 OptionsMenu 不会占用 Activity 的显示空间，如图 4.14(b) 所示。如果用户单击 Add 菜 单项，就会弹出"添加图书信息"的提示信息，如图 4.14(c) 所示。如果用户单击 Remove 菜单项，就会弹出"删除图书信息"的提示信息。

(a) 初始界面　　　　　　(b) OptionsMenu显示界面　　　　(c) 运行结果界面

图 4.14　带有 OptionsMenu 的 Activity 运行效果

4.3　多 Activity 编程

只有一个 Activity 的应用程序是非常容易的,其功能也过于简单。通过前面讲述的创建 Activity 的方法,可以在应用程序中添加多个 Activity。但是,只能有一个 Activity 被设置为"主"Activity(通过在配置文件 AndroidManifest.xml 中 intent-filter 元素中的 ＜action android:name="android.intent.action.MAIN" /＞设置),用户在应用程序列表中单击应用程序的图标后,Android 系统会加载这个唯一的"主"Activity,并与用户交互。那么,如何通过这个"主"Activity 跳转到其他 Activity 呢? 本小节主要讨论应用程序中包含多个 Activity 时的编程方法。

4.3.1　创建 Activity

首先,在 ActivityDemo 项目中再创建一个 Activity,右击 cn.edu.buu.activitydemo 包,从弹出的快捷菜单中选择 New→Activity→Empty Activity,会弹出一个创建 Activity 的对话框,此处将新建的 Activity 命名为 AnotherActivity,并勾选 Generate Layout File,给布局文件命名为 activity_another,但不勾选 Launcher Activity 选项,如图 4.15 所示。

单击 Finish 按钮完成创建,Android Studio 会自动生成 AnotherActivity.java 和 activity_another.xml 这两个文件。自动生成的 activity_another.xml 文件过于复杂,此处仍然使用前面使用过的 LinearLayout,修改 activity_another.xml 文件的代码如下(可以把 first_layout.xml 的代码复制之后进行修改):

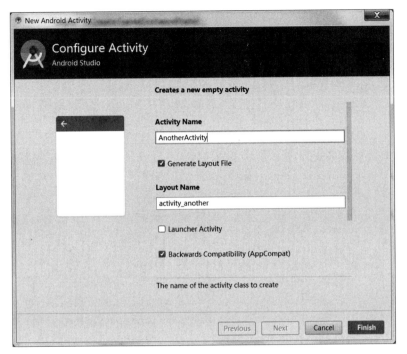

图 4.15　创建 AnotherActivity

```xml
<?xml version="1.0" encoding="utf-8"?>
<LinearLayout xmlns:android="http://schemas.android.com/apk/res/android"
    android:orientation="vertical"
    android:layout_width="match_parent"
    android:layout_height="match_parent">
    <Button android:id="@+id/btnAnother"
        android:layout_width="match_parent"
        android:layout_height="wrap_content"
        android:text="AnotherButton"
        android:textAllCaps="false" />
</LinearLayout>
```

在上述布局文件中添加了一个按钮，其 id 为 btnAnother，显示的文本内容为 "AnotherButton"。

AnotherActivity 类的代码已经由 Android Studio 自动生成了，如下所示。

```java
public class AnotherActivity extends AppCompatActivity {
    @Override
    protected void onCreate(Bundle savedInstanceState) {
        super.onCreate(savedInstanceState);
        setContentView(R.layout.activity_another);
    }
}
```

另外，Android 应用程序中的每个 Activity 都需要在配置文件 AndroidManifest.xml 中注册，查看 AndroidManifest.xml 配置文件中的内容，会发现 Android Studio 已自动完成了 AnotherActivity 的注册工作，代码如下：

```xml
<?xml version="1.0" encoding="utf-8"?>
<manifest xmlns:android="http://schemas.android.com/apk/res/android"
          package="cn.edu.buu.activitydemo">
    <application
        android:allowBackup="true"
        android:icon="@mipmap/ic_launcher"
        android:label="ActivityDemo"
        android:roundIcon="@mipmap/ic_launcher_round"
        android:supportsRtl="true"
        android:theme="@style/AppTheme">
    <activity android:name=".FirstActivity">
        <intent-filter>
            <action android:name="android.intent.action.MAIN" />
            <category android:name="android.intent.category.LAUNCHER" />
        </intent-filter>
    </activity>
    <activity android:name=".AnotherActivity"></activity>
    </application>
</manifest>
```

由于 AnotherActivity 不是"主"Activity，因此不需要配置＜intent-filter＞元素，AnotherActivity 注册的代码也非常简洁。

目前，ActivityDemo 项目中已经包含两个 Activity，那么如何从"主"Activity（FirstActivity）跳转到 AnotherActivity 呢？在 Android 开发中，主要使用 Intent 完成这种任务。

Intent 是一个消息传递对象，可以使用它从其他应用程序的组件请求操作。尽管 Intent 可以通过多种方式促进组件之间的通信，但其基本用法主要包括以下 3 种。

（1）启动 Activity。通过将 Intent 传递给 startActivity()，可以启动新的 Activity 实例。Intent 描述了要启动的 Activity，并携带了任何必要的数据。如果希望在 Activity 完成后收到结果，可以调用 startActivityForResult()方法。在 Activity 的 onActivityResult() 方法回调中，Activity 将结果作为单独的 Intent 对象接收。

（2）启动服务。Service 是一个不使用用户界面而在后台执行操作的组件。通过将 Intent 传递给 startService()，可以启动服务执行一次性操作（如下载文件）。Intent 描述了要启动的服务，并携带了任何必要的数据。

（3）传递广播。广播是任何应用均可接收的消息。系统将针对系统事件（例如，系统启动或设备开始充电时）传递各种广播。通过将 Intent 传递给 sendBroadcast()、sendOrderedBroadcast()或 sendStickyBroadcast()方法，可以将广播传递给其他应用程序。

Intent 分为两种类型。

（1）显式 Intent。显式 Intent 按名称（完全限定类名）明确指出要启动的组件。通常，在自己的应用程序中使用显式 Intent 启动组件，这是因为知道要启动的 Activity 或服务的类名。例如，启动新 Activity 以响应用户操作，或者启动服务以在后台下载文件。

（2）隐式 Intent。隐式 Intent 不会指定特定的组件，而是声明要执行的常规操作，从而允许其他应用程序中的组件处理它。例如，如需在地图上向用户显示位置，则可以使用隐式 Intent，请求另一具有此功能的应用程序在地图上显示指定的位置。每个 Android 应用程序在安装时向 Android 系统登记注册该应用程序的功能（如打电话、发邮件、显示地图、浏览网页等），而具有某种指定功能的应用程序列表信息则由 Android 系统存储和维护。

4.3.2　使用 Intent 跳转

使用 Intent 启动 Activity，首先需要创建 Intent 对象。Intent 类有多个重载的构造方法：

（1）Intent()，空构造方法。

（2）Intent(Intent o)，复制构造方法。

（3）Intent(String action)，指定 action 类型的构造方法。

（4）Intent(String action,Uri uri)，指定 action 类型和 uri 的构造方法。

（5）Intent(Context packageContext,Class<?> cls)，传入组件的构造方法。

（6）Intent(String action,Uri uri,Context packageContext,Class<?> cls)，第 4 种方法和第 5 种方法的结合体。

Intent 有 6 种构造方法，其中第 3、4、5 种最常用。第 4 种 Intent(String action，Uri uri)方法的 action 就是对应在 AndroidMainfest.xml 中的 action 节点的 name 属性值（如 android.intent.action.MAIN）。Intent 类中定义了很多的 Action 和 Category 常量。

在 ActivityDemo 项目中，"主"Activity 是 FirstActivity，如果用户单击了 Jump 按钮，应用程序想跳转到 AnotherActivity，需要从 Intent 的上述构造方法中选择一种创建 Intent 的对象，之后把该 Intent 对象作为参数调用 Activity 类中定义的 startActivity()方法即可实现上述功能。考虑到这种情况，在上述构造方法中选择第 5 种方法创建 Intent 类的对象，代码如下：

```
private class BtnJumpListener implements View.OnClickListener {
@Override
public void onClick(View view) {
    Intent intent=new Intent(FirstActivity.this, AnotherActivity.class);
    FirstActivity.this.startActivity(intent);
    }
}
```

构造方法 Intent(Context packageContext，Class<?> cls) 接收两个参数：第 1 个参数 Context 要求提供一个启动 Activity（也就是当前的 Activity）的上下文；第 2 个参数

Class 则是指定想要启动的目标 Activity，通过这个构造方法就可以构建出需要的 Intent 对象。那么，应该如何使用这个 Intent 对象呢？Activity 类中提供了一个 startActivity()方法，该方法是专用于启动 Activity 的，它接收一个 Intent 对象作为参数，这个参数已经包含需要启动 Activity 的详细信息(包括要启动的 Activity 的类名、传递的数据等，详情请参见第 7 章 Intent 与 IntentFilter)。在 onClick()方法中，首先创建一个 Intent 对象，使用 FirstActivity.this 作为第 1 个参数，使用 AnotherActivity.class 作为第 2 个参数，这样编写程序的意图就很明显了，即在 FirstActivity 这个 Activity 的基础上跳转到 AnotherActivity。之后调用 startActivity()方法实现 Intent 对象包含的意图。

图 4.16　应用程序跳转到 AnotherActivity

完成上述编程后，重新运行程序，在 FirstActivity 的界面上单击 Jump 按钮，运行结果如图 4.16 所示。

4.4　Activity 的生命周期

掌握 Activity 的生命周期对任何 Android 应用程序开发人员来说都非常重要。深入理解 Activity 的生命周期之后，就能够写出更加流畅、可提升用户体验的应用程序，并在如何合理管理应用程序的资源方面更加游刃有余。

4.4.1　程序的生命周期

在 Android 系统中，进程按优先级由高到低可分为前台进程、可见进程、服务进程、后台进程和空进程。

1. 前台进程

前台进程(Foreground Process)是 Android 系统中最重要的进程，是与用户正在交互的进程，包含以下 4 种情况：

- 进程中的 Activity 正在与用户进行交互。
- 进程服务被 Activity 调用，而且这个 Activity 正在与用户进行交互。
- 进程服务正在执行声明周期中的回调函数，如 onCreate()、onStart()或 onDestroy()等方法。
- 进程的 BroadcastReceiver 正在执行 onReceive()方法。

Android 系统在多个前台进程同时运行时，可能会出现资源不足的情况，此时会清除部分前台进程，保证主要的用户界面能够及时响应。

2. 可见进程

可见进程(Visible Process)指部分程序界面能够被用户看见、不在前台与用户交互、不响应界面事件的进程。例如,新启动的 Android 程序将原有程序部分遮挡,原有程序从前台进程变为可见进程。另外,如果一个进程包含服务,且这个服务正在被用户可见的 Activity 调用,此进程同样被视为可见进程。一般地,Android 系统会存在少量的可见进程,只有在极端的情况下,Android 系统才会为保证前台进程的资源而清除可见进程。

3. 服务进程

一个包含已经启动的服务的进程就是服务进程(Service Process)。服务没有用户界面,不与用户直接交互,但能够在后台长期运行,提供用户关心的重要功能,如播放 MP3 文件或从网络下载数据。因此,除非 Android 系统不能保证前台进程或可见进程所需要的资源,否则一般不强行清除服务进程。

4. 后台进程

如果一个进程不包含任何已经启动的服务,而且没有任何用户可见的 Activity,则这个进程就是后台进程(Background Process)。例如,一个仅有 Activity 组件的进程,当用户启动了其他应用程序,使这个进程的 Activity 完全被遮挡,这个进程便成为后台进程。一般情况下,Android 系统中存在数量较多的后台进程,系统资源紧张时,系统将优先清除用户较长时间没有见到的后台进程。

5. 空进程

空进程(Empty Process)是不包含任何活跃组件的进程,例如一个仅有 Activity 组件的进程,当用户关闭 Activity 后,这个进程就成为空进程。为了提高 Android 系统应用程序的启动速度,Android 系统会将空进程保存在系统内存中,在用户重新启动该应用程序时,空进程会被重新使用。

Android 系统中进程的状态如图 4.17 所示。

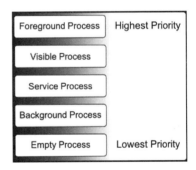

图 4.17 Android 系统中进程的状态

在 Android 中,进程的优先级取决于所有组件中的优先级最高的部分。例如,在进程中同时包含部分可见的 Activity 和已经启动的服务,则该进程是可见进程,而不是服务进程。另外,进程的优先级会根据与其他进程的依赖关系而变化。例如,进程 A 的服务被进程 B 调用,如果调用前进程 A 是服务进程,进程 B 是前台进程,则调用后进程 A 也具有前台进程的优先级。

4.4.2 返回栈

在 Android 系统中,Activity 是可以层叠的。每启动一个新的 Activity,就会覆盖在原有的 Activity 之上,然后用户单击 Back 返回键会销毁最新的 Activity,之前的 Activity 就会重新显示出来。本小节主要讨论返回栈。

一个应用程序中通常会包含很多个 Activity,每个 Activity 都应该设计成一个具有特定的功能,并且可以让用户进行操作的组件。另外,Activity 之间还应该是可以相互启动的。例如,一个邮件应用程序中可能会包含一个用于展示邮件列表的 Activity,当用户单击其中某一封邮件时,就会打开另外一个 Activity 显示该封邮件的具体内容。

除此之外,一个 Activity 甚至还可以启动其他应用程序中的 Activity。例如,如果某应用程序希望发送一封邮件,可以定义一个具有 send 动作的 Intent,并且传入一些数据,如对方的邮箱地址、邮件内容等。这样,如果另外一个应用程序中的某个 Activity 声明自己是可以响应这种 Intent 的,那么这个 Activity 就会被打开。在当前场景下,这个 Intent 的目的是发送邮件,所以说邮件应用程序中的编写邮件 Activity 就应该被打开。当邮件发送出去之后,仍然还会回到原有的应用程序中,这让用户看起来刚才那个编写邮件的 Activity 就像是原有应用程序的一部分。因此,即使有很多个 Activity 分别来自不同的应用程序,Android 系统仍然可以将它们无缝地结合到一起,之所以能实现这一点,就是因为这些 Activity 都存在于一个相同的任务(Task)中。

任务是一个 Activity 的集合,它使用栈的方式管理其中的 Activity,这个栈又被称为返回栈(back stack),栈中 Activity 的顺序就是按照它们被打开的顺序依次存放的。

手机的 Home 界面是大多数任务开始的地方,当用户在 Home 界面上单击了一个应用程序的图标时,这个应用程序的任务就会被转移到前台。如果这个应用程序目前并没有任何一个任务(说明这个应用最近没有被启动过),Android 系统就会创建一个新的任务,并且将该应用程序的主 Activity 放入返回栈中。

当一个 Activity 启动了另外一个 Activity 时,新的 Activity 就会被放置到返回栈的栈顶并将获得焦点。前一个 Activity 仍然保留在返回栈中,但会处于停止状态。当用户按下 Back 键时,栈中最顶端的 Activity 会被移除掉,然后前一个 Activity 重新回到最顶端的位置。返回栈中的 Activity 的顺序永远都不会发生改变,只能向栈顶添加 Activity,或者将栈顶的 Activity 移除。因此,返回栈是一个典型的后进先出(Last In First Out,LIFO)的数据结构。图 4.18 通过时间线的方式非常清晰地展示了多个 Activity 在返回栈中的状态变化。

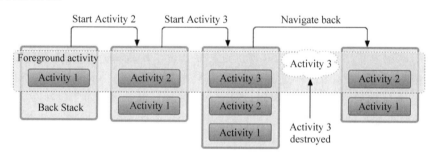

图 4.18　多个 Activity 在返回栈中的状态变化

如果用户一直按 Back 键,这样返回栈中的 Activity 会一个个地被移除,直到最终返回到主屏幕。当返回栈中所有的 Activity 都被移除时,对应的任务也就不存在了。

任务除了可以被转移到前台之外,当然也可以被转移到后台。当用户开启一个新的任务,或者单击 Home 键回到主屏幕的时候,之前的任务就会被转移到后台。当任务处于后台状态时,返回栈中所有的 Activity 都会进入停止状态,但这些 Activity 在栈中的顺序会原封不动地保留,如图 4.19 所示。

这时,用户还可以将任意后台的任务切换到前台,这样用户就会看到之前离开这个任务时处于最顶端的那个 Activity。例如,当前任务 A 的栈中有 3 个 Activity,现在用户按下 Home 键,然后单击桌面上的图标启动另外一个应用程序。当系统回到桌面时,其实任务 A 就已经进入后台了,然后当另外一个应用程序启动时,系统会为这个程序开启一个新的任务(任务 B)。当用户使用完这个程序(任务 B)之后,再次按下 Home 键回到桌面,这时任务 B 也进入了后台。然后用户又重新打开了第一次使用的程序(任务 A),这时任务 A 又会回到前台,任务的返回栈中的 3 个 Activity 仍然会保留刚才的顺序,最顶端的 Activity 将重新变为运行状态。之后用户仍然可以通过 Home 键或者多任务键切换回任务 B,或者启动更多的任务,这就是 Android 中多任务切换的例子。

由于返回栈中的 Activity 的顺序永远都不会发生改变,所以如果应用程序中允许有多个入口都可以启动同一个 Activity,那么每次启动的时候都会创建该 Activity 的一个新的实例,而不是将下面的 Activity 移动到栈顶,这样就容易导致一个问题:同一个 Activity 可能被初始化多次,如图 4.20 所示。

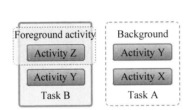

图 4.19 两个 Task 的返回栈示意图

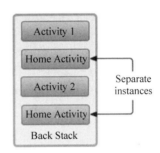

图 4.20 同一个 Activity 可能被初始化多次

综上所述,任务和 Activity 的行为可以总结如下。

- 当 Activity A 启动 Activity B 时,Activity A 进入停止状态,但系统仍然会将它的所有相关信息保留,如滚动的位置还有文本框输入的内容等。如果用户在 Activity B 中按下 Back 键,那么 Activity A 将会重新回到运行状态。
- 当用户通过 Home 键离开一个任务时,该任务会进入后台,并且返回栈中所有的 Activity 都会进入停止状态。系统会将这些 Activity 的状态进行保留,这样,当用户下次重新打开这个应用程序时,就可以将后台任务直接提取到前台,并将之前最顶端的 Activity 进行恢复。
- 当用户按下 Back 键时,当前最顶端的 Activity 会被从返回栈中移除,移除的 Activity 将被销毁,然后前面一个 Activity 将处于栈顶位置并进入活动状态。当一个 Activity 被销毁之后,系统不会再为它保留任何状态信息。
- 每个 Activity 都可以被初始化多次,即使是在不同的任务中。

在 Android 系统中可以查看最近的任务列表。不同的 Android 手机操作方式不同,对于比较早的 Android 手机,单击手机上最左边的菜单键即可出现最近任务列表,如图 4.21 所示。

图 4.21 中的任务列表包括文件管理、华为浏览器、QQ 和微信。任务列表中的每个窗口显示的是最近运行过的一个任务,可以单击垃圾箱的图标删除该任务,也可在任务窗口的任何地方单击回到该任务,回到该任务之后仍然可以单击"回退"按钮返回该任务之前打开的 Activity。

4.4.3　Activity 的状态

每个 Activity 在其生命周期内最多可能一下会有 4 种状态。Activity 的状态转换图如图 4.22 所示。

图 4.21　手机上的最近任务列表截图

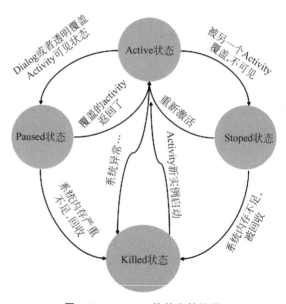

图 4.22　Activity 的状态转换图

1. 运行状态

当一个 Activity 位于返回栈的栈顶时,这个 Activity 就处于运行状态。处于运行状态的 Activity 被 Android 系统回收的可能性最低,因为这样会带来极差的用户体验。

2. 暂停状态

当一个 Activity 不再处于栈顶位置、但仍然可见时,这个 Activity 就进入了暂停状态。不再处于栈顶位置的 Activity 怎么会仍然可见呢? 这是因为并不是每个 Activity 都会占满整个屏幕空间,例如,对话框形式的 Activity 就只占据屏幕中间的部分空间,并没有完全遮挡住后面的 Activity,原有的 Activity 仍然是可见的。处于暂停状态的 Activity 仍然需要保留,Android 系统回收这种 Activity 的概率也不是很大,因为这种 Activity 仍

然是可见的，被回收也会导致较差的用户体验。只有在系统内存极低的情况下，Android
系统才会考虑回收处于暂停状态的 Activity。

3. 停止状态

当一个 Activity 不再处于栈顶位置、并且完全不可见的时候，就进入了停止状态。
Android 系统仍然会为这种 Activity 保存相应的状态和成员变量，但是这并不是完全可
靠的。当其他处于运行状态或暂停状态的应用程序 Activity 需要内存时，Android 系统
有可能回收处于停止状态的 Activity。

4. 销毁状态

当一个 Activity 从返回栈中移除（即对该 Activity 进行了出栈操作），该 Activity 就
成为销毁状态。Android 系统会最倾向于回收处于销毁状态的 Activity，从而保证系统有
充足的内存。

4.4.4　Activity 的生存期

Activity 类中定义了 7 个生命周期的回调方法，覆盖了 Activity 生命周期的每个环
节，这 7 个方法如下。

（1）onCreate()：这个方法已经看见很多次了。在之前的 MainActivity、FirstActivity
和 AnotherActivity 等类中都重写了这个方法。该方法会在 Activity 第一次被创建时调
用，因此一般都在这个方法中完成 Activity 的初始化操作，如加载布局、把控件对象与控
件进行关联、绑定控件的事件监听器等。

（2）onStart()：这个方法在 Activity 由不可见变为可见时调用。

（3）onResume()：这个方法在 Activity 准备好与用户进行交互的时候调用，此时的
Activity 一定处于返回栈的栈顶，并且处于运行状态。

（4）onPause()：这个方法在系统准备启动或者恢复另一个 Activity 的时候调用，通
常会在这个方法中释放一些消耗 CPU 的资源，同时保存一些关键数据。但是，这个方法
的执行速度一定要快，不然会影响新的处于返回栈栈顶位置的 Activity 正常运行。

（5）onStop()：这个方法在 Activity 完全不可见的时候调用。它和 onPause() 方法
的主要区别在于，如果启动的新 Activity 是一个对话框式的 Activity，那么 onPause() 方
法会执行，而 onStop() 方法不会执行。

（6）onDestroy()：这个方法在 Activity 被销毁之前调用，之后该 Activity 的状态将
变为销毁状态。

（7）onRestart()：这个方法在 Activity 由停止状态变为运行状态之前调用，也就是
Activity 被重新启动了。

以上 7 个方法中，除 onRestart() 方法外，其他方法都是两两相对的，从而又可以将
Activity 分为 3 种生存期。

（1）完整生存期：Activity 在 onCreate() 方法和 onDestroy() 方法之间经历的就是完
整生存期，一般情况下，一个 Activity 会在 onCreate() 方法中完成各种初始化操作，而在
onDestroy() 方法中完成释放内存的操作。

（2）可见生存期：Activity 在 onStart() 方法和 onStop() 方法之间经历的就是可见生

存期。在可见生存期内，Activity 对于用户总是可见的，即使有可能无法和用户进行交互。开发人员可以通过这两个方法合理管理对用户可见的资源。例如，在 onStart()方法中，对资源进行加载，而在 onStop()方法中，对资源进行释放，从而保证处于停止状态的 Activity 不会占用过多的内存。

（3）前台生存期：Activity 在 onResume()方法和 onPause()方法之间经历的就是前台生存期。在前台生存期内，Activity 总是处于运行状态，此时的 Activity 处于可以和用户进行交互的状态，用户平时看到和接触最多的就是这个状态下的 Activity。

Google Android 官方提供了一张非常详细而清晰的 Activity 生命周期的示意图，如图 4.23 所示。该图把 Activity 的状态以及状态之间转换时生命周期方法的回调阐述得非常清晰。

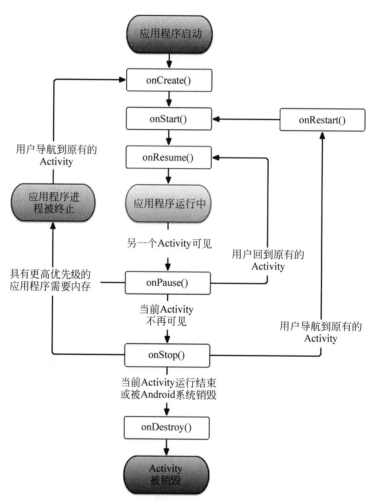

图 4.23　Activity 的生命周期与回调方法

4.4.5　Activity 生命周期方法调用示例

下面通过一个项目实例,更加直观地体验 Activity 的生命周期方法。

首先关闭 ActivityDemo 项目,单击 File → Close Project。新建一个项目 ActivityLifeCycleDemo,添加一个 Empty Activity,名为 MainActivity,并选择自动创建布局文件 activity _ main. xml。然后再分别创建两个 Activity,名称分别为 FullscreenActivity 和 DialogActivity。之后再给这两个 Activity 分别创建布局文件: activity_fullscreen. xml 和 activity_dialog. xml。修改 activity_fullscreen. xml 的内容如下:

```xml
<?xml version="1.0" encoding="utf-8"?>
<LinearLayout xmlns:android="http://schemas.android.com/apk/res/android"
        android:orientation="vertical"
        android:layout_width="match_parent"
        android:layout_height="match_parent">
    <TextView android:layout_width="match_parent"
            android:layout_height="wrap_content"
            android:text=" 这是一个普通的 Activity"
            android:textSize="12pt"/>
</LinearLayout>
```

这个布局文件中使用了一个 TextView 控件,显示了一行文本内容,在第 5 章中将介绍关于该控件的更多用法。再修改 activity_dialog. xml 的内容如下:

```xml
<?xml version="1.0" encoding="utf-8"?>
<LinearLayout xmlns:android="http://schemas.android.com/apk/res/android"
        android:orientation="vertical"
        android:layout_width="match_parent"
    android:layout_height="match_parent">
    <TextView android:layout_width="match_parent"
            android:layout_height="wrap_content"
            android:text="这是一个对话框"
            android:textSize="8pt"/>
</LinearLayout>
```

这两个布局文件的内容基本相同,只是 TextView 控件显示的文本内容不同。直接使用由 Android Studio 自动生成的 FullscreenActivity 类和 DialogActivity 类的代码,无须修改。

从名称上可以看出,FullscreenActivity 类和 DialogActivity 类的区别主要是后者是一个对话框式的 Activity,而前者是一个普通的占满整个屏幕空间的普通 Activity。那么,这个区别在哪个地方进行设置或编程实现呢? 打开 AndroidManifest.xml 配置文件,可以看到这两个 Activity 的声明内容:

```xml
<activity android:name=".FullscreenActivity" />
```

```
<activity android:name=".DialogActivity" />
```

修改上面两个 Activity 的声明内容为如下内容：

```
<activity android:name=".FullscreenActivity" />
<activity android:name=".DialogActivity"
        android:theme="@style/Theme.AppCompat.Dialog">
</activity>
```

在声明 DialogActivity 的时候，通过给其 android：theme 属性赋值 @style/Theme.
AppCompat.Dialog，表示 DialogActivity 采用对话框式的主题。

然后修改 MainActivity 的布局文件 activity_main.xml，内容如下：

```
<?xml version="1.0" encoding="utf-8"?>
<LinearLayout xmlns:android="http://schemas.android.com/apk/res/android"
        android:orientation="vertical"
        android:layout_width="match_parent"
        android:layout_height="match_parent">
<Button android:id="@+id/btnShowActivity"
        android:layout_width="match_parent"
        android:layout_height="wrap_content"
        android:text="Jump to Activity"
        android:textAllCaps="false" />
<Button android:id="@+id/btnShowDialog"
        android:layout_width="match_parent"
        android:layout_height="wrap_content"
        android:text="Show Dialog"
        android:textAllCaps="false" />
</LinearLayout>
```

在 MainActivity 中添加了两个按钮：第一个按钮用于启动 FullscreenActivity；第 2
个按钮用于启动 DialogActivity。

之后修改 MainActivity 类的代码，如下所示（省略了 package 和 import 语句）：

```
public class MainActivity extends AppCompatActivity {
    public static final String TAG="MainActivity";
    private Button btnActivity;
    private Button btnDialog;
    @Override
    protected void onCreate(Bundle savedInstanceState) {
        super.onCreate(savedInstanceState);
        setContentView(R.layout.activity_main);
        Log.d(TAG, "onCreate()");
        this.btnActivity=findViewById(R.id.btnShowActivity);
        this.btnDialog=findViewById(R.id.btnShowDialog);
        this.btnActivity.setOnClickListener(new BtnActivityListener());
        this.btnDialog.setOnClickListener(new BtnDialogListener());
```

```
    }
    @Override
    protected void onStart() {
        Log.d(TAG, "onStart()");
        super.onStart();
    }
    @Override
    protected void onStop() {
        Log.d(TAG, "onStop()");
        super.onStop();
    }
    @Override
    protected void onPause() {
        Log.d(TAG, "onPause()");
        super.onPause();
    }
    @Override
    protected void onRestart() {
        Log.d(TAG, "onRestart()");
        super.onRestart();
    }
    @Override
    protected void onResume() {
        Log.d(TAG, "onResume()");
        super.onResume();
    }
    @Override
    protected void onDestroy() {
        Log.d(TAG, "onDestroy()");
        super.onDestroy();
    }
private class BtnActivityListener implements View.OnClickListener {
    @Override
    public void onClick(View view) {
        Intent intent=new Intent(MainActivity.this,
                                FullscreenActivity.class);
        MainActivity.this.startActivity(intent);
    }
}
private class BtnDialogListener implements View.OnClickListener {
    @Override
    public void onClick(View view) {
        Intent intent=new Intent(MainActivity.this,
                                DialogActivity.class);
        MainActivity.this.startActivity(intent);
    }
```

```
    }
}
```

在 onCreate()方法中,分别为两个按钮绑定了对应的事件监听器,单击第 1 个按钮会启动 FullscreenActivity,单击第 2 个按钮会启动 DialogActivity。之后,在 MainActivity 的 7 个生命周期回调方法中分别输出了对应的日志信息,这样就可以通过观察日志的方式更直观地理解 Activity 的生命周期以及回调方法的调用了。

运行该程序,效果如图 4.24 所示。

图 4.24　ActivityLifeCycleDemo 运行效果(MainActivity)

此时观察 Logcat 中输出的日志信息,如图 4.25 所示。

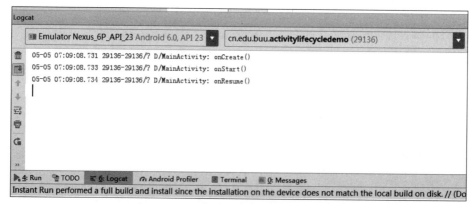

图 4.25　MainActivity 显示时的日志输出信息

可以看出,当 MainActivity 从被创建到显示出来、可以与用户进行交互的过程中,一次调用了 onCreate()、onStart()、onResume()方法。然后单击上面的按钮,启动 FullscreenActivity,如图 4.26 所示。

图 4.26 ActivityLifeCycleDemo 运行效果(FullscreenActivity)

此时 Logcat 的日志输出信息如图 4.27 所示。

图 4.27 FullscreenActivity 显示时的日志输出信息

由于 FullscreenActivity 占满了整个屏幕空间,把 MainActivity 完全遮挡住了,后者已经处于不可见状态,因此 MainActivity 的 onPause()和 onStop()方法都被调用了。然后按下 Back 键返回到 MainActivity,Logcat 输出的日志信息如图 4.28 所示。

由于之前 MainActivity 已经进入停止状态(不可见),因此 onRestart()方法会得到执

```
Logcat
  Emulator Nexus_6P_API_23 Android 6.0, API 23 ▼    cn.edu.buu.activitylifecycledemo (30064)    ▼
  05-05 07:18:51.199 30064-30064/cn.edu.buu.activitylifecycledemo D/MainActivity: onCreate()
  05-05 07:18:51.203 30064-30064/cn.edu.buu.activitylifecycledemo D/MainActivity: onStart()
  05-05 07:18:51.203 30064-30064/cn.edu.buu.activitylifecycledemo D/MainActivity: onResume()
  05-05 09:20:18.619 30064-30064/cn.edu.buu.activitylifecycledemo D/MainActivity: onPause()
  05-05 09:20:19.240 30064-30064/cn.edu.buu.activitylifecycledemo D/MainActivity: onStop()
  05-05 09:20:33.593 30064-30064/cn.edu.buu.activitylifecycledemo D/MainActivity: onRestart()
  05-05 09:20:33.593 30064-30064/cn.edu.buu.activitylifecycledemo D/MainActivity: onStart()
  05-05 09:20:33.593 30064-30064/cn.edu.buu.activitylifecycledemo D/MainActivity: onResume()
```

图 4.28　从 **FullscreenActivity** 返回到 **MainActivity** 后的日志输出信息

行,之后又会依次执行 onStart()和 onResume()方法。注意,此时并不会再次执行 onCreate()方法,因为并没有重新创建 MainActivity。

然后单击下面的按钮,启动 DialogActivity,如图 4.29 所示。

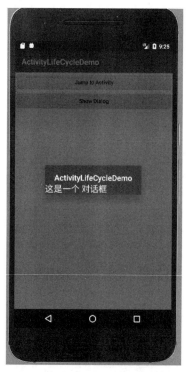

图 4.29　**ActivityLifeCycleDemo** 运行效果(**DialogActivity**)

此时 Logcat 输出的日志信息如图 4.30 所示。可以看出,只调用了 onPause()方法,并没有调用 onStop()方法,这是因为 DialogActivity 并没有完全遮挡住 MainActivity,后者处于可见,但是不能与用户进行交互的状态(即暂停状态),并没有进入停止状态。然后通过返回键 Back 回到 MainActivity,此时日志的输出信息如图 4.31 所示。

可以看出,此时只有 onResume()方法得到了执行。最后,在 MainActivity 界面下按下 Back 键退出应用程序，此时 Logcat 输出的日志信息如图 4.32 所示。可以看出，依次执行了 onPause()、onStop()和 onDestroy()方法，MainActivity 最终被销毁了。

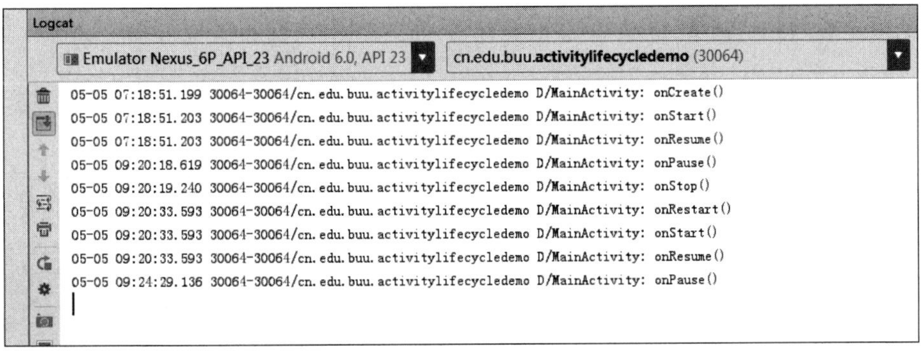

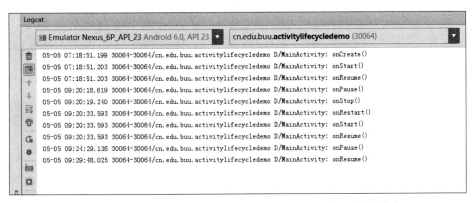

图 4.30　DialogActivity 显示时的日志输出信息

图 4.31　从 DialogActivity 返回到 MainActivity 后的日志输出信息

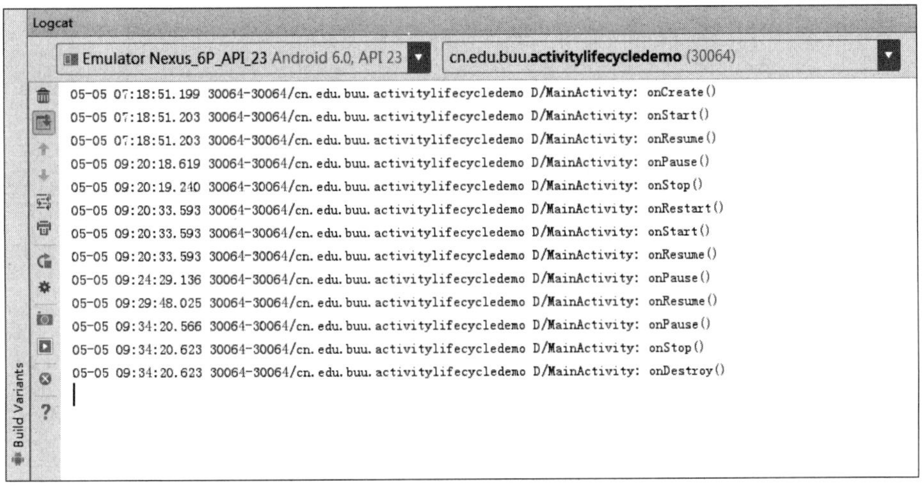

图 4.32　从 MainActivity 返回后的日志输出信息

4.5　网上书城 App 的 Activity 编程

在开始编写代码之前,需要对整个项目里的文件进行分类,用开发工具创建项目时,

工具已经帮我们分好了基本的项目结构目录,但是,在 src 中的 Java 文件下,会创建很多 Java 文件,随着项目越来越大,Java 文件也会越来越多,对于所有的 Java 文件,需要对 Java 文件进行分类。

用 Android Studio 打开前面新建的项目 Amazon,选择 Java 下的 amazon.jy.com.amazon 包,在这里新建 5 个包,分别是 adapter、core、entity、ui、utils,ui 包存放界面类,包括 Activity、Fragment 等;entity 包存放实体类;utils 包存放一些工具类,如字符串处理工具;core 包存放网络请求之类的工具类;adapter 包存放适配器,如图 4.33 所示。

图 4.33　项目包结构

这样分好基本的包,有利于我们浏览代码的时候快速定位,也可以使项目结构更加清晰。

接下来创建后面需要用到的所有 Activity,选择名为 ui 的包右击,从弹出的快捷菜单中选择 new→Activity→EmptyActivity,创建类名为 LoginActivity,单击 Finish 按钮,Android Studio 会在 res 下的 layout 中生成相应的 xml 布局文件(activity_login.xml),并且会在 Androidmanifest.xml 文件中自动注册新建的 Activity,如图 4.34 所示。

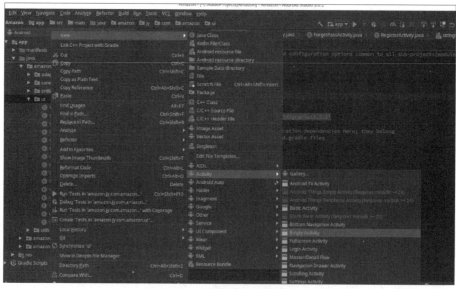

图 4.34　新建 Activity 界面

通过这种方式创建需要用到的界面,需要创建的界面包括登录界面(LoginActivity)、注册界面(RegisterActivity)、重设密码界面(ResetPassActivity)、忘记密码界面(ForgetPassActivity)、地址界面(AddressActivity)、支付界面(PayActivity)、支付结果界面(PayResultActivity)、选择地址界面(SettlementActivity)、书籍详情界面(BookInfoActivity)、订单列表界面(OrdersActivity)、订单详情界面(OrderDetailActivity)、购物车界面(CartActivity)、账户界面(AccountActivity)、编辑账户信息界面(EditUserActivity)等,如图4.35所示。

图4.35 Activity 类列表

MainActivity是程序启动时默认打开的界面,包括轮播图、商品信息列表等信息,左侧有侧滑栏,单击"登录"按钮可以跳转到登录界面,界面跳转代码如下所示。

```
Intent login=new Intent(this, LoginActivity.class);
startActivity(login);
```

界面之间的交互在第3章已经介绍过,这里不再详细介绍了,具体的交互细节后面会详细介绍。

习　题　4

1. 在 Activity 的生命周期中,当 Activity 被某个 AlertDialog 覆盖掉一部分后,会处于(　　)状态。

　　(A) 暂停　　　　　(B) 活动　　　　　(C) 停止　　　　　(D) 销毁

2. 关于应用程序的生命周期,一个 Activity 从启动到运行状态需要执行3个方法,正确的执行顺序为(　　)。

　　(A) onCreate()→onStart()→onResume()

　　(B) onStart()→onCreate()→onResume()

　　(C) onCreate()→onResume()→onStart()

(D) onStart()→onResume()→onCreate()

3. Android 项目启动时最先加载的是 AndroidManifest. xml 文件,如果有多个 Activity,(　　)属性决定了该 Activity 最先被加载。

(A) android.intent.action.LAUNCH

(B) android.intent.action.ACTIVITY

(C) android.intent.action.MAIN

(D) android.intent.action.VIEW

4. 退出 Activity 错误的方法是(　　)。

(A) finish()　　　　　　　　　　(B) 抛异常强制退出

(C) System.exit()　　　　　　　　(D) onStop()

5. 对 Activity 的生命周期方法描述错误的是(　　)。

(A) onResume 阶段,用户不能与 Activity 交互

(B) onStop 阶段,原 Activity 变得不可见,被下一个 Activity 覆盖了

(C) onDestroy 阶段,这是 Activity 被销毁前最后一个被调用的方法

(D) onPause 阶段,到这一步是可见但不可交互的

6. Activity 对一些资源以及状态的操作进行保存,最好保存在生命周期的(　　)方法中。

(A) onPause()　　　(B) onCreate()　　　(C) onResume()　　　(D) onStart()

7. 注册 Activity 时加入 android:theme＝"@android:style/Theme.Dialog" 的作用是(　　)。

(A) 使这个 Activity 以对话框的形式显示

(B) 使这个 Activity 以表格的形式显示

(C) 使这个 Activity 以透明的形式显示

(D) 以上说法都不正确

8. 只有当 Activity 第一次被创建时才会调用的生命周期方法是_____。

9. Android 项目工程下面的 assets 目录的作用是(　　)。

(A) 放置应用到的图片资源

(B) 主要放置多媒体等数据文件

(C) 放置字符串、颜色、数组等常量数据

(D) 放置一些与 UI 相应的布局文件,都是 XML 文件

10. 当 Activity 被销毁时,如何保存它原来的状态?(　　)

(A) 重写 Activity 的 onSaveInstanceState()方法

(B) 重写 Activity 的 onSaveInstance()方法

(C) 重写 Activity 的 onInstanceState()方法

(D) 重写 Activity 的 onSaveState()方法

11. 如果手机内存不足,操作系统会选择杀死_____状态下的 Activity,以释放更多的内存空间。

12. Activity 一般会重载 7 个方法用来维护其生命周期,除了 onCreate(),onStart(),

onDestroy()之外,还有_____、_____、_____、_____。

13. _____是一种非常方便的提示消息框,它会在程序界面上显示一个简单的提示信息。

14. 判断下列说法是否正确,正确的写 T,错误的写 F。

(1) 一个 Android 应用程序中只能有一个 Activity。 （ ）

(2) Android 系统通过栈的方式管理 Activity。 （ ）

(3) R.java 文件是自动生成而不需要开发者维护的。在 res 文件夹中内容发生任何变化,R.java 文件都会同步更新。 （ ）

15. 对于一个 Activity 来说,在什么情况下会发生执行 onPause()→onResume()方法的调用?

16. 对于一个 Activity 来说,在什么情况下会发生执行 onStop()→onRestart()方法的调用?

17. Activity 的生命周期中有哪几种状态? 请简要说明。

第5章

UI 组件与布局

第4章介绍了 Activity,以及 Android 应用程序中与用户交互的基本单元。一个 Activity 中通常包含各种 UI 控件,以完成不同的功能。这些控件按照一定的位置分布在 Activity 的不同区域,这称为布局(layout)。第 2 章和第 4 章已经使用了 Button、TextView 等控件,以及最简单的布局——LinearLayout(线性布局)。本章将介绍 Android 应用程序开发中常用的 UI 组件和布局。

5.1 常 用 控 件

Android 中有多种编写程序界面的方式可供选择。Android Studio 和 Eclipse 中都提供了可视化的界面编辑器。可视化编辑器允许使用拖曳控件的方式对布局进行编辑,并能在视图上直接修改控件的属性,但是这种方式并不利于真正了解界面背后的原理和技术。本节在讲解 UI 组件和布局时,大多数都采用编写 XML 代码的方式。

下面从 Android 系统中几种最常见的控件开始熟悉 UI 组件。

Android 提供了大量的 UI 控件,合理使用这些控件能轻松地编写出美观的界面。本节将选择几种最常用的控件,详细介绍其使用方法。

Android 控件继承结构如图 5.1 所示。

从图 5.1 可以看出,View 是 Android 所有控件的基类,同时 ViewGroup 也继承自 View。知道 View 的层级关系有助于理解 View。从图 5.1 可以发现常用的控件都继承自 View,如果掌握了 View 的知识体系,那么在界面编程时会更加得心应手。

5.1.1 View 类

可以看到,所有的 UI 控件(主要在包 android.view 和包 android.widget 中)都是 View 的子类。使用较早的 Android 版本进行应用程序开发时,每当用 findViewById(R. id.xx)方法时,总要将其返回类型进行强制类型转换,因为该方法返回的是一个 View 实例。其中不得不提 View 的子类——ViewGroup。Android 系统中的所有 UI 类都建立在 View 和 ViewGroup 类的基础上。所有 View 的子类都称为 Widget(小部件),所有 ViewGroup 的子类都称为 Layout(布局)。View 和 ViewGroup 之间采用组合设计模式,可以使得"部分-整体"同等对待。ViewGroup 作为布局容器类的最上层,布局容器里又可以有 View 和 ViewGroup。通过这种方式,获得了 UI 的组合方式。

ViewGroup 的子类用不同的方式管理容器中 View 控件的摆放位置以及显示方式;

但是,对于 UI 控件具体摆放到什么位置,以及大小等属性,则需要每个布局类的内部类 LayoutParams 进行处理,该类是 ViewGroup 的内部类。LayoutParams 类有多个子类实现,用于指定不同的布局参数。

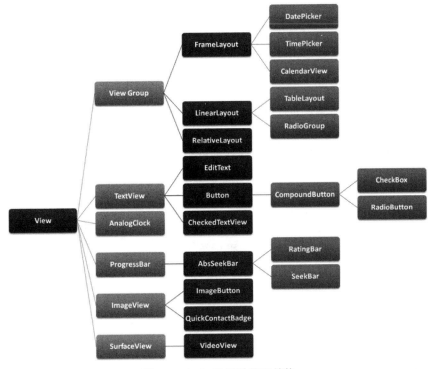

图 5.1　Android 控件继承结构

可以看到,Android 中所有的 UI 控件都是 View 的子类,所以可以通过继承 View 类实现自定义控件。注意,此时需要重载 View 的构造函数。View 的构造方法有下面 4 个,比较常用的是第一个和第二个。

- public View(Context context);
- public View(Context context, AttributeSet attrs);
- public View(Context context, AttributeSet attrs, int defStyleAttr);
- public View(Context context, AttributeSet attrs, int defStyleAttr, int defStyleRes);

第一个构造方法的参数 context 代表该 View 对象所属的 Context 对象。第二个构造方法的参数 attrs 代表在布局文件中该 View 对象对应的元素相关的属性值的集合。

使用 UI 控件时,一般采用下面的步骤。

(1) 在布局文件中添加该 UI 控件的元素(元素的名称与该 UI 控件的类名完全相同),并定义该元素的一些属性的值(其中 id 属性非常重要,下一步将会使用 id 属性的值引用该元素)。

(2) 在其他资源文件中引用该 UI 控件;在源代码中定义一个该 UI 控件类型的变量(成员变量、局部变量均可),使用 findViewById()方法使该变量引用步骤(1)中添加的 UI 控件。

（3）定义处理 UI 控件某种事件的监听器，并调用步骤(2)中变量的相关方法，把监听器与 UI 控件绑定，之后如果用户触发了该种 UI 事件，那么 Android 系统将会回调已经绑定的监听器中的事件处理方法（例如，第 4 章中 Button 控件事件监听器的 onClick()方法，该方法由 View.OnClickListener 接口定义）。

上述步骤将会在后续各种控件的介绍中多次看到。

5.1.2　TextView

为展示 Android 系统中常见控件的使用方法，可在 Android Studio 中新建一个项目 UIWidgetDemo，使用自动创建的 MainActivity 以及布局文件 activity_main.xml。

第 2 章已经使用 TextView 控件显示了 Hello World! 的欢迎信息。

修改项目 UIWidgetDemo 中 activity_main.xml 的代码，具体如下所示。

```
<?xml version="1.0" encoding="utf-8"?>
<LinearLayout xmlns:android="http://schemas.android.com/apk/res/android"
    android:orientation="vertical"
    android:layout_width="match_parent"
    android:layout_height="match_parent">
    <TextView
        android:id="@+id/tvHello"
        android:layout_width="match_parent"
        android:layout_height="wrap_content"
        android:text="厉害了,我的国!" />
</LinearLayout>
```

观察上述布局文件中的＜TextView＞标签，使用 android:id 属性给当前控件定义了一个唯一的标识符，然后使用 android:layout_width 和 android:layout_height 属性指定了控件的宽度和高度。Android 中所有的控件都具有这两个属性，可选值有 3 种：match_parent、fill_parent 和 wrap_content，其中 match_parent 和 fill_parent 的意义相同，现在更推荐使用 match_parent。match_parent 表示让当前控件的大小和父布局的大小一样，也就是由父布局决定当前控件的大小。wrap_content 表示让当前控件的大小能够刚好包含控件的内容，也就是由控件的内容决定当前控件的大小。根据上述规则，上述布局文件的代码表示让 TextView 的宽度和父布局的宽度（也就是手机屏幕的宽度）一样，而 TextView 的高度足够包含其中的内容就可以了。当然，除了上述选项外，也可以对控件的宽度和高度指定固定的值，但是这样做有时会在多种手机屏幕（大小和分辨率不同）的适配方面出现问题。

下面通过 android:text 属性指定了 TextView 中显示的文本内容，运行该程序，运行结果如图 5.2 所示。

图 5.2　TextView 控件运行结果

虽然指定的文本内容正常显示了,但是好像并没有看出 TextView 控件的宽度和手机屏幕宽度相同,其实这是由于 TextView 中的文本默认居左显示,虽然 TextView 控件的宽度充满了整个屏幕,但是由于文本内容不够长,因此从效果上看不出 TextView 控件的宽度。修改布局文件中 TextView 控件的对齐方式,代码如下所示。

```xml
<?xml version="1.0" encoding="utf-8"?>
<LinearLayout xmlns:android="http://schemas.android.com/apk/res/android"
    android:orientation="vertical"
    android:layout_width="match_parent"
    android:layout_height="match_parent">
    <TextView
        android:id="@+id/tvHello"
        android:layout_width="match_parent"
        android:layout_height="wrap_content"
        android:gravity="center"
        android:text="厉害了,我的国!" />
</LinearLayout>
```

使用 android:gravity 属性指定文字的对齐方式,可选值有 top、bottom、left、right、center 等,也可以使用|同时指定多个值。这里指定的 center,效果上等价于 center_vertical | center_horizontal,表示文字在垂直和水平方向都居中对齐。重新运行该程序,运行结果如图 5.3 所示。

这也说明了 TextView 的宽度的确和屏幕宽度一样。

另外,还可以对 TextView 中文字的大小和颜色进行修改,代码如下所示。

```xml
<?xml version="1.0" encoding="utf-8"?>
<LinearLayout xmlns:android="http://schemas.android.com/apk/res/android"
    android:orientation="vertical"
    android:layout_width="match_parent"
    android:layout_height="match_parent">
    <TextView
        android:id="@+id/tvHello"
        android:layout_width="match_parent"
        android:layout_height="wrap_content"
        android:gravity="center"
        android:textSize="36sp"
        android:textColor="#ff0000"
        android:text="厉害了,我的国!" />
</LinearLayout>
```

通过 android:textSize 属性可以指定文字的大小,通过 android:textColor 属性可以指定文字的颜色。在 Android 中,字体的大小使用 sp(scaled pixels)作为单位。重新运行程序,运行结果如图 5.4 所示。

除上述属性之外,TextView 还有很多其他的属性,此处不再一一列举。

图 5.3　TextView 控件运行结果（居中对齐）

图 5.4　TextView 控件运行结果（修改字体大小）

5.1.3　Button

　　Button 是应用程序中和用户进行交互的一种常用的控件。第 4 章中多次使用到 Button。从图 5.1 可以看出，Button 类的直接父类是 TextView 类，因此 5.1.2 节中 TextView 的属性 Button 都会自动继承得到。在布局文件 activity_main.xml 中添加一个 Button，代码如下：

```xml
<?xml version="1.0" encoding="utf-8"?>
<LinearLayout xmlns:android="http://schemas.android.com/apk/res/android"
    android:orientation="vertical"
    android:layout_width="match_parent"
    android:layout_height="match_parent">
    <Button
        android:id="@+id/buttonTest"
        android:layout_width="match_parent"
        android:layout_height="wrap_content"
        android:text="TestButton" />
</LinearLayout>
```

　　加入 Button 之后的界面如图 5.5 所示。

　　仔细观察会发现，在布局文件中设置的文本值是 TestButton，但最终的显示结果却是 TESTBUTTON，这是因为 Android 系统会将 Button 中的所有英文字母自动显示为

图 5.5　加入 Button 之后的界面

大写状态。如果仍然想显示包含大小写的原有形式，可以设置 android：textAllCaps 属性值为 false，代码如下：

```
<Button
    android:id="@+id/buttonTest"
    android:layout_width="match_parent"
    android:layout_height="wrap_content"
    android:text="TestButton"
    android:textAllCaps="false" />
```

接下来为该 Button 控件的单击事件绑定一个监听器，代码如下：

```
public class MainActivity extends AppCompatActivity {
    Button button;
    TextView textView;
    @Override
    protected void onCreate(Bundle savedInstanceState) {
        super.onCreate(savedInstanceState);
        setContentView(R.layout.activity_main);
        this.button=findViewById(R.id.buttonTest);
        this.textView=findViewById(R.id.tvHello);
        //创建监听器类的一个对象
        ButtonListener btnListener=new ButtonListener();
```

```
        //把按钮控件与监听器对象绑定,也称为注册
        this.button.setOnClickListener(btnListener);
    }
    private class ButtonListener implements View.OnClickListener {
        @Override
        public void onClick(View v) {
            MainActivity.this.textView.setText("中国梦!");
        }
    }
}
```

这样,每当用户单击该按钮时,Android 系统会执行监听器类中定义的 onClick()方法,只在该方法中编写相关的业务处理逻辑即可。对于初学者来说,上述编程方式比较清晰明了,但是代码编写比较繁杂,其实,创建的监听器类的对象 btnListener 只在绑定监听器时使用,因此使用监听器类的无名对象即可。上述创建对象和绑定监听器的两行代码可以用下面的一行代码替换。

this.button.setOnClickListener(new ButtonListener());

这种方法调用中的参数,一般称为创建了 ButtonListener 类的一个匿名对象(也称无名对象)。更进一步,ButtonListener 类的类名也只在上述绑定事件监听器中使用一次,因此也可以使用实现了 View.OnClickListener 接口的一个匿名类的一个匿名对象作为 setOnClickListener()方法的参数,这样就省略了定义类 ButtonListener,而只是实现 View.OnClickListener 接口中的 onClick()方法,在 Mainactivity 类的 onCreate()方法的最后添加如下代码:

```
this.button.setOnClickListener(new View.OnClickListener() {
    @Override
    public void onClick(View v) {
        MainActivity.this.textView.setText("中国梦!");
    }
});
```

添加了 Button 按钮的程序,单击该按钮后 TextView 控件中的内容会改为"中国梦!",运行结果如图 5.6 所示。

可以看出,在调用方法时使用实现了 View.OnClickListener 接口的匿名类的匿名对象作为参数,代码非常简洁,只是写法看上去不是很直观,理解起来稍有难度。这样,如果在 MainActivity 中有多个控件,就不需要为每个控件定义一个事件处理的监听器类了,因为那种方式会导致 MainActivity 的代码结构过于繁杂,不利于代码的编写和维护。这种方法调用时使用实现了某接口的匿名类的匿名对象的方式,在第 6 章的多线程程序设计中还会多次出现,不同的是,接口变成了 Runnable,需要实现的方法变成了 public void run()。

另外,还有一种实现上述功能的方式,那就是在定义类 MainActivity 的时候,除了从

图 5.6　单击 Button 后的运行结果

AppCompatActivity 继承外,还实现 View.OnClickListener 接口,并在 MainActivity 类中实现 onClick()方法,代码如下:

```
public class MainActivity extends AppCompatActivity
                implements View.OnClickListener {
    @Override
    protected void onCreate(Bundle savedInstanceState) {
        super.onCreate(savedInstanceState);
        setContentView(R.layout.activity_main);
        this.button=findViewById(R.id.buttonTest);
        this.textView=findViewById(R.id.tvHello);
        this.button.setOnClickListener(this);
    }
    @Override
    public void onClick(View v) {
        switch(v.getId()) {
            case R.id.buttonTest:
                this.textView.setText("中国梦!");
                break;
            default:
                break;
        }
    }
}
```

由于是 MainActivity 类本身实现了 View.OnClickListener 接口,实现了 onClick()方法,因此在绑定事件监听器的时候,方法调用的参数使用 this 即可。如果在 MainActivity 类有多个控件,这些控件都使用 this 对象作为事件的监听器,那么在实现 onClick()方法时,需要判断用户单击事件发生在哪个控件上,代码中使用 v.getId()获得发生单击事件的控件对象的 id 号,之后使用 switch-case 语句进行处理。由于这种方法会改变 MainActivity 类的签名,因此不推荐使用。

另外,无论是 TextView,还是 Button 控件,都可以使用 setText()方法设置其中的文字内容,该方法的定义如下:

- public final void setText(CharSequence text);
- public final void setText(char[] text,int start,int len);
- publicfinal void setText(int resid);
- public final void setText(int resid,BufferType type);

第一个方法的参数类型是 CharSequence 接口,String、StringBuffer、StringBuilder 等类都实现了该接口,因此实际参数使用上述类的对象均可。第三个方法的参数是指定的字符串资源的 id,如 R.string.app_name,而不是需要显示的整数的内容。如果需要在控件中显示数值类型的内容,须转换为 String 类型(最简单的办法是调用 toString()方法)后调用第一个方法,而不是直接调用第三个方法。

5.1.4 EditText

EditText 是应用程序用来和用户进行交互中使用非常广泛的一种控件,它和 TextView 的区别在于,EditText 允许用户在控件里输入和编辑内容,同时可以在程序中对这些内容进行处理。EditText 控件的使用场景非常广泛,在进行用户注册、用户登录、搜索、发送短信、发送微信消息、发微博、聊 QQ 等操作中,都会使用 EditText 控件。从图 5.1 中可以看出,EditText 和 Button 类一样,都继承自 TextView 类,因此也会继承得到 TextView 类的相关成员变量和方法,例如重载的多个 setText()方法。

在 activity_main.xml 布局文件中添加一个 EditText 控件,代码如下:

```
<?xml version="1.0" encoding="utf-8"?>
<LinearLayout xmlns:android="http://schemas.android.com/apk/res/android"
    android:orientation="vertical"
    android:layout_width="match_parent"
    android:layout_height="match_parent">
    <EditText
        android:id="@+id/etStatement"
        android:layout_width="match_parent"
        android:layout_height="wrap_content"/>
</LinearLayout>
```

通过上述代码可以看出使用 UI 控件的一般步骤:首先通过 android:id 属性给控件定义一个唯一的 id,然后指定该控件的宽度和高度,最后再添加一些该控件特有的属性。

运行程序,运行结果如图 5.7 所示。

(a) 普通EditText控件   (b) 带有提示信息的EditText控件   (c) 输入内容

图 5.7 EditText 运行结果

如果具有比较丰富的使用 Android 手机的经验,会发现一些人性化的软件会在输入框中显示一些提示性的文字,然后当用户输入任何内容之后,原有的提示性的文字就会消失,这种提示功能在 Android 中很容易实现,通过 android:hint 属性(hint 的意思是提示、注意事项、暗示等)设置即可。

设置 android:hint 属性的代码如下:

```
<EditText
  android:id="@+id/etStatement"
  android:layout_width="match_parent"
  android:layout_height="wrap_content"
  android:hint="请输入您的心情" />
```

重新运行程序,界面如图 5.7(b) 所示,输入信息后如图 5.7(c) 所示。可以看到,EditText 控件中显示了一段提示信息,当输入内容时,这段文本就会自动消失。

但是,随着输入内容的不断增加,EditText 会被不断拉长,这是由于 EditText 的高度指定的值是 wrap_content,因此该控件总能包含用户输入的文本内容,但是当输入的文本内容过多时,可能会破坏整个 Activity 的布局,导致这个界面很难看。为了解决这个问题,可以使用 android:maxLines 属性修改布局文件,如下所示。

```
<EditText
    android:id="@+id/etStatement"
    android:layout_width="match_parent"
```

```
android:layout_height="wrap_content"
android:hint="请输入您的心情"
android:maxLines="2" />
```

这里通过设置 maxLines 属性的值为 2,指定了 EditText 控件显示文本内容的最大行数为 2,这样,当输入的内容超过 2 行时,文本就会向上滚动,EditText 控件不会再继续拉伸,因此不会破坏 Activity 的整体布局,如图 5.8(b) 所示。

(a) 未设置maxLines属性　　　　　　(b) 设置maxLines=2

图 5.8　输入多行内容时 EditText 的运行结果

还可以把 Button 和 EditText 控件结合起来使用一起完成一些功能。例如,在 EditText 控件中输入一些内容,单击 Button 控件后会显示用户输入的内容。

修改 MainActivity 的代码,如下所示。

```
public class MainActivity extends AppCompatActivity {
    Button button;
    TextView textView;
    EditText editText;
    @Override
    protected void onCreate(Bundle savedInstanceState) {
        super.onCreate(savedInstanceState);
        setContentView(R.layout.activity_main);
        this.button=findViewById(R.id.buttonTest);
        this.textView=findViewById(R.id.tvHello);
        this.editText=findViewById(R.id.etStatement);
```

```
    //创建监听器类的一个对象
    ButtonListener btnListener=new ButtonListener();
    //把按钮控件与监听器对象绑定,也称为注册
this.button.setOnClickListener(btnListener);
}
private class ButtonListener implements View.OnClickListener {
    @Override
public void onClick(View v) {
        MainActivity.this.textView.setText("中国梦!");
        String etInput=MainActivity.this.editText.getText().toString();
Toast.makeText(MainActivity.this, etInput, Toast.LENGTH_LONG).show();
    }
}
}
```

　　首先在类 MainActivity 中声明两个成员变量,类型分别为 EditText 和 Button,然后在 onCreate()方法中通过 findViewById()获得这两个控件的实例,之后在 Button 的单击事件监听器的 onClick()方法中通过 EditText 的 getText()方法获取用户输入的内容,再调用 toString()方法转换成 String,最后使用 Toast 把用户输入的内容显示出来。

　　运行程序,在 EditText 中输入一些内容,然后单击 Button 控件,运行结果如图 5.9 所示。

图 5.9　获取 EditText 中输入的内容并弹出(回显)

5.1.5　ImageView

　　ImageView 是在界面上显示一个图片的一种控件,它可以让程序界面变得更加丰富多彩。使用 ImageView 控件显示图片之前,需要把图片添加到项目中,图片通常存储在 res 的 drawable 目录下。将事先准备好的两张图片(amazing_china.png 和 liaoning_aircraft_carrier.png)复制到 res 的 drawable 目录中。这里需要强调的是,在 res 目录下存储的文件(包括布局文件、应用程序图标、图片、字符串等),其文件名称的首字母只能是小写字母和下画线,随后的名字中只能出现[a-z0-9_.]这些字符。也就是说,任何资源文件的文件名称中都不能出现大写字母、空格以及其他字符。

　　然后修改 activity_main.xml 布局文件,代码如下:

```
<ImageView android:id="@+id/ivImage"
    android:layout_width="wrap_content"
    android:layout_height="wrap_content"
    android:src="@drawable/amazing_china" />
```

　　由上述代码可以看出,通过 android:src 属性给 ImageView 控件指定了一张图片。由于图片的宽度和高度都是未知的,因此将 ImageView 控件的宽度和高度都设置为 wrap_content,这样就保证了无论图片的尺寸是多少,图片都可以完整地显示出来。运行程序,结果如图 5.10 所示。

图 5.10　ImageView 控件运行结果

给 ImageView 控件设置图片来源，上述是在布局文件中通过给 android:src 属性设置值完成的，也可以在程序中通过代码动态地修改 ImageView 中要显示的图片。修改 MainActivity，代码如下：

```
public class MainActivity extends AppCompatActivity {
    Button button;
    TextView textView;
    EditText editText;
    ImageView ivImage;
    @Override
    protected void onCreate(Bundle savedInstanceState) {
        super.onCreate(savedInstanceState);
        setContentView(R.layout.activity_main);
        this.button=findViewById(R.id.buttonTest);
        this.textView=findViewById(R.id.tvHello);
        this.editText=findViewById(R.id.etStatement);
        this.ivImage=findViewById(R.id.ivImage);
        //创建监听器类的一个对象
        ButtonListener btnListener=new ButtonListener();
        //把按钮控件与监听器对象绑定，也称为注册
        this.button.setOnClickListener(btnListener);
    }
    private class ButtonListener implements View.OnClickListener {
        @Override
        public void onClick(View v) {
            MainActivity.this.textView.setText("中国梦!");
            MainActivity.this.ivImage.setImageResource(
                    R.drawable.liaoning_aircraft_carrier);
        }
    }
}
```

在 Button 控件的单击事件监听器的 onClick()方法中，通过调用 ImageView 控件的 setImageResource()方法，将显示的图片改成 liaoning_aircraft_carrier.png。

重新运行程序，然后单击 TestButton 按钮，就可以看到 ImageView 控件中显示的图片改变了，如图 5.11 所示。

需要说明的是，本小节中 ImageView 控件显示的都是已经存储在项目中的本地图片。至于如何访问网络，进而在 ImageView 控件中显示 Internet 上指定 URL 的图片，请参见第 6 章多线程开发技术。

5.1.6　ProgressBar

ProgressBar 用来在界面上显示一个进度条，表示正在完成任务的进度情况，如下载文件等。ProgressBar 的用法很简单，修改 activity_main.xml 布局文件即可，代码如下：

```
<ProgressBar android:id="@+id/pbBarId"
    android:layout_width="match_parent"
    android:layout_height="wrap_content" />
```

运行 UIWidgetDemo 程序,会看到屏幕上有一个圆形的进度条正在旋转,如图 5.12 所示。

图 5.11　通过程序修改 ImageView 控件的图片　　　图 5.12　ProgressBar 控件的运行结果

您可能感到奇怪,进度条为何是圆形的? ProgressBar 控件是广义的进度条,默认显示为圆形,如果需要显示为一条线,在布局文件中可以通过 ProgressBar 的 style 属性设置,本小节稍后会详细讲解。

上述圆形的进度条一直在显示和旋转。如果相应的任务已经全部完成,如何才能让进度条消失? 这里需要了解 View 的几个静态成员变量,它们表示控件的可见性。在布局文件中,可以通过 android:visibility 属性设置控件是否可见,该属性有 3 个可选值: visible、invisible 和 gone。在布局文件中,当控件未指定 android:visibility 属性时,默认是 visible 状态,即可见状态,例如本节前面的 Button、TextView、EditView 等控件,均未给属性 android:visibility 设置值,默认都是可见的。invisible 表示控件处于不可见状态,但是它仍然占据整个布局中原来的位置和大小,可以把这种状态理解为控件是透明的。而 gone 则表示控件不仅不可见,而且不再占用任何屏幕空间。在代码中设置控件的可见性使用 View 类的 3 个静态成员变量: View.VISIBLE、View.INVISIBLE 和 View.GONE,使用上述 3 个值之一调用 setVisibility()方法。需要注意的是,在布局文件中定义 android:visibility 属性时,可选值有 visible、invisible 和 gone,全是小写形式。而在应用程序中用代码调用 setVisibility（）方法时，使用的 View 类中的静态常量 View.VISIBLE、View.INVISIBLE 和 View.GONE 全都是大写形式。在很多编程语言中，常量一般都采用全部大写的形式。

接下来修改进度条的应用程序，进度条默认处于可见状态，单击一次按钮进度条消失，再单击一次按钮进度条出现。修改 MainActivity，代码如下：

```java
public class MainActivity extends AppCompatActivity {
    Button button;
    TextView textView;
    EditText editText;
    ImageView ivImage;
    ProgressBar bar;
    @Override
    protected void onCreate(Bundle savedInstanceState) {
    super.onCreate(savedInstanceState);
        setContentView(R.layout.activity_main);
        this.button=findViewById(R.id.buttonTest);
        this.textView=findViewById(R.id.tvHello);
        this.editText=findViewById(R.id.etStatement);
        this.ivImage=findViewById(R.id.ivImage);
        this.bar=findViewById(R.id.pbBarId);
        ButtonListener btnListener=new ButtonListener();
        this.button.setOnClickListener(btnListener);
    }
    private class ButtonListener implements View.OnClickListener {
        @Override
        public void onClick(View v) {
            MainActivity.this.textView.setText("中国梦!");
            if(MainActivity.this.bar.getVisibility()==View.INVISIBLE) {
                MainActivity.this.bar.setVisibility(View.VISIBLE);
            }
            else {
                MainActivity.this.bar.setVisibility(View.INVISIBLE);
            }
        }
    }
}
```

在按钮单击事件处理的监听器中，通过 ProgressBar 的 getVisibility（）方法判断当前的进度条控件是否处于可见状态，如果可见，就将它隐藏起来；如果不可见，就设置其为可见状态。重新运行程序，多次单击按钮，会发现进度条会在可见和不可见状态之间切换。

下面把进度条设置为条的形状，而不是上述的圆形进度条。通过 ProgressBar 元素的 style 属性可以完成这个目标。修改 activity_main.xml 布局文件，代码如下：

```
<ProgressBar
    android:id="@+id/pbBarId"
    android:layout_width="match_parent"
    android:layout_height="wrap_content"
    style="?android:attr/progressBarStyleHorizontal"
    android:max="100" />
```

通过 style 属性把进度条设置为水平的进度条之后，还可以通过 android:max 属性给
进度条设置一个最大值。之后可以在代码中通过工作程序动态地改变进度条的进度。修
改 MainActivity 类中按钮的事件处理监听器类 ButtonListener，代码如下：

```
private class ButtonListener implements View.OnClickListener {
    @Override
    public void onClick(View v) {
        int progress=MainActivity.this.bar.getProgress();
        progress +=10;
        MainActivity.this.bar.setProgress(progress);
    }
}
```

每单击一次按钮，程序就会获取进度条的当前进度值，然后在当前进度值的基础上递
增 10，作为更新后的进度，一直到进度值到达 android:max 属性规定的最大值位置。重
新运行程序，单击几次按钮后，程序的运行结果如图 5.13 所示。

图 5.13　水平 ProgressBar 的运行结果

5.1.7　AlertDialog

AlertDialog 控件可以在当前的界面弹出一个对话框,这个对话框是置顶位于所有界面元素之上的,该控件获得了当前的焦点,同时也屏蔽了其他控件与用户之间的交互能力。AlertDialog 一般用于显示一些非常重要的或者警告信息,例如,为了防止误删重要的图片,在删除之前弹出一个确认的对话框。

下面修改 MainActivity 的内容,用户单击 TestButton 按钮后,会弹出一个对话框,代码如下:

```
private class ButtonListener implements View.OnClickListener {
@Override
public void onClick(View v) {
        AlertDialog.Builder dialog=new
                AlertDialog.Builder(MainActivity.this);
    dialog.setTitle("AlertDialog");
        dialog.setMessage("你确定要退出程序吗?");
    dialog.setCancelable(false);
        dialog.setPositiveButton("确定",
    new DialogInterface.OnClickListener() {
                @Override
    public void onClick(
            DialogInterface dialogInterface,
            int i) {
        Toast.makeText(MainActivity.this, "单击了确定",
            Toast.LENGTH_SHORT).show();
        }
    });
        dialog.setNegativeButton("取消",
    new DialogInterface.OnClickListener() {
                @Override
    public void onClick(
    DialogInterface dialogInterface,
    int i) {

        Toast.makeText(MainActivity.this, "单击了取消",
            Toast.LENGTH_SHORT).show();
        }
    });
    dialog.show();
    }
}
```

首先调用 AlertDialog 类的一个静态方法 Builder(),把 MainActivity.this 作为参数传递给 Builder()方法,即可得到 AlertDialog 类的一个对象,之后可以为这个对话框设置标题、内容、可否用 Back 键关闭对话框等属性,接下来调用 setPositiveButton()方法为对话框设置"确定"按钮的单击事件处理方法,调用 setNegativeButton()方法为对话框设置"取消"按钮的单击事件处理方法。

重新运行程序,单击 TestButton 按钮后,运行结果如图 5.14 所示。

图 5.14　AlertDialog 的运行结果

5.2　布　　局

一个 Activity 中经常包含多种类型不同、数量各异的控件,如何才能让各个控件都有条不紊地分布在界面的不同位置呢? 前面多次使用过布局文件,布局文件解决的就是一个 Activity 中控件的位置分布问题。布局是一种可用于放置很多控件的容器,它可以按照一定的规律调整内部控件的位置,从而实现类型多样、赏心悦目的界面。另外,布局的内部除了可以放置控件之外,也可以放置布局,从而通过多层布局的嵌套,完成一些比较复杂的界面实现。布局和控件的关系如图 5.15 所示。

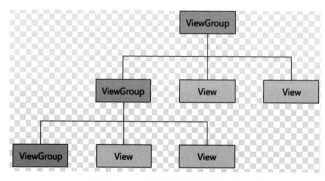

图 5.15　布局和控件的关系

接下来对 Android 系统中 4 种最基本的布局进行介绍。首先创建一个项目 UILayoutDemo,使用 Android Studio 自动生成的 MainActivity 和 activity_main.xml 布局文件。

5.2.1　线性布局

LinearLayout 又称为线性布局,是一种很常用的布局。正如它的名称描述的那样,这个布局会将所包含的控件在线性方向(垂直或水平方向)上依次排列。前面章节的布局文件中使用的基本上都是 LinearLayout 布局方式,所有控件都是在垂直(vertical)方向上线性排列的。线性排列可以在垂直方向上(从上到下)依次排列,也可以在水平方向上(从左到右)依次排列。前面所用的布局文件使用的 LinearLayout 之所以在垂直方向上依次排列,是因为在定义 LinearLayout 时,其 android:orientation 属性的值是 vertical,如果该属性的值是 horizontal,那么控件就会在水平方向上依次排列了。

下面通过实例理解 LinearLayout,修改 activity_main.xml 布局文件,代码如下:

```
<?xml version="1.0" encoding="utf-8"?>
<LinearLayout xmlns:android="http://schemas.android.com/apk/res/android"
    android:orientation="vertical"
    android:layout_width="match_parent"
    android:layout_height="match_parent">

    <TextView
        android:id="@+id/tvSearchHint"
        android:layout_width="wrap_content"
        android:layout_height="wrap_content"
        android:text="请输入学号: "/>
    <EditText
        android:id="@+id/etSearchContent"
        android:layout_width="wrap_content"
        android:layout_height="wrap_content"
        android:maxLength="10"
        android:digits="0123456789"/>
    <Button
        android:id="@+id/btnSearch"
        android:layout_width="wrap_content"
        android:layout_height="wrap_content"
        android:text="搜索" />
</LinearLayout>
```

在上述布局文件的 LinearLayout 中添加了如下几个控件: TextView、EditText 和 Button,指定了 LinearLayout 的排列方向是 vertical,每个控件的长度和宽度都是 wrap_content。运行程序,结果如图 5.16 所示。

然后,修改布局文件中 LinearLayout 的排列方向为水平方向,代码如下:

```xml
<?xml version="1.0" encoding="utf-8"?>
<LinearLayout xmlns:android="http://schemas.android.com/apk/res/android"
    android:orientation="horizontal"
    android:layout_width="match_parent"
    android:layout_height="match_parent">
    ...
</LinearLayout>
```

将 LinearLayout 的 android:orientation 属性的值改为 horizontal,这就意味着要让 LinearLayout 中包含的控件在水平方向上依次排列。该值(horizontal)也是 android: orientation 属性的默认值。

重新运行程序,结果如图 5.17 所示。

图 5.16　LinearLayout 运行结果
（方向为 vertical）

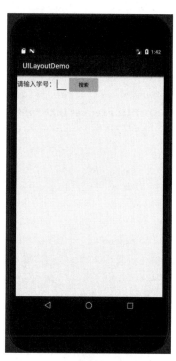

图 5.17　LinearLayout 运行结果
（方向为 horizontal）

需要注意的是,如果 LinearLayout 的排列方向是 horizontal,内部的控件就不能将 layout_width 属性设置为 match_parent,单独一个控件就将整个水平方向完全占据了,其他控件没有可放置的空间。同理,如果 LinearLayout 的排列方向是 vertical,该布局中的控件就不能将 layout_height 指定为 match_parent。

下面讨论 android:layout_gravity 属性。这个属性是针对控件本身而言,用来设置该控件在包含该控件的父控件中的位置。同样,当在 Button 按钮控件中设置 android: layout_gravity="left"属性时,表示该 Button 按钮将位于父控件(或布局)的左部。这两个属性可选的值有: top、bottom、left、right、center_vertical、fill_vertical、center_ horizontal、fill_horizontal、center、fill、clip_vertical。一个属性可以包含多个值，多个值之间用"|"分开。

需要注意的是，要区分 android:gravity 属性和 android:layout_gravity 属性。这两个属性看起来有些相似，二者有什么区别呢？从名称可以看出，android:gravity 属性指定了义字在控件中的对齐方式，而 android:layout_gravity 属性则指定了控件在布局中的对齐方式。android:layout_gravity 属性的可选值和 android:gravity 属性差不多，但需要注意的是，当 LinearLayout 的排列方向是 horizontal 时，只有在垂直方向（vertical）上的对齐方式会生效，因为此时水平方向上的长度是不确定的，每添加一个控件，水平方向上的长度都会改变，因而无法指定该方向上的对齐方式。同理，当 LinearLayout 的排列方向是 vertical 时，只有水平方向上的对齐方式会生效。

修改 activity_main.xml 布局文件的代码如下：

```
<?xml version="1.0" encoding="utf-8"?>
<LinearLayout xmlns:android="http://schemas.android.com/apk/res/android"
  android:orientation="horizontal"
  android:layout_width="match_parent"
  android:layout_height="match_parent">
    <TextView
      android:id="@+id/tvSearchHint"
      android:layout_width="wrap_content"
      android:layout_height="wrap_content"
      android:layout_gravity="top"
      android:textSize="18sp"
      android:text="请输入学号: "/>
    <EditText
      android:id="@+id/etSearchContent"
      android:layout_width="wrap_content"
      android:layout_height="wrap_content"
      android:layout_gravity="center_vertical"
      android:maxLength="50"
      android:digits="0123456789" />
    <Button
      android:id="@+id/btnSearch"
      android:layout_width="wrap_content"
      android:layout_height="wrap_content"
      android:layout_gravity="bottom"
      android:text="搜索" />
</LinearLayout>
```

由于目前 LinearLayout 的排列方向是 Horizontal，因此只能指定控件在垂直方向上的排列方式，将第一个控件（TextView）的对齐方式指定为 top，将第二个控件（EditText）的对齐方式指定为 center_vertical，将第三个控件（Button）的对齐方式指定为 bottom。

修改后重新运行程序，结果如图 5.18 所示。

图 5.18 LinearLayout 运行结果(指定了 layout_gravity)

5.2.2 相对布局

RelativeLayout(相对布局)是一种比较常用的布局。与 LinearLayout 的排列规则不同,RelativeLayout 显得更加随意一些,该布局允许通过相对定位的方式使控件出现在屏幕的任何位置。正因为如此,RelativeLayout 布局中的属性很多,不过这些属性都是有规律的。

修改 activity_main.xml 布局文件,代码如下:

```xml
<?xml version="1.0" encoding="utf-8"?>
<RelativeLayout xmlns:android=
            "http://schemas.android.com/apk/res/android"
    android:layout_width="match_parent"
    android:layout_height="match_parent">
    <TextView
        android:id="@+id/tvLeftTop"
        android:layout_width="wrap_content"
        android:layout_height="wrap_content"
        android:layout_alignParentLeft="true"
        android:layout_alignParentTop="true"
        android:textSize="18sp"
        android:text="左上角" />
    <TextView
```

```
        android:id="@+id/tvRightTop"
        android:layout_width="wrap_content"
        android:layout_height="wrap_content"
        android:layout_alignParentRight="true"
        android:layout_alignParentTop  ="true"
        android:textSize="18sp"
        android:text="右上角" />
    <Button
        android:id="@+id/btnCenter"
        android:layout_width="wrap_content"
        android:layout_height="wrap_content"
        android:layout_centerInParent="true"
        android:text="居中" />
    <TextView
        android:id="@+id/tvLeftBottom"
        android:layout_width="wrap_content"
        android:layout_height="wrap_content"
        android:layout_alignParentLeft="true"
        android:layout_alignParentBottom="true"
        android:textSize="18sp"
        android:text="左下角" />
    <TextView
        android:id="@+id/tvRightBottom"
        android:layout_width="wrap_content"
        android:layout_height="wrap_content"
        android:layout_alignParentRight="true"
        android:layout_alignParentBottom="true"
        android:textSize="18sp"
        android:text="右下角" />
</RelativeLayout>
```

虽然 RelativeLayout 中包含的控件,其属性的种类看上去很多,但通过这些属性的名称能很直观地看出其意义。第一个控件(TextView)和父控件(RelativeLayout 布局)的左上角对齐,第二个控件(TextView)和 RelativeLayout 布局的右上角对齐,第三个控件(Button)居中,第四个控件(TextView)和 RelativeLayout 布局的左下角对齐,第五个控件(TextView)和 RelativeLayout 布局的右下角对齐。

重新运行程序,结果如图 5.19 所示。

上面的例子是设置每个控件相对于父控件(即 RelativeLayout 布局)的位置进行定位的,其实,也可以设置控件和控件之间的相对位置进行定位。修改 activity_main.xml 布局文件,代码如下:

```
<?xml version="1.0" encoding="utf-8"?>
<RelativeLayout xmlns:android=
        "http://schemas.android.com/apk/res/android"
```

图 5.19　相对于 RelativeLayout 定位的运行结果

```
android:layout_width="match_parent"
android:layout_height="match_parent">
<Button
    android:id="@+id/btnCenter"
    android:layout_width="wrap_content"
    android:layout_height="wrap_content"
    android:layout_centerInParent="true"
    android:text="居中" />
<TextView
    android:id="@+id/tvLeftTop"
    android:layout_width="wrap_content"
    android:layout_height="wrap_content"
    android:layout_above="@id/btnCenter"
    android:layout_toLeftOf="@id/btnCenter"
    android:textSize="18sp"
    android:text="左上" />
<TextView
    android:id="@+id/tvRightTop"
    android:layout_width="wrap_content"
    android:layout_height="wrap_content"
    android:layout_above="@id/btnCenter"
    android:layout_toRightOf="@id/btnCenter"
```

```
                android:textSize="18sp"
                android:text="右上" />
        <TextView
                android:id="@+id/tvLeftBottom"
                android:layout_width="wrap_content"
                android:layout_height="wrap_content"
                android:layout_below="@id/btnCenter"
                android:layout_toLeftOf ="@id/btnCenter"
                android:textSize="18sp"
                android:text="左下" />
        <TextView
                android:id="@+id/tvRightBottom"
                android:layout_width="wrap_content"
                android:layout_height="wrap_content"
                android:layout_below="@id/btnCenter"
                android:layout_toRightOf="@id/btnCenter"
                android:textSize="18sp"
                android:text="右下" />
</RelativeLayout>
```

在上述布局代码中,android:layout_above 属性可以使一个控件位于另一个指定控件的上方,这个属性的值是相对控件(后者)的 id,上述例子中采用的 id 值是 @id/btnCenter,表示让当前控件位于 @id/btnCenter 控件的上方。与 android:layout_above 属性相对的是 android:layout_below 属性,表示当前控件位于该属性值指定控件的下方。

RelativeLayout 布局中还有另外一组相对于其他控件定位当前控件的属性,android:layout_alignLeft 表示让当前控件的左边缘和指定 id 控件的左边缘对齐, android:layout_alignRight 表示让当前控件的右边缘和指定 id 控件的右边缘对齐。此外,还有 android:layout_ alignTop 和 android:layout_alignBottom 属性,它们和前面两个属性类似。

重新运行程序,结果如图 5.20 所示。

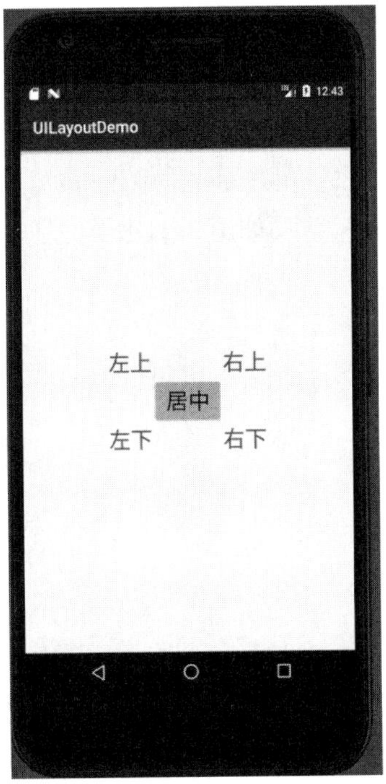

图 5.20　相对于控件定位的运行
结果(**RelativeLayout**)

5.2.3　帧布局

帧布局,即 FrameLayout。与前两种布局相比,FrameLayout 更简单,其应用也没有前两种布局广泛。FrameLayout 直接在屏幕上开辟出了一块空白区域,当在 FrameLayout 中添加控件时,所有控件都会放置于这块区域的左上角,而 FrameLayout 的大小则由该布局包含的控件中最大的控件决定,如果所有控件的大小都一样,那么同一时刻用户只能看到最上面的组件。当然，也可以为控件添加 layout_gravity 属性，从而设定控件的对齐方式。FrameLayout 经常应用在游戏开发中，用于显示自定义的视图，达到分层的效果。

修改 activity_main.xml 布局文件，代码如下：

```xml
<?xml version="1.0" encoding="utf-8"?>
<FrameLayout xmlns:android="http://schemas.android.com/apk/res/android"
    android:layout_width="match_parent"
    android:layout_height="match_parent">
    <TextView
        android:id="@+id/tvHello"
        android:layout_width="wrap_content"
        android:layout_height="wrap_content"
        android:text="中国特色社会主义道路自信、理论自信、制度自信、文化自信" />
    <ImageView
        android:id="@+id/ivImage"
        android:layout_width="wrap_content"
        android:layout_height="wrap_content"
        android:src="@drawable/china_dream" />
</FrameLayout>
```

FrameLayout 中仅添加了一个 TextView 控件和一个 ImageView 控件。重新运行程序，结果如图 5.21 所示。

图 5.21　FrameLayout 布局运行结果

　　可以看出，TextView 和 ImageView 都在屏幕的左上角，由于 ImageView 是在 TextView 之后添加到 FrameLayout 中的，因此图片位于文本的上面，遮挡了部分文字。

　　除上述默认的效果之外，还可以使用 layout_gravity 属性指定控件在 FrameLayout 中的对齐方式，这和 LinearLayout 中属性的用法类似。修改 activity_main.xml 布局文件，代码如下：

```xml
<?xml version="1.0" encoding="utf-8"?>
<FrameLayout xmlns:android="http://schemas.android.com/apk/res/android"
    android:layout_width="match_parent"
    android:layout_height="match_parent">
    <TextView
        android:id="@+id/tvHello"
        android:layout_width="wrap_content"
        android:layout_height="wrap_content"
        android:layout_gravity="left"
        android:text="当前布局:帧布局"  />
    <ImageView
        android:id="@+id/ivImage"
        android:layout_width="wrap_content"
        android:layout_height="wrap_content"
        android:layout_gravity="right"
        android:src="@drawable/" />
</FrameLayout>
```

　　在上述布局代码中，把 TextView 控件在 FrameLayout 中设置为左对齐，把 ImageView 控件在 FrameLayout 中设置为右对齐。重新运行该程序，结果如图 5.22 所示。

图 5.22　FrameLayout 布局运行结果（指定 layout_gravity 属性）

5.2.4 百分比布局

前面讨论的各种布局中,控件的宽度主要使用属性 match_parent 或 wrap_content,如果想实现让两个 Button 控件平均分配布局宽度的效果,就不太容易实现了。

为了解决类似问题,Android 引入了一种布局方式:百分比布局。在这种布局中,可以不再使用 match_parent、wrap_content 等方式指定控件的大小,而是允许直接指定控件在布局中所占的百分比。

百分比布局库中提供了两种布局可以设置百分比:PercentRelativeLayout、PercentFrameLayout,为什么没有 LinearLayout 呢?因为 LinearLayout 可以根据 weightSum 和 layout_weight 这两个属性对 child 进行很方便的布局适配。这两个百分比布局都有以下 9 个布局属性,值都是用百分比表示宽度、高度、margin,使用时父布局为百分比布局,布局中的控件才可以使用以下 9 个布局属性。

- app:layout_heightPercent
- app:layout_widthPercent
- app:layout_marginPercent
- app:layout_marginTopPercent
- app:layout_marginBottomPercent
- app:layout_marginLeftPercent
- app:layout_marginRightPercent
- app:layout_marginStartPercent
- app:layout_marginEndPercent

其实,PercentRelativeLayout 和 PercentFrameLayout 就是多了 9 个布局属性的 RelativeLayout 和 FrameLayout,用法和这两个布局完全一样,不过,只有父布局是百分比布局(PercentRelativeLayout 和 PercentFrameLayout)时,布局中的控件才能使用百分比布局属性进行布局,否则无效。

5.2.5 表格布局

表格布局(TableLayout)继承了 LinearLayout,其本质是线性布局管理器。表格布局采用行和列的形式管理其中的控件,但是并不需要提前声明有多少行和多少列(与 HTML 中的 <table> 标签类似),只添加 TableRow 和控件就可以控制整个表格布局的行数和列数,这一点与后面要讲的网格布局(GridLayout)有所不同,后者需要指定行数和列数。

TableLayout 以行和列的形式管理控件,每行为一个 TableRow 对象,也可以为一个 View 对象,当为 View 对象时,该 View 对象将占据该行所在的所有列。在 TableRow 中可添加控件,每添加一个控件即为一列。

在 TableLayout 布局中,不会为每一行、每一列或每个单元格绘制边框,每一行可以有 0 或多个单元格,每个单元格为一个 View 对象。TableLayout 中可以有空的单元格,单元格也可以像 HTML 的单元格那样跨越多个列(在 HTML 中,<td> 表示单元格,其

colspan 属性用来指定该单元格占据的列数）。在 TableLayout 布局中，一个列的宽度由该列中最宽的单元格决定，而表格的宽度则由父容器指定。

在 TableLayout 布局中，可以为列设置以下 3 种属性。

- Shinkable：如果一个列被标识为 Shinkable，则该列的宽度可以收缩，以使表格能够适应其父容器的大小。
- Stretchable：如果一个列被标识为 Stretchable，则该列的宽度可以拉伸，以便填满表格中未被占据的空间。
- Collapsed：如果一个列被标识为 Collapsed，则该列将会被隐藏。

如果一个列同时具有 Shinkable 和 Stretchable 属性，则该列的宽度将任意拉伸或收缩，以适应父容器的大小。

5.2.6 网格布局

GridLayout（网格布局）是 Android 在 4.0 版本以后推出的一个新的布局方式。GridLayout 使用虚细线将布局划分为行、列和单元格，也支持一个控件在行、列上都有交错排列。在 GridLayout 中可以自己设置布局中组件的排列方式，可以自定义网格布局的行数和列数，可以直接设置组件位于某行某列，可以设置组件跨几行或者几列。注意：如果需要兼容 4.0 之前的版本，就需要使用 v7 包中的 GridLayout。

GridLayout 使用的其实是与 LinearLayout 类似的 API，只不过修改了相关的标签而已，因此，对于开发者来说，掌握 GridLayout 还是比较容易的。通常，可以将 GridLayout 的布局策略简单分为以下 3 个部分。

（1）GridLayout 与 LinearLayout 一样，也分为水平和垂直两种方式，默认是水平布局，一个控件挨着一个控件从左到右依次排列，但是通过指定 android:columnCount 属性设置控件的列数之后，控件会自动换行进行排列。另一方面，对于 GridLayout 中的子控件，默认按照 wrap_content 的方式设置其显示，只在 GridLayout 中进行显式声明即可。

（2）若要指定某控件显示在固定的行或列，只设置该子控件的 android:layout_row 和 android:layout_column 属性即可。需要注意的是，android:layout_row 的值为 0，表示从第 1 行开始，android:layout_column 的值为 0，表示从第 1 列开始，这和大多数编程语言中一维数组的下标类似。

（3）如果需要设置某控件跨越多行或者多列，先设置该控件的 android:layout_rowSpan 属性或者 android:layout_columnSpan 属性，再设置其 layout_gravity 属性为 fill 即可。前一个设置表示该控件跨越的行数或列数，后一个设置表示该控件填满所跨越的整行或整列。

修改 activity_main.xml 布局文件，代码如下：

```
<?xml version="1.0" encoding="utf-8"?>
<GridLayout xmlns:android="http://schemas.android.com/apk/res/android"
    android:layout_width="wrap_content"
    android:layout_height="wrap_content"
    android:layout_gravity="center"
    android:layout_marginTop="16dp"
```

```
    android:columnCount="4"
    android:orientation="horizontal"
    android:rowCount="6">
<TextView
    android:id="@+id/tv_show"
    android:layout_columnSpan="4"
    android:layout_gravity="fill"
    android:layout_marginLeft="5dp"
    android:layout_marginRight="5dp"
    android:layout_marginTop="8dp"
    android:background="#EEEEE0"
    android:paddingLeft="8dp"
    android:text="0"
    android:gravity="right"
    android:textSize="50sp" />
<Button
    android:id="@+id/btn_back"
    android:text="返回" />
<Button
    android:id="@+id/btn_del"
    android:text="清空" />
<Button
    android:id="@+id/btn_divide"
    android:text="/" />
<Button
    android:id="@+id/btn_ride"
    android:text="X" />
<Button
    android:id="@+id/btn_cal_7"
    android:text="7" />
<Button
    android:id="@+id/btn_cal_8"
    android:text="8" />
<Button
    android:id="@+id/btn_cal_9"
    android:text="9" />
<Button
    android:id="@+id/btn_reduce"
    android:text="-" />
<Button
    android:id="@+id/btn_cal_4"
    android:text="4" />
<Button
    android:id="@+id/btn_cal_5"
    android:text="5" />
<Button
    android:id="@+id/btn_cal_6"
    android:text="6" />
<Button
```

```
        android:id="@+id/btn_plus"
        android:text="+" />
    <Button
        android:id="@+id/btn_cal_1"
        android:text="1" />
    <Button
        android:id="@+id/btn_cal_2"
        android:text="2" />
    <Button
        android:id="@+id/btn_cal_3"
        android:text="3" />
    <Button
        android:id="@+id/btn_spot"
        android:text="." />
    <Button
        android:id="@+id/btn_cal_0"
        android:layout_columnSpan="2"
        android:layout_gravity="fill"
        android:text="0" />
    <Button
        android:id="@+id/btn_equal"
        android:layout_columnSpan="2"
        android:layout_gravity="fill"
        android:text="=" />
</GridLayout>
```

重新运行程序,结果如图 5.23 所示。

图 5.23　GridLayout 布局运行结果

5.3　ListView

在很多 App 中,大家可以看到不少列表类的界面,如新闻列表界面、微信通信录界面等,这些界面大多都采用了 ListView 控件。ListView 控件可以说是 Android App 中最常用的控件之一。由于手机屏幕空间比较有限,能够在手机屏幕上显示的信息内容不多,当程序中有大量的信息需要展示时,就可以使用 ListView 控件实现。该控件允许用户通过上下滑动的方式将屏幕之外的数据滚动到屏幕内,同时屏幕上原有的数据会滚动到屏幕之外。同时,ListView 也是 Android App 开发中较难学习和使用的控件之一。本节将阐述 ListView 控件及其使用方法。

5.3.1　ListView 的简单用法

首先新建一个 Android 项目 ListViewDemo,并让 Android Studio 自动创建 MainActivity 以及对应的布局文件 activity_main.xml。修改布局文件的代码如下:

```xml
<?xml version="1.0" encoding="utf-8"?>
<LinearLayout xmlns:android="http://schemas.android.com/apk/res/android"
    android:orientation="vertical"
    android:layout_width="match_parent"
    android:layout_height="match_parent">
    <TextView
        android:id="@+id/tvTitle"
        android:layout_width="match_parent"
        android:layout_height="wrap_content"
        android:layout_gravity="center"
        android:textSize="27sp"
        android:text="大国重器"/>
    <ListView
        android:id="@+id/lvList"
        android:layout_width="match_parent"
        android:layout_height="match_parent"/>
</LinearLayout>
```

可以看出,在布局中添加 ListView 控件比较简单,首先为 ListView 控件指定一个 id,然后将宽度和高度都设置为 match_parent,这样 ListView 控件也就占据了整个布局的空间。

然后,修改 MainActivity 类的代码,如下所示。

```java
public class MainActivity extends AppCompatActivity {
    private String[] names={"天宫", "蛟龙", "天眼", "悟空",
                            "墨子号", "大飞机", "中国桥梁",
                            "中国高铁", "中国港口", "航空母舰",
                            "歼 20", "歼 15", "东风导弹"};
    private ListView listView;
```

```
@Override
protected void onCreate(Bundle savedInstanceState) {
    super.onCreate(savedInstanceState);
    this.setContentView(R.layout.activity_main);
    ArrayAdapter<String>adapter=new ArrayAdapter<String>
    (this, android.R.layout.simple_list_item_1, this.names);
    this.listView=findViewById(R.id.lvList);
    this.listView.setAdapter(adapter);
    }
}
```

由于 ListView 是用来展示大量数据的,因此首先需要存储这些数据。这些数据可以是从 Internet 上下载的,也可以是从本地数据库读取的,这需要根据应用程序的具体情况而定。这里为了说明 ListView 的简单实用方法,直接使用了一个 String 数组,该数组包含我国在社会主义新时代下取得的一些有代表性的成就,可称之为"大国重器"。

但是,ListView 无法直接使用数组中包含的数据,还需要一个完成数据适配的中介——适配器(Adapter)。Android 提供了很多 Adapter 的实现类,其中最直观、使用最方便的是 ArrayAdapter。ArrayAdapter 可以通过泛型(泛型的标志是一对尖括号:<>)指定要适配的数据类型(该数据类型出现在一对尖括号中),然后在构造方法中将需要适配的数据作为参数接收这些数据。ArrayAdapter 类提供了多个重载的构造方法,使用时可以根据实际情况从中选择最合适的一个构造方法。在 MainActivity 类中,由于已经有一个 String 数组,因此在创建 ArrayAdapter 对象时,将泛型类型指定为 String,然后在调用 ArrayAdapter 类的构造方法时,使用了 3 个参数: Context 对象(使用 MainActivity 类的当前对象 this)、ListView 中每个条目布局的 id、包含

图 5.24　ListView 运行结果

要适配数据的容器。可能令初学者感到困惑的是其中第 2 个参数,因为在 activity_main.xml 布局文件中并没有定义该 id。android.R.layout.simple_list_item_1 作为 ListView 中每个条目布局的 id,它是一个 Android 系统内置的布局文件的 id(其实,通过该 id 的名称可以看出,它以 android 开头,开发人员自己定义的资源均以 R 开头),每个条目中只包含一个 TextView 控件,可用于显示一段文本内容,这也是 Android 系统内置的最简单的 ListView 条目的布局 id。通过上述构造方法的调用,就创建了一个 ArrayAdapter 适配器对象。

最后,还需要调用 ListView 控件的 setAdapter()方法,把刚创建好的 ArrayAdapter 适配器对象作为参数调用该方法,这样就建立了 ListView 控件和 String 数组中数据之间的关联。

运行程序,结果如图 5.24 所示,可以通过滚动的方式查看屏幕外的数据。

5.3.2　定制 ListView 的界面

5.3.1 节中的 ListView 包含的每个条目只能显示一段文本,看上去还是太弱了。现在对 ListView 进行定制,以使它包含的每个条目除显示一段文本之外,还可以显示一个图片。

首先需要准备一组图片,分别对应上述的大国重器,然后添加到项目中。定制 ListView 界面的目的是在每种"大国重器"的名称后显示一个小图片。

之后需要定义一个类,作为 ListView 使用的适配器类中泛型的类型。新建 GreatPowerPillar 类,其代码如下:

```
public class GreatPowerPillar {
    public GreatPowerPillar(String name, int imageId) {
        this.name=name;
        this.imageId=imageId;
    }
    public String getName() {
        return this.name;
    }
    public int getImageId() {
        return this.imageId;
    }
    private String name;
    private int imageId;
}
```

类 GreatPowerPillar 非常简单,只包含 2 个成员变量,其中 name 表示大国重器的名称,imageId 表示该大国重器所对应图片的资源。

然后需要为 ListView 中的每个条目指定一个自定义的布局。在 res 的 layout 目录下新建一个布局文件 great_power_pillar_item.xml,代码如下:

```
<?xml version="1.0" encoding="utf-8"?>
<LinearLayout xmlns:android="http://schemas.android.com/apk/res/android"
    android:orientation="horizontal"
    android:layout_width="match_parent"
    android:layout_height="match_parent"
    android:layout_gravity="center"
    android:gravity="center_horizontal">
    <TextView
        android:id="@+id/tvName"
        android:layout_width="500px"
        android:layout_height="wrap_content"
        android:textSize="22sp"
        android:layout_gravity="left" />
```

```
<ImageView
    android:id="@+id/ivImage"
    android:layout_width="wrap_content"
    android:layout_height="wrap_content"
    android:layout_gravity="right"/>
</LinearLayout>
```

在 great_power_pillar_item.xml 布局文件中，采用了 LinearLayout，其中包含一个 TextView 控件，用于显示大国重器的名称，还有一个 ImageView 控件，用于显示"大国重器"的图片。

接下来需要创建一个自定义的适配器类，该类从 ArrayAdapter 类继承，并将使用的泛型类型指定为前面定义的 GreatPowerPillar 类。新建 GreatPowerPillarAdapter 类，其代码如下：

```
public class GreatPowerPillarAdapter
                extends ArrayAdapter<GreatPowerPillar>{
private int resourceId;
public GreatPowerPillarAdapter(Context context, int resourceId,
        List<GreatPowerPillar>greatPowerPillars) {
    super(context, resourceId, greatPowerPillars);
    this.resourceId=resourceId;
}

    @Override
public View getView(int position, @Nullable View convertView,
                @NonNull ViewGroup parent) {
        GreatPowerPillar greatPowerPillar=getItem(position);
        View view=LayoutInflater.from(this.getContext())
                .inflate(resourceId, parent, false);
        ImageView imageView=view.findViewById(R.id.ivImage);
        TextView tvName=view.findViewById(R.id.tvName);
        imageView.setImageResource(
                    greatPowerPillar.getImageId());
        tvName.setText(greatPowerPillar.getName());
        return view;
    }
}
```

类 GreatPowerPillarAdapter 重写了父类 ArrayAdapter 的一个构造方法，该构造方法接收了 3 个参数：上下文 Context、ListView 中条目布局的 id、ListView 使用的数据（采用 List<GreatPowerPillar>存储）。另外又重写了 getView()方法，这个方法在每个条目被滚动到屏幕内的时候会被 Android 系统调用。在 getView()方法中，首先通过 getItem()方法得到当前项的 GreatPowerPillar 对象，然后调用 LayoutInflater 类的相关方法为这个条目加载指定的布局（此处使用了 great_power_pillar_item.xml 布局文件中定义的布局）。之后，通过 view 对象调用其 findViewById()方法分别获取条目布局中包含的 TextView 和 ImageView 的实例,并分别调用其 setImageResource( )和 setText( )方法设置这两个控件的内容,最后将 view 返回。这样,自定义的 ListView 的适配器就全部完成了。

最后修改 MainActivity 的代码,如下所示。

```java
public class MainActivity extends AppCompatActivity {
    private ListView listView;
    private List<GreatPowerPillar>greatPowerPillarList=null;
    @Override
    protected void onCreate(Bundle savedInstanceState) {
        super.onCreate(savedInstanceState);
        this.setContentView(R.layout.activity_main);
        greatPowerPillarList=new ArrayList<GreatPowerPillar>();
        initGreatPowerPillars();
        GreatPowerPillarAdapter adapter=new
        GreatPowerPillarAdapter(this, R.layout.great_power_pillar_item,
            greatPowerPillarList);
        this.listView=findViewById(R.id.lvList);
        this.listView.setAdapter(adapter);
    }
    private void initGreatPowerPillars() {
        GreatPowerPillar tiangong=new GreatPowerPillar
                    ("天宫", R.drawable.tiangong_small);
        GreatPowerPillar jiaolong=new GreatPowerPillar
                    ("蛟龙", R.drawable.jiaolong_small );
        GreatPowerPillar tianyan=new GreatPowerPillar
                    ("天眼", R.drawable.tianyan_small);
        GreatPowerPillar wukong=new GreatPowerPillar
                    ("悟空", R.drawable.wukong_small);
        GreatPowerPillar mozihao=new GreatPowerPillar
                    ("墨子号", R.drawable.mozihao_small);
        GreatPowerPillar dafeiji=new GreatPowerPillar
                    ("大飞机", R.drawable.dafeiji_small);
        GreatPowerPillar qiaoliang=new GreatPowerPillar
                    ("中国桥梁", R.drawable.qiaoliang_small);
        GreatPowerPillar gaotie=new GreatPowerPillar
                    ("中国高铁", R.drawable.gaotie_small);
        GreatPowerPillar gangkou=new GreatPowerPillar
                    ("中国港口", R.drawable.gangkou_small);
        GreatPowerPillar hangmu=new GreatPowerPillar
                    ("航空母舰", R.drawable.hangmu_small);
        this.greatPowerPillarList.add(tiangong);
        this.greatPowerPillarList.add(jiaolong);
        this.greatPowerPillarList.add(tianyan);
```

```
        this.greatPowerPillarList.add(wukong);
        this.greatPowerPillarList.add(mozihao);
        this.greatPowerPillarList.add(dafeiji);
        this.greatPowerPillarList.add(qiaoliang);
        this.greatPowerPillarList.add(gaotie);
        this.greatPowerPillarList.add(gangkou);
        this.greatPowerPillarList.add(hangmu);
    }
}
```

可以看出,在类 MainActivity 中定义了一个 initGreatPowerPillars()方法,该方法用于初始化适配器需要的数据。调用 GreatPowerPillar 类的构造方法时,将"大国重器"的名称和相应的图片 id 作为参数,然后把创建好的 GreatPowerPillar 对象添加到 greatPowerPillarList 集合中。接着在类 MainActivity 的 onCreate()方法中创建 GreatPowerPillarAdapter 对象,并将该对象设置为 ListView 控件的指定适配器,这样定制 ListView 界面的任务就圆满完成了。

运行程序,结果如图 5.25 所示。

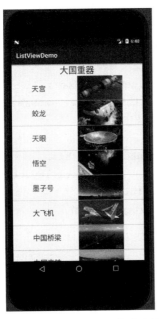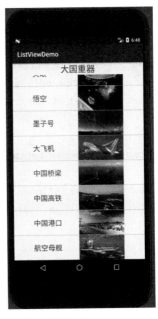

图 5.25　自定义的 ListView 运行结果

虽然上述界面仍然比较简单,但是可以看出,如果想实现新的、更复杂条目的 ListView 控件,只修改条目对应的布局文件即可(上述程序中使用的是 great_power_pillar_item.xml 布局文件)。

5.3.3　ListView 的单击事件处理

ListView 的滚动满足了用户视觉上的需求,如果 ListView 中的条目不能单击,那这个控件也就没什么实际用途了。本小节主要学习如何处理 ListView 控件的用户单击事件。

修改 MainActivity 的 onCreate( )方法,代码如下:

```
@Override
protected void onCreate(Bundle savedInstanceState) {
    super.onCreate(savedInstanceState);
    this.setContentView(R.layout.activity_main);
    greatPowerPillarList=new ArrayList<GreatPowerPillar>();
    initGreatPowerPillars();
    GreatPowerPillarAdapter adapter=new
            GreatPowerPillarAdapter(this,
                R.layout.great_power_pillar_item,
                greatPowerPillarList);
    this.listView=findViewById(R.id.lvList);
    this.listView.setAdapter(adapter);
    this.listView.setOnItemClickListener(new
        AdapterView.OnItemClickListener() {
        @Override
        public void onItemClick(AdapterView<?>parent,
                View view, int position, long id) {
            GreatPowerPillar pillar=
                greatPowerPillarList.get(position);
            Toast.makeText(MainActivity.this, pillar.getName(),
                        Toast.LENGTH_SHORT)
                .show();
            Intent intent=new Intent(MainActivity.this,
                                    PillarActivity.class);
            intent.putExtra("index", position);
            MainActivity.this.startActivity(intent);
        }
    });
}
```

可以看出,使用 setOnItemClickListener( )方法为 ListView 控件注册了一个单击事件处理的监听器。当用户单击 ListView 中的任何一个条目时,Android 系统会回调监听器中的 onItemClick( )方法。在这个方法中可以通过 position 参数的值判断用户单击的是哪个条目,然后获取到相应的 GreatPowerPillar 对象,并通过 Toast 将"大国重器"的名字显示出来。最后,通过设置 Intent 对象,从 MainActivity 跳转到 PillarActivity,后者将会显示该"大国重器"的详细信息。

首先修改实体类 GreatPowerPillar 的定义,添加表示"大国重器"详细信息的成员变量 detail,并为该成员变量添加相应的 get( )和 set( )方法,代码如下:

```
package cn.edu.buu.listviewdemo;
```

```java
public class GreatPowerPillar {
    public GreatPowerPillar(String name, int imageId) {
        this.name=name;
        this.imageId=imageId;
    }
    public GreatPowerPillar(String name, int imageId, String detail) {
        this(name, imageId);
        this.detail=detail;
    }
    public String getName() {
        return this.name;
    }
    public int getImageId() {
        return this.imageId;
    }
    public String getDetail() {
        return detail;
    }
    public void setDetail(String detail) {
        this.detail=detail;
    }
    private String name;
    private int imageId;
    private String detail;
}
```

为 PillarActivity 添加布局文件 activity_pillar.xml,其内容如下:

```xml
<?xml version="1.0" encoding="utf-8"?>
<LinearLayout xmlns:android="http://schemas.android.com/apk/res/android"
    android:orientation="vertical"
    android:layout_width="match_parent"
    android:layout_height="match_parent">
    <TextView
        android:id="@+id/tvName"
        android:layout_width="match_parent"
        android:layout_height="wrap_content"
        android:textSize="36sp"
        android:gravity="center" />
    <ImageView
        android:id="@+id/ivImage"
        android:layout_width="wrap_content"
        android:layout_height="wrap_content"
        android:layout_gravity="right"/>
    <TextView
```

```
            android:id="@+id/tvDetails"
            android:layout_width="match_parent"
            android:layout_height="wrap_content"
            android:textSize="22sp"
            android:layout_gravity="center" />
    </LinearLayout>
```

在上述布局文件中,添加了两个 TextView 控件和一个 ImageView 控件。第一个 TextView 控件用于显示"大国重器"的名称,ImageView 控件用于显示"大国重器"的大图,第二个 TextView 控件用于显示"大国重器"的详细信息。

之后再添加一个 Empty Activity,命名为 PillarActivity,其代码如下:

```
public class PillarActivity extends AppCompatActivity {
private List<GreatPowerPillar>greatPowerPillarList=
new ArrayList<GreatPowerPillar>();
private TextView tvName;
private ImageView ivPicture;
private TextView tvDetail;
    @Override
protected void onCreate(Bundle savedInstanceState) {
        initData();
        super.onCreate(savedInstanceState);
        setContentView(R.layout.activity_pillar);
        Intent intent=this.getIntent();
        int index=intent.getIntExtra("index", 0);
        this.tvName=this.findViewById(R.id.tvName);
        this.ivPicture=this.findViewById(R.id.ivImage);
        this.tvDetail=this.findViewById(R.id.tvDetails);
        GreatPowerPillar pillar=greatPowerPillarList.get(index);
        this.tvName.setText(pillar.getName());
        this.ivPicture.setImageResource(pillar.getImageId());
        this.tvDetail.setText(pillar.getDetail());
    }
private void initData() {
        GreatPowerPillar tiangong=new GreatPowerPillar
                ("天宫", R.drawable.tiangong_big);
        tiangong.setDetail("天宫家族有两位成员:天宫一号和天宫二号。"
          +"2016 年 3 月,天宫一号功成身退。6 个月后,天宫二号升上太空,"
          +"目前已经接待了两批访客——神州十一号载人飞船和天舟一号货运飞船,"
          +"为将来建设中国空间站奠定了基础。");
        GreatPowerPillar jiaolong=new GreatPowerPillar
                ("蛟龙", R.drawable.jiaolong_big);
        jiaolong.setDetail(""蛟龙号"是我国自行设计、自主集成研制的载人潜水器,下潜
        最大深度"
```

```
    +"达到 7062 米。蛟龙号可在占世界海洋面积 99.8%的广阔海域中使用,对于我国开发
    利用深海的资源有着重要的意义。");
    GreatPowerPillar tianyan=new GreatPowerPillar
            ("天眼", R.drawable.tianyan_big);
    tianyan.setDetail("中国天眼——500 米口径球面射电望远镜(FAST),是世界上最
    大的单口径巨型射电望远镜。FAST 尺寸规模世界居首,能够接收到 137 亿光年以外的
    电磁信号,并在未来 20~30 年保持国际一流设备的地位。");
    GreatPowerPillar wukong=new GreatPowerPillar
            ("悟空", R.drawable.wukong_big);
    GreatPowerPillar mozihao=new GreatPowerPillar
            ("墨子号", R.drawable.mozihao_big);
    GreatPowerPillar dafeiji=new GreatPowerPillar
            ("大飞机", R.drawable.dafeiji_big);
    GreatPowerPillar qiaoliang=new GreatPowerPillar
            ("中国桥梁", R.drawable.qiaoliang_big);
    GreatPowerPillar gaotie=new GreatPowerPillar
            ("中国高铁", R.drawable.gaotie_big);
    GreatPowerPillar gangkou=new GreatPowerPillar
            ("中国港口", R.drawable.gangkou_big);
    GreatPowerPillar hangmu=new GreatPowerPillar
            ("航空母舰", R.drawable.hangmu_big);
    //省略了部分大国重器的详细信息的设置
    this.greatPowerPillarList.add(tiangong);
    this.greatPowerPillarList.add(jiaolong);
    this.greatPowerPillarList.add(tianyan);
    this.greatPowerPillarList.add(wukong);
    this.greatPowerPillarList.add(mozihao);
    this.greatPowerPillarList.add(dafeiji);
    this.greatPowerPillarList.add(qiaoliang);
    this.greatPowerPillarList.add(gaotie);
    this.greatPowerPillarList.add(gangkou);
    }
}
```

在类 PillarActivity 中定义了和在 activity_pillar.xml 布局文件中添加的 3 个控件对应的成员变量,另外还定义了一个用于存储大国重器相关信息的集合类对象 greatPowerPillarList。

在 PillarActivity 类的 onCreate()方法中,首先通过 findViewById()方法把成员变量和在布局文件中添加的 3 个控件进行关联,之后通过调用 getIntent()方法获得跳转到当前 Activity(即 PillarActivity)的 Intent 实例,并调用该 Intent 实例的 getIntExtra()方法获得用户单击的大国重器所在的位置(从 0 开始),该值在 MainActivity 类的 ListView 绑定的事件监听器的 onItemClick()方法中设置并传递给 PillarActivity,设置代码为

```
    intent.putExtra("index", position);
```

由于 position 变量的类型是 int,因此在 PillarActivity 类的方法中,在获得 Intent 的实例之后,通过该实例调用 getIntExtra()方法获得传递的 int 的值。使用该 int 值作为下标,即可在 greatPowerPillarList 中通过 get()方法获得用户单击的"大国重器"的 PillarActivity 对象。之后通过该对象调用其 get()方法获得 3 个成员变量的值,分别设置给对应的控件,PillarAcitvity 的工作就顺利完成了。

该程序的运行结果如图 5.26 所示。

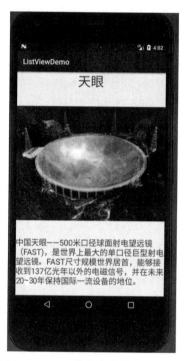

图 5.26　ListView 单击事件的处理运行结果

5.4　网上书城客户端 App 的 UI 与布局

学习完基本的布局与 UI 控件之后,可以开始网上书城界面的开发了。本节会详细讲解两个界面布局文件,其中主界面的布局相对比较复杂,包括了轮播图、列表、侧滑栏等内容,通过这两个布局的学习,我们能基本掌握本案例客户端 App 的界面开发。

5.4.1　首页界面的布局

打开应用程序,看首页的内容。首页包含一个左边的侧滑栏,侧滑栏可以选用侧滑菜单 DrawerLayout。打开 bookstore 里的 activity_main.xml,修改代码如下:

```xml
<?xml version="1.0" encoding="utf-8"?>
<android.support.v4.widget.DrawerLayout
    xmlns:android="http://schemas.android.com/apk/res/android"
```

```
android:id="@+id/layout_drawer"
xmlns:tools="http://schemas.android.com/tools"
android:layout_width="match_parent"
android:layout_height="match_parent"
tools:context="buu.bookstore.android.MainActivity">
    <RelativeLayout
        android:id="@+id/main_layout"
        android:background="@color/colorPrimary"
        android:layout_width="match_parent"
        android:layout_height="match_parent">
    </RelativeLayout>
    <!--左侧滑动栏 -->
    <LinearLayout
        android:id="@+id/layout_left_drawer"
        android:layout_width="300dp"
        android:layout_height="match_parent"
        android:layout_gravity="start"
        android:orientation="vertical"
        android:background="@color/colorWhite">
    </LinearLayout>
</android.support.v4.widget.DrawerLayout>
```

在 DrawerLayout 中添加了 RelativeLayout 和 LinearLayout 两个布局,在 LinearLayout 中添加的一个属性 android:layout_gravity="start",用于设置 LinearLayout 为左侧滑动栏,如果将 start 改为 end,则为右侧滑动栏。侧滑栏的布局要放到主界面布局的下面,例如这里将 LinearLayout 放在 RelativeLayout 下面,给 RelativeLayout 添加一个背景颜色,如 android:background="@color/colorPrimary"(蓝色背景,用于测试)。

接下来,添加 MainActivity 代码如下:

```
public class MainActivity extends Activity {
    private DrawerLayout mDrawer;              //侧滑栏
    private LinearLayout mLeftDrawer;          //左侧滑动栏
    @Override
    protected void onCreate(Bundle savedInstanceState) {
        super.onCreate(savedInstanceState);
        setContentView(R.layout.activity_main);
        findView();
        init();
    }
    private void findView() {
        mDrawer=findViewById(R.id.layout_drawer);
        mLeftDrawer=findViewById(R.id.layout_left_drawer);
    }
    private void init() {
        initDrawer();
    }
    private void initDrawer(){
```

```
mDrawer.setScrimColor(Color.TRANSPARENT);
mDrawer.addDrawerListener(new
  DrawerLayout.DrawerListener() {
    @Override
    public void onDrawerSlide(View drawerView, float slideOffset) {
    }
    @Override
    public void onDrawerOpened(View drawerView) {

        //设置侧滑栏可单击
        mLeftDrawer.setClickable(true);
    }
    @Override
    public void onDrawerClosed(View drawerView) {
    }
    @Override
    public void onDrawerStateChanged(int newState) {
    }
});
  }
}
```

这里将侧滑栏(mDrawer)实例化,并在 init( )方法中添加监听方法 addDrawerListener(),其中要实现 4 个方法,onDrawerOpened()方法在侧滑栏打开时执行,在这个方法里须给 mLeftDrawer 添加可单击的属性,否则后面添加的单击事件将失效;完成后运行项目,侧滑栏展示效果图如图 5.27 所示。

图 5.27　侧滑栏展示效果图

侧滑栏完成后，再添加顶部的标题栏以及搜索框。打开 activity_main.xml，在 RelativeLayout 里添加如下代码：

```xml
<LinearLayout
    android:id="@+id/home_action_bar"
    android:orientation="horizontal"
    android:background="@drawable/home_bar_shape_gradient"
    android:layout_width="match_parent"
    android:layout_height="48dp">
    <ImageView
        android:id="@+id/image_menu"
        android:layout_width="48dp"
        android:padding="4dp"
        android:layout_height="match_parent"
        android:src="@drawable/home_menu_click"/>
    <ImageView
        android:layout_weight="1"
        android:layout_width="match_parent"
        android:layout_height="match_parent"
        android:padding="4dp"
        android:src="@drawable/title_image"/>
    <ImageView
        android:layout_width="48dp"
        android:layout_marginRight="4dp"
        android:layout_height="match_parent"
        android:src="@drawable/home_cart_click"/>
</LinearLayout>
<TextView
    android:id="@+id/cart_number"
    android:paddingBottom="12dp"
    android:layout_alignParentRight="true"
    android:gravity="center"
    android:text="0"
    android:textColor="@color/colorRed"
    android:textSize="14dp"
    android:layout_width="48dp"
    android:layout_height="48dp" />
<View
    android:id="@+id/line1"
    android:layout_below="@+id/home_action_bar"
    android:layout_width="match_parent"
    android:layout_height="0.5dp"
    android:background="@color/colorDeepGrey"/>
<LinearLayout
```

```
        android:id="@+id/search_layout"
        android:layout_below="@+id/line1"
        android:background="@color/colorGrey"
        android:layout_width="match_parent"
        android:layout_height="56dp">
    <LinearLayout
        android:layout_marginTop="8dp"
        android:layout_marginBottom="8dp"
        android:layout_marginLeft="16dp"
        android:layout_marginRight="8dp"
        android:background="@color/colorWhite"
        android:layout_width="match_parent"
        android:layout_height="match_parent">
        <ImageView
            android:padding="8dp"
            android:layout_width="40dp"
            android:layout_height="match_parent"
            android:src="@drawable/search_entry_bar_mag_glass_normal"/>
        <EditText
            android:id="@+id/edit_search_pro"
            android:layout_weight="1"
            android:layout_width="match_parent"
            android:layout_height="match_parent"
            android:background="@color/colorWhite"
            android:hint="@string/search_product"/>
    </LinearLayout>
</LinearLayout>
```

在上面的布局代码中引入了 3 个布局文件(home_bar_shape_gradient、home_menu_click、home_cart_click)以及许多图片资源,图片资源可以将.apk 改成.zip 文件,解压缩后,打开文件,其中会有所有的图片资源文件,home_bar_shape_gradient 的代码如下:

```
<?xml version="1.0" encoding="utf-8"?>
<shape xmlns:android="http://schemas.android.com/apk/res/android"
        android:shape="rectangle">
    <gradient android:angle="90"
        android:type="linear"
        android:startColor="@color/colorGrey"
        android:endColor="@color/colorWhite"/>
</shape>
```

这个布局文件中添加了颜色渐变的效果,startColor 是底部颜色,endColor 是顶部颜色;第二个布局是 home_menu_click,其代码如下:

```xml
<?xml version="1.0" encoding="utf-8"?>
<selector xmlns:android="http://schemas.android.com/apk/res/android">
    <item android:state_pressed="true"
        android:drawable="@drawable/action_bar_burger_pressed"/>
<item android:state_pressed="false"
android:drawable="@drawable/action_bar_burger_normal"/>
</selector>
```

home_menu_click 是一个选择器,给组件添加选中状态,里面添加了 state_pressed 属性,true 表示按下的状态,false 表示正常显示状态。最后是 home_cart_click 布局,代码如下:

```xml
<?xml version="1.0" encoding="utf-8"?>
<selector xmlns:android="http://schemas.android.com/apk/res/android">
    <item android:state_pressed="true"
        android:drawable="@drawable/
                action_bar_cart_gray_image_pressed"/>
    <item android:state_pressed="false"
        android:drawable="@drawable/
                action_bar_cart_gray_image_normal"/>
</selector>
```

完成之后,运行程序,效果如图 5.28 所示。

图 5.28　顶部栏与搜索框展示图

下面给顶部的菜单栏添加单击事件。可以弹出左侧菜单栏,打开 MainActivity.java,在 findView()方法中添加如下代码(加粗的代码表示要添加的代码):

```
private void findView() {
    mDrawer=findViewById(R.id.layout_drawer);
    mLeftDrawer=findViewById(R.id.layout_left_drawer);
    findViewById(R.id.image_menu).setOnClickListener(this);
}
```

上述代码会报错，因为需要实现单击事件的接口，可添加如下代码：

```
public class MainActivity extends Activity
                          implements View.OnClickListener {
    ...
}
```

然后在 MainActivity 中实现 OnClick( )方法，并添加菜单栏开关事件的方法，代码如下：

```
@Override
public void onClick(View v) {
    switch(v.getId()){
        case R.id.image_menu:   //顶部菜单栏单击事件
            openLeftLayout();
            break;
    }
}
//左边菜单开关事件
public void openLeftLayout() {
    if(mDrawer.isDrawerOpen(mLeftDrawer)) {
        mDrawer.closeDrawer(mLeftDrawer);
    } else {
        mDrawer.openDrawer(mLeftDrawer);
    }
}
```

添加完成后运行项目，单击顶部菜单栏，左侧侧滑栏将会弹出。接下来添加轮播图以及列表的布局。轮播图在第 3 章提到用一个开源库实现，首先到项目中找到 build.gradle 配置文件，然后找到 dependencies，最后引入依赖，添加的代码如下：

```
dependencies {
    implementation fileTree(dir: 'libs', include: ['*.jar'])
    implementation 'com.android.support:appcompat-v7:26.1.0'
    implementation 'com.android.support.constraint:constraint-layout:1.0.2'
    testImplementation 'junit:junit:4.12'
    androidTestImplementation 'com.android.support.test:runner:1.0.1'
    androidTestImplementation 'com.android.support.test.espresso:espresso-
    core:3.0.1'
    //轮播图
```

```
        compile 'com.jude:rollviewpager:1.4.6'
    }
```

打开 activity_main.xml 文件,添加布局到 RelativeLayout 中,id 位于 search_layout 的 LinearLayout 下面,添加的代码如下(如果 app:rollviewpager_play_delay="3000" 报错,则在最外层布局添加属性:xmlns:app="http://schemas.android.com/apk/res-auto"):

```xml
<ScrollView
    android:id="@+id/scroll_view"
    android:scrollbars="none"
    android:fillViewport="true"
    android:layout_width="match_parent"
    android:layout_height="wrap_content"
    android:layout_below="@id/search_layout">
    <LinearLayout
        android:orientation="vertical"
        android:layout_width="match_parent"
        android:layout_height="match_parent">
        <!--轮播图-->
        <com.jude.rollviewpager.RollPagerView
            android:id="@+id/roll_pager"
            android:layout_width="match_parent"
            app:rollviewpager_play_delay="3000"
            android:layout_height="180dp">
        </com.jude.rollviewpager.RollPagerView>
        <GridView
            android:id="@+id/grid_view_book"
            android:numColumns="2"
            android:layout_width="match_parent"
            android:layout_height="match_parent">
        </GridView>
    </LinearLayout>
</ScrollView>
<ListView android:id="@+id/search_list"
            android:layout_below="@id/search_layout"
            android:layout_width="match_parent"
            android:layout_height="wrap_content">
</ListView>
```

添加完布局代码后,先实现轮播图展示效果,加载轮播图需要添加适配器,在 adapter 包下面添加 TestNomalAdapter.java,代码如下:

```java
public class TestNomalAdapter extends StaticPagerAdapter {
    private int[] imgs;
```

```
public TestNomalAdapter(int[] imgs){
    this.imgs=imgs;
}
@Override
public View getView(ViewGroup container, int position) {
    ImageView view=new ImageView(container.getContext());
    view.setImageResource(imgs[position]);
    view.setScaleType(ImageView.ScaleType.CENTER_CROP);
    view.setLayoutParams(new
        ViewGroup.LayoutParams(ViewGroup.LayoutParams.MATCH_PARENT,
                    ViewGroup.LayoutParams.MATCH_PARENT));
    return view;
}
@Override
public int getCount() {
    return imgs.length;
}
}
```

然后打开 MainActivity.java 文件，添加轮播图对象以及轮播图需要的图片数组，代码如下：

```
private RollPagerView mRollPagerView;          //轮播图
private int[] imgs={
    R.drawable.banner_one,
    R.drawable.banner_two,
    R.drawable.banner_one
};
```

之后实例化轮播图对象。在 findView() 方法中实例化代码如下：

```
private void findView() {
    mDrawer=findViewById(R.id.layout_drawer);
    mLeftDrawer=findViewById(R.id.layout_left_drawer);
    mRollPagerView=findViewById(R.id.roll_pager);
    findViewById(R.id.image_menu).setOnClickListener(this);
}
```

然后在 init() 方法中设置指示图标以及适配器，代码如下：

```
private void init() {
    initDrawer();
    mRollPagerView.setHintView(new IconHintView
            (this, R.drawable.login_point_selected,
                    R.drawable.login_point));
    mRollPagerView.setAdapter(new TestNomalAdapter(imgs));
}
```

至此,轮播图的代码就添加完成了,运行程序,轮播图功能展示如图 5.29 所示。

图 5.29 轮播图功能展示

首页的布局关于网格列表的内容,在后面网络通信的章节进行添加,这里就不阐述了。最后还剩左边侧滑栏的内容,在 activity_main.xml 中,id 为 layout_left_drawer 的 LinearLayout 中添加如下代码:

```
<TextView
    android:id="@+id/text_login"
    android:text="@string/no_login_hint"
    android:layout_width="match_parent"
    android:background="@color/colorDark"
    android:textColor="@color/colorWhite"
    android:paddingLeft="8dp"
    android:gravity="center_vertical"
    android:textSize="28dp"
    android:layout_height="60dp" />
<TextView
    android:id="@+id/home"
    android:layout_width="match_parent"
    android:layout_height="56dp"
    android:gravity="center_vertical"
    android:textSize="18dp"
    android:layout_marginLeft="32dp"
    android:text="@string/home"/>
<TextView
    android:id="@+id/my_order"
    android:layout_width="match_parent"
```

```
            android:layout_height="56dp"
            android:gravity="center_vertical"
            android:textSize="18dp"
            android:layout_marginLeft="32dp"
            android:text="@string/my_order"/>
    <TextView
            android:id="@+id/my_account"
            android:layout_width="match_parent"
            android:layout_height="56dp"
            android:gravity="center_vertical"
            android:textSize="18dp"
            android:layout_marginLeft="32dp"
            android:text="@string/my_account"/>
    <View
            android:layout_width="match_parent"
            android:layout_height="1dp"
            android:background="@color/colorDeepGrey"/>
    <TextView
            android:id="@+id/my_address"
            android:layout_width="match_parent"
            android:layout_height="56dp"
            android:gravity="center_vertical"
            android:textSize="18dp"
            android:layout_marginLeft="32dp"
            android:text="@string/my_address"/>
```

完成之后运行程序,效果如图 5.30 所示。

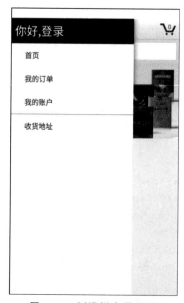

图 5.30　侧滑栏布局展示

5.4.2　登录界面的布局

接下来完善登录界面的布局。登录界面最顶部的标题栏,其他界面都会用到,所以这里把顶部的标题栏单独做成一个界面,其他界面需要时可以直接引用。在 res 下的 layout 中添加布局文件 logo_title.xml,代码如下:

```xml
<?xml version="1.0" encoding="utf-8"?>
<LinearLayout xmlns:android="http://schemas.android.com/apk/res/android"
    android:layout_width="match_parent"
    android:layout_height="wrap_content">
    <LinearLayout
        android:orientation="horizontal"
        android:background="@drawable/home_bar_shape_gradient"
        android:layout_width="match_parent"
        android:layout_height="48dp">
        <ImageView
            android:layout_weight="1"
            android:padding="8dp"
            android:layout_width="match_parent"
            android:layout_height="match_parent"
            android:src="@drawable/title_image"/>
    </LinearLayout>
</LinearLayout>
```

接下来添加登录界面布局。打开 activity_login.xml,添加如下代码:

```xml
<?xml version="1.0" encoding="utf-8"?>
<LinearLayout xmlns:android="http://schemas.android.com/apk/res/android"
    android:orientation="vertical"
    android:layout_width="match_parent"
    android:layout_height="match_parent">
<include layout="@layout/logo_title"/>
<View
        android:layout_width="match_parent"
        android:layout_height="0.5dp"
        android:background="@color/colorDeepGrey"/>
<LinearLayout
        android:layout_width="match_parent"
        android:layout_height="64dp">
<TextView
            android:layout_weight="1"
            android:text="@string/login"
            android:textSize="26dp"
            android:textColor="@color/colorDark"
            android:layout_marginLeft="16dp"
```

```
                    android:textStyle="bold"
                    android:layout_gravity="center_vertical"
                    android:layout_width="match_parent"
                    android:layout_height="wrap_content" />
        <TextView
                    android:id="@+id/text_forget_pass"
                    android:gravity="center"
                    android:text="@string/forget_pass"
                    android:textColor="@color/colorPrimary"
                    android:layout_width="100dp"
                    android:layout_height="match_parent" />
    </LinearLayout>
    <LinearLayout
                android:orientation="vertical"
                android:layout_marginLeft="16dp"
                android:layout_marginRight="16dp"
                android:layout_width="match_parent"
                android:focusable="false"
                android:background="@drawable/shap"
                android:focusableInTouchMode="true"
                android:layout_height="98dp">
        <EditText
                    android:id="@+id/mobile"
                    android:paddingLeft="16dp"
                    android:layout_width="match_parent"
                    android:layout_height="48dp"
                    android:layout_marginLeft="1dp"
                    android:layout_marginRight="1dp"
                    android:layout_marginTop="1dp"
                    android:background="@drawable/edit_account"
                    android:hint="@string/account_hint"
                    android:textCursorDrawable="@color/colorDark"/>
        <View
                    android:layout_width="match_parent"
                    android:layout_height="1dp"
                    android:background="@color/colorDeepGrey"/>
        <EditText
                    android:id="@+id/password"
                    android:paddingLeft="16dp"
                    android:layout_marginLeft="1dp"
                    android:layout_marginRight="1dp"
                    android:layout_marginBottom="1dp"
                    android:layout_width="match_parent"
                    android:textCursorDrawable="@color/colorDark"
```

```xml
                android:layout_height="match_parent"
                android:inputType="textPassword"
                android:hint="@string/pass_hint"
                android:background="@drawable/edit_password" />
    </LinearLayout>
    <LinearLayout
            android:layout_width="match_parent"
            android:gravity="center_vertical"
            android:layout_height="64dp">
    <CheckBox
                android:id="@+id/show_pass"
                android:layout_marginLeft="16dp"
                android:layout_width="wrap_content"
                android:background="@drawable/edit_password"
                android:layout_height="wrap_content" />
    <TextView
                android:layout_marginLeft="8dp"
                android:textSize="18dp"
                android:text="@string/show_pass"
                android:layout_width="wrap_content"
                android:layout_height="wrap_content" />
    </LinearLayout>
    <Button
            android:id="@+id/login_btn"
            android:text="@string/login"
            android:layout_marginTop="16dp"
            android:layout_marginRight="16dp"
            android:layout_marginLeft="16dp"
            android:layout_marginBottom="8dp"
            android:textSize="18dp"
            android:background="@drawable/login_shap"
            android:layout_width="match_parent"
            android:layout_height="46dp" />
    <LinearLayout
            android:gravity="center_vertical"
            android:layout_width="match_parent"
            android:layout_height="40dp">
    <View
                android:layout_marginLeft="16dp"
                android:layout_weight="1"
                android:background="@color/colorDeepGrey"
                android:layout_width="wrap_content"
                android:layout_height="1dp"/>
    <TextView
```

```
                android:layout_marginLeft="16dp"
                android:layout_marginRight="16dp"
                android:text="@string/new_account"
                android:layout_width="wrap_content"
                android:layout_height="wrap_content" />
        <View
                android:layout_marginRight="16dp"
                android:layout_weight="1"
                android:background="@color/colorDeepGrey"
                android:layout_width="wrap_content"
                android:layout_height="1dp"/>
    </LinearLayout>
    <Button
            android:id="@+id/btn_create"
            android:text="@string/create_new_account"
            android:layout_marginRight="16dp"
            android:layout_marginLeft="16dp"
            android:textSize="18dp"
            android:background="@drawable/new_account_shap"
            android:layout_width="match_parent"
            android:layout_height="46dp" />
</LinearLayout>
```

登录界面布局添加了许多背景样式，引入了 shap.xml、edit_account.xml、edit_password.xml、login_shap.xml 以及 new_account_shap.xml，先在 res 下的 drawable 下面创建这些文件，其中 shap.xml 文件是一个背景为白色、边框为深灰色的带圆角的布局文件，代码如下：

```
<?xml version="1.0" encoding="utf-8"?>
<shape xmlns:android="http://schemas.android.com/apk/res/android">
<corners
        android:radius="8dp"/>
<stroke android:color="@color/colorDarkGrey"
        android:width="1dp"/>
<solid android:color="@color/colorWhite"/>
</shape>
```

edit_account.xml 文件是一个选择器，当所在控件被选中的时候，会展示粉色边框，代码如下：

```
<?xml version="1.0" encoding="utf-8"?>
<selector xmlns:android="http://schemas.android.com/apk/res/android">
<item android:state_window_focused="false">
<shape  android:shape="rectangle">
<corners
```

```
                android:topRightRadius="8dp"
                android:topLeftRadius="8dp"/>
<solid android:color="@color/colorWhite"/>
</shape>
</item>
<item android:state_focused="true">
<shape android:shape="rectangle">
<corners
                android:topRightRadius="8dp"
                android:topLeftRadius="8dp"/>
<stroke android:color="@color/colorAccent"
                android:width="2dp"/>
<solid android:color="@color/colorWhite"/>
</shape>
</item>
</selector>
```

edit_password.xml 与 edit_account.xml 的区别在于圆角的位置不同,前者圆角在下面,后者圆角在上面,例如决定圆角位置在右上角且圆角率为 8 的属性是 android:topRightRadius="8dp",这里就不展示代码了。

login_shap.xml 基本是本案例所有按钮控件的布局,边框为深灰色,背景颜色为渐变色,布局代码如下:

```
<?xml version="1.0" encoding="utf-8"?>
<shape xmlns:android="http://schemas.android.com/apk/res/android">
<corners
        android:radius="4dp" />
<stroke android:color="@color/colorDeepGrey"
        android:width="1dp"/>
<gradient android:angle="90"
        android:type="linear"
        android:startColor="@color/colorAccentDeep"
        android:endColor="@color/colorAccent"/>
</shape>
```

接下来在主界面添加跳转到登录界面。打开 MainActivity.java,添加如下代码:

```
private TextView mLoginText;
```

然后在 findView()方法中实例化,添加如下代码:

```
mLoginText=findViewById(R.id.text_login);
mLoginText.setOnClickListener(this);
findViewById(R.id.home).setOnClickListener(this);
```

最后添加单击事件,在 onClick()中添加 case,代码如下:

```
case R.id.text_login:
    Intent login=new Intent(this,LoginActivity.class);
    startActivity(login);
    break;
case R.id.home:
    break;
```

完成后运行项目,单击侧滑栏中的"首页",会关闭侧滑栏;单击侧滑栏中的"你好,登录",会跳转到如图 5.31 所示的登录界面。

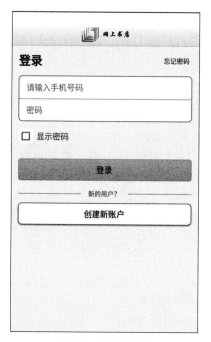

图 5.31　登录界面

习　题　5

1. 如果需要捕捉某个组件的事件并处理,则需要为该组件创建(　　)。
   (A) 属性　　　　　　(B) 监听器　　　　　(C)方法　　　　　　(D) 工程
2. 下列关于 RelativeLayout 的描述,正确的是(　　)。
   (A) 该布局为绝对布局,可以自定义控件的位置
   (B) 该布局为切换帧布局,可实现标签切换的功能
   (C) 该布局为相对布局,其中控件的位置都是相对位置
   (D) 该布局为表格布局,需要配合 TableRow 一起使用
3. (　　)不会创建 Context 对象。
   (A) 创建 Application 对象时　　　　　　(B) 创建 Service 对象时

(C) 创建 ContentProvider 对象时 (D) 创建 Activity 对象时

4.(　　)不是 Android 原生支持的 Menu。

(A) Selected Menu (B) Option Menu

(C) Submenu (D) Context Menu

5.(　　)不属于 Runtime Exception。

(A) ArithmeticException

(B) IllegalArgumentException

(C) NullPointerException

(D) IOException

6. AlertDialog 类不能直接使用 new 关键字创建 AlertDialog 类的对象实例,而是首先创建其内部类 Builder 类的对象,再调用这个内部类的_____方法显示对话框。

7. Android 的事件处理机制有两种:一种是基于回调机制的;另一种是_____。

8. 使用 ListView 控件时,只能用于填充文本内容的适配器类型为_____。

9. 在 Android 项目中,_____文件夹用于存放位图文件。

10. ListView 间接继承 android.widget.AdapterView 抽象类,获得了 4 种监听器,其中常用于设置监听列表项被选中的方法是_____。

11. 在 Android 项目中,_____文件夹用于存放布局文件。

12. 属性 android:layout_toLeftOf 是_____布局特有的。

13. Android 常用的图片资源中,不包括_____格式的图片。

14. Android 中的进度条有两种样式:环形和水平,如果要设置为水平进度条,需要给属性 style 赋值为_____。

15. 在 Android 常用的布局中,每次只能呈现一个控件的布局是_____布局。

16. GridView 把元素按照二维表格的形式排列,其中用于设定表格列数的属性是_____。

17. Android 中的按钮有很多种,可以响应长按,在某一个控件上弹出的菜单被称为_____菜单。

18. Android 中控件的属性 layout_width 的取值有哪些? 这些属性值的作用各是什么?

多线程开发技术

对于 Android 应用程序,使用多线程的技术是必不可少的。对于 4.0 及更高的 Android 系统上的应用程序而言,访问网络、读取文件等相对比较耗时的操作必须创建新的线程才可以进行。例如,Android 4.0 以后不允许应用程序在主线程(也称为 UI 线程)中进行访问网络的操作,否则在运行中会抛出 android.os.NetworkOnMainThreadException 类型的异常。

本章主要介绍进程与线程的基础知识,并通过 Java 应用程序进行实例讲解,同时介绍 Java 中两种多线程编程技术。在对 Android 系统中的进程和线程的知识介绍的基础上,还讲解了 Android 应用程序中的多线程编程技术,以及线程之间的通信编程技术。

6.1 进程与线程

6.1.1 进程

程序是一段静态的代码,它本身没有任何运行的含义,只是一个静态的实体,是应用软件执行的蓝本。进程则是程序的一次动态执行,它对应从代码加载、执行至执行完毕的一个完整的过程,是一个动态的实体。进程有自己的生命周期,它因创建而产生,因调度而运行,因等待资源或事件而处于等待状态,因完成任务而被撤销,反映了一个程序在一定的数据集上运行的全部动态过程。操作系统通过进程控制块(Processing Control Block,PCB)唯一地标识某个进程。同时,进程也占据相应的资源(包括 CPU 的使用、轮转时间以及一些其他设备的权限等)。进程是系统进行资源分配和调度的一个独立单位。

一个进程至少有 5 个状态:初始状态、执行状态、等待状态、就绪状态和终止状态。一个进程在并发执行中,由于资源共享和竞争,有时处于执行状态;有时,进程因等待某件事件的发生而处于等待状态;另外,当一个处于等待状态的进程因等待事件发生唤醒后,又因不可能立即得到 CPU 而进入就绪状态,处于就绪状态的进程已经得到除 CPU 之外的其他资源,只要得到 CPU,便可立即执行;进程刚被创建时,由于其他进程正占有 CPU 而得不到执行,只能处于初始状态;进程执行结束以后,将退出执行而被终止,这时进程处于终止状态。

进程的状态转换如图 6.1 所示。

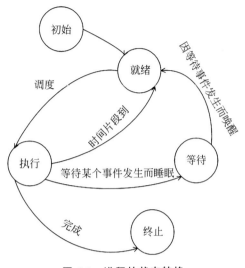

图 6.1 进程的状态转换

6.1.2 线程

线程有时被称为轻量级进程（Light Weight Process，LWP），是程序执行流的最小单元。线程是进程中的一个实体，是被系统独立调度和分派的基本单位。线程本身不拥有系统资源，只拥有在运行中必不可少的资源，但它可与同属一个进程的其他线程共享进程拥有的全部资源。一个线程可以创建和撤销另一个线程，同一进程中的多个线程之间可以并发执行。线程之间相互制约，致使线程在运行中呈现出间断性。线程也有就绪、阻塞和运行 3 种基本状态。就绪状态是指线程具备运行的所有条件，逻辑上可以运行，在等待CPU；运行状态是指线程占有处理机，正在运行之中；阻塞状态是指线程在等待一个事件（如某个信号量），逻辑上不可执行。每个程序至少有一个线程，若程序只有一个线程，那就是程序本身。

线程是程序中一个单一的顺序控制流程。进程内有一个相对独立的、可调度的执行单元，是系统独立调度和分派 CPU 的基本单位指令运行时的程序的调度单位。在单个程序中同时运行多个线程完成不同的工作，称为多线程。

进程是资源分配的基本单位。所有与该进程有关的资源，都被记录在 PCB 中，以表示该进程拥有这些资源或正在使用它们。另外，进程也是抢占处理机的调度单位，它拥有一个完整的虚拟地址空间。当进程发生调度时，不同的进程拥有不同的虚拟地址空间，而同一进程内的不同线程共享同一地址空间。

与进程对应，线程与资源分配无关，它属于某一个进程，并与进程内的其他线程一起共享进程的资源。通常，一个进程中可以包含若干个线程，它们可以利用进程拥有的资源。在引入线程的操作系统中，通常把进程作为分配资源的基本单位，而把线程作为独立运行和独立调度的基本单位。由于线程比进程更小，基本上不拥有系统资源，故对它的调度付出的开销就会小得多，能更高效地提高系统内多个程序间并发执行的程度，从而显著提高系统资源的利用率和吞吐量。因而，近年来推出的通用操作系统都引入了线程，以便进一步提高系统的并发性，并把它视为现代操作系统的一个重要指标。

线程从创建到最终的消亡，要经历若干个状态。一般来说，线程包括以下这几个状态：创建（new）、就绪（runnable）、运行（running）、阻塞（blocked）、time waiting、waiting、消亡（dead）等。当需要新启动一个线程执行某个子任务时，就创建了一个线程。但是，线程在创建之后，不会立即进入就绪状态，因为线程的运行需要一些条件（如内存资源，由于程序计数器、Java 栈、本地方法栈等都是线程私有的，因此需要为线程分配一定的内存空间），只有线程运行需要的所有条件全都满足了，线程才会进入就绪状态。

当线程进入就绪状态后，不代表立刻就能获取 CPU 执行时间，也许此时 CPU 正在执行其他事情，因此线程必须等待。当获得 CPU 执行时间之后，线程便真正进入了运行状态。线程在运行状态过程中，可能有多个原因导致当前线程不继续运行下去，如用户主动让线程睡眠（睡眠一定的时间之后再重新执行）、用户主动让线程等待，或者被同步语句块给阻塞，此时就对应多个状态：time waiting（睡眠或等待一定的事件）、waiting（等待被唤醒）、blocked（被阻塞）。当线程突然中断或者子任务执行完毕之后，线程就会消亡。

线程与进程的区别主要包括以下几方面。

- 地址空间和其他资源（如打开文件）：进程间相互独立，同一进程的各线程间共享。某进程内的线程在其他进程不可见。
- 通信：进程间通信（IPC），线程间可以直接读写进程数据段（如全局变量）进行通信——需要进程同步和互斥手段的辅助，以保证数据的一致性。
- 调度和切换：线程上下文切换比进程上下文切换要快得多。
- 在多线程操作系统中，线程不是一个可执行的实体。

6.1.3 Thread 类

在 Java 语言中，主要使用 Thread 类表示线程，以及进行多线程程序设计。

Thread 类实现了 Runnable 接口。Thread 类中有一些比较关键的属性，如 name 是表示 Thread 的名称，可以通过 Thread 类的构造方法中的参数指定线程的名称，priority 表示线程的优先级（最大值为 10，最小值为 1，默认值为 5），daemon 表示线程是否是守护线程，target 表示要执行的任务。

下面是 Thread 类中常用的方法。

1）start()

start()方法用来启动一个线程，当调用 start()方法后，系统才会开启一个新的线程执行用户定义的子任务，在这个过程中，会为相应的线程分配需要的资源。

2）run()

run()方法是不需要用户调用的，当通过 start()方法启动一个线程之后，线程获得 CPU 执行时间后，便进入 run()方法体执行具体的任务。注意，继承 Thread 类必须重写 run()方法，在 run()方法中定义具体执行的任务。

3）sleep()

sleep()方法有两个重载版本：

```
sleep(long millis)                         //参数为毫秒
sleep(long millis, int nanoseconds)        //第 1 个参数为毫秒,第 2 个参数为纳秒
```

sleep 相当于让线程睡眠,交出 CPU,让 CPU 执行其他任务。但是,有一点要非常注意,sleep()方法不会释放锁,也就是说,如果当前线程持有对某个对象的锁,则即使调用 sleep()方法,其他线程也无法访问这个对象。

注意,如果调用了 sleep()方法,必须捕获 InterruptedException 异常或者将该异常向上层抛出。当线程睡眠时间满后,不一定立即得到执行,因为此时可能 CPU 正在执行其他任务。所以,调用 sleep()方法相当于让线程进入阻塞状态。

4) yield()

调用 yield()方法会让当前线程交出 CPU 权限,让 CPU 执行其他线程。yield()方法与 sleep()方法类似,同样不会释放锁。但是,yield()方法不能控制具体交出 CPU 的时间;另外,yield()方法只能让拥有相同优先级的线程有获取 CPU 执行时间的机会。注意,调用 yield()方法并不会让线程进入阻塞状态,而是让线程重回就绪状态,它只需要等待重新获取 CPU 执行时间,这一点和 sleep()方法不一样。

5) join()

join()方法有 3 个重载版本:

```
join()
join(long millis)                         //参数为毫秒
join(long millis, int nanoseconds)        //第 1 个参数为毫秒,第 2 个参数为纳秒
```

假如在 main 线程中调用 thread.join()方法,则 main()方法会等待 thread 线程执行完毕或者等待一定的时间。如果调用的是无参 join()方法,则等待 thread 执行完毕;如果调用的是指定了时间参数的 join()方法,则等待一定的时间。wait()方法会让线程进入阻塞状态,并且会释放线程占有的锁,并交出 CPU 执行权限。由于 wait()方法会让线程释放对象锁,所以 join()方法同样会让线程释放对一个对象持有的锁。

6) interrupt()

interrupt 即中断的意思。单独调用 interrupt()方法可以使得处于阻塞状态的线程抛出一个异常,也就是说,它可以用来中断一个正处于阻塞状态的线程;另外,通过 interrupt()方法和 isInterrupted()方法可停止正在运行的线程。通过 interrupt()方法可以中断处于阻塞状态的线程,但是直接调用 interrupt()方法不能中断正在运行的线程。

7) stop()

stop()方法已经是一个废弃的方法,它是一个不安全的方法。因为调用 stop()方法会直接终止 run()方法的调用,并且会抛出一个 ThreadDeath 错误,如果线程持有某个对象锁,会完全释放锁,导致对象状态不一致。所以,stop()方法基本不会被用到。

8) destroy()

destroy()方法也是废弃的方法,基本不会使用到。

下面是关系到线程属性的几个方法。

1）getId()

getId()方法用来得到线程 ID。

2）getName()和 setName()

getName()和 setName()用来得到和设置线程名称。

3）getPriority()和 setPriority()

getPriority()和 setPriority()用来获取和设置线程优先级。

4）setDaemon()和 isDaemon()

setDaemon()和 isDaemon()用来设置线程是否成为守护线程和判断线程是否为守护线程。

守护线程和用户线程的区别在于：守护线程依赖于创建它的线程，而用户线程则不依赖。举一个简单的例子：如果在 main 线程中创建了一个守护线程，当 main()方法运行完毕后，守护线程也会随着消亡，而用户线程会一直运行，直到其运行完毕。在 JVM 中，像垃圾收集器所在的线程就是守护线程。

Thread 类有一个很常用的静态方法 currentThread()，调用该静态方法可以获取当前代码所在的线程对象。

上面已经介绍了 Thread 类中的大部分方法，那么 Thread 类中的方法调用到底会引起线程状态发生怎样的变化？图 6.2 给出了方法调用导致的线程状态的变化情况。

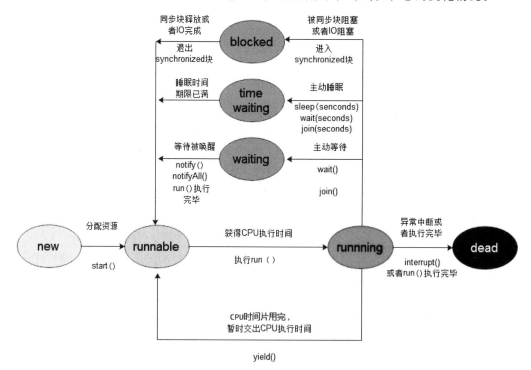

图 6.2　Java 中线程状态转换图

为了说明 Thread 类的主要方法，使用 Eclipse 创建一个 Java Project，名称为 ThreadDemo，并新建一个类 MainThread，其代码如下：

```
public class MainThread {
    public static void main(String[] args) {
        Thread thread=Thread.currentThread();
        System.out.println("线程 id 为"+thread.getId());
        System.out.println("线程名称 为"+thread.getName());
        System.out.println("线程优先级为"+thread.getPriority());
        System.out.println("是否为守护线程:"+thread.isDaemon());
    }
}
```

该程序的运行结果如图 6.3 所示。

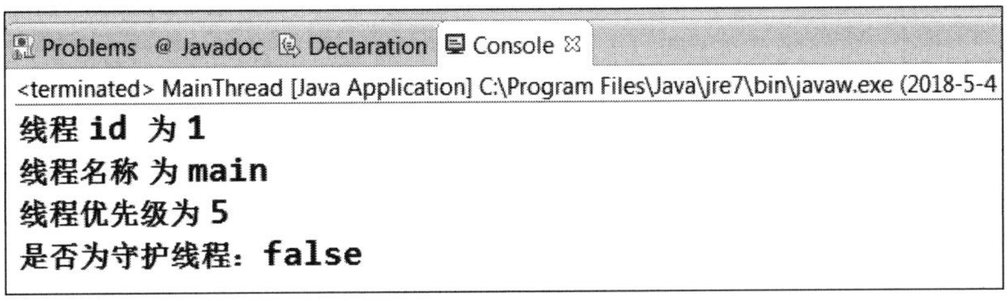

图 6.3　MainThread 程序的运行结果

可以看出,对于一个 Java 应用程序,其 main()方法所在的线程名称为 main,也称为主线程,线程 id 为 1,优先级为 5(即线程的默认优先级),该线程不是守护线程(输出的判断是否为守护线程的结果是 false)。

6.1.4　Runnable 接口

Runnable 是 Java 语言中的一个接口(interface),该接口中只有一个方法,即 public void run()方法(即使未使用 public 修饰符,接口中的方法也都默认具有 public 访问权限)。Runnable 接口的定义如下:

```
package java.lang;
public interface Runnable {
    public void run();
}
```

如果一个非抽象类实现了 Runnable 接口,那么该类就必须实现 run()方法。任何非抽象类在实现 Runnable 接口中的 run()方法时,该方法的签名必须为 public void run(),同时也不能抛出非 RuntimeException 的任何异常类型。因为在 Java 语言中,子类重写父类的方法或实现接口中的方法时,不能抛出原有方法异常列表以外的异常类型,而 Runnable 接口中的 run()方法未抛出任何类型的异常。

新建类 MyRunnable,并使其实现 Runnable 接口,代码如下:

```
package cn.edu.buu;
import java.sql.SQLException;
public class MyRunnable implements Runnable {
```

```
        @Override
        public void run() throws SQLException {
        }
    }
```

该程序在 Eclipse 中报错，如图 6.4 所示，错误提示信息为：Exception SQLException is not compatible with throws clause in Runnable.run()，意思是该方法中抛出的 SQLException 与 Runnable.run() 方法抛出的异常列表子句不兼容。由于 Runnable.run() 方法没有 throws 子句，因此在重写该方法时只能抛出 RuntimeException 以及 RuntimeException 子类的异常。

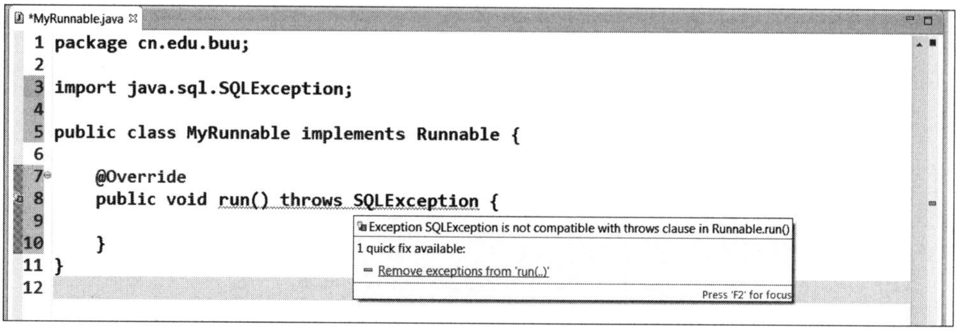

图 6.4　重写 run() 方法时不允许抛出 SQLException 异常

6.2　Java 多线程编程技术

在 Java 语言中实现多线程编程，有以下 3 种方法。

- 通过实现 Runnable 接口。
- 通过继承 Thread 类本身。
- 通过 Callable 和 Future 创建线程。

本节主要讲述第 1、2 种方法。

6.2.1　实现 Runnable 接口

为了实现 Runnable 接口，一个类只需要实现这个接口中的方法 run()，该方法的声明如下：

```
public void run();
```

实现 Runnable 接口时，必须实现该方法。需要说明的是，实现 run() 时，可以调用其他方法、使用其他类，并声明变量，就像在主线程中一样。在创建一个实现了 Runnable 接口的类之后，就可以在类中实例化一个线程对象。

Thread 定义了几个构造方法，下面这几个是经常使用的。

- Thread();

- Thread(String name)；
- Thread(Runnabletarget)；
- Thread(Runnable target，String name)；

这里，target 是一个实现了 Runnable 接口的类的对象，name 用来指定新线程的名称。新线程创建之后，调用它的 start()方法才会进入就绪状态，等待运行。

下面是一个创建线程并让它开始执行的实例。首先新建一个 Java 类 RunnableDemo，该类实现了 Runnable 接口，实现了 run()方法。在 start()方法中调用 Thread(Runnable target，String name)构造方法构建一个 Thread 类的对象，并调用其 start()方法使其进入就绪状态。RunnableDemo 类的代码如下：

```java
class RunnableDemo implements Runnable {
    private Thread t;
    private String threadName;
    RunnableDemo(String name) {            //构造方法
        threadName=name;
        System.out.println("Creating " +  threadName );
    }

    @Override
    public void run() {
        System.out.println("Running " +  threadName );
        try {
            for(int i=5; i>0; i--) {
                System.out.println("Thread: "+threadName+", "+i);
                //让线程睡眠 100 毫秒
                Thread.sleep(100);
            }
        }catch(InterruptedException e) {
            System.out.println("Thread " +  threadName
                                        +" interrupted.");
        }
        System.out.println("Thread " +  threadName+" exiting.");
    }
    public void start() {
        System.out.println("Starting " +  threadName );
        if(t==null) {
            t=new Thread(this, threadName);
            //调用 start() 方法,启动线程
            t.start();
        }
    }
}
```

之后定义一个 TestRunnableDemo 类，在其 main()方法中创建 RunnableDemo 类的

两个对象,并分别调用其 start()方法,代码如下:

```
public class TestRunnableDemo {
    public static void main(String args[]) {
        RunnableDemo rd1=new RunnableDemo("Thread-1");
        rd1.start();
        RunnableDemo rd2=new RunnableDemo("Thread-2");
        rd2.start();
    }
}
```

该程序的运行结果如图 6.5 所示。

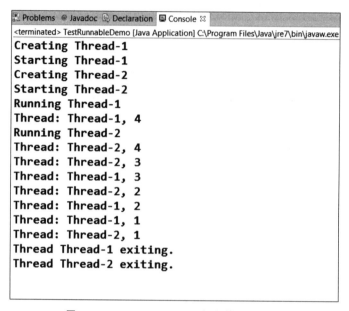

图 6.5　TestRunnableDemo 程序的运行结果

6.2.2　从 Thread 类继承

创建一个线程的第二种方法是创建一个新的类,该类继承 Thread 类,然后创建一个该类的实例。继承 Thread 类必须重写 run()方法,该方法是新线程的入口点,它也必须调用 start()方法才能执行。上述方法尽管被列为一种多线程实现方式,但是本质上也是实现了 Runnable 接口的一个实例,因为 Thread 类本身也实现了 Runnable 接口,以下是Thread 的定义:

public class Thread implements Runnable

定义类 ThreadDemo,从 Thread 类继承并重写 run()方法,代码如下:

class ThreadDemo extends Thread {
    private Thread t;

```
    private String threadName;
    //构造方法
    ThreadDemo(String name) {
        threadName=name;
        System.out.println("Creating " +  threadName );
    }
    @Override
    public void run() {
        System.out.println("Running " +  threadName );
        try {
            for(int i=4; i>0; i--) {
                System.out.println("Thread: "+threadName+", "+i);
                //让线程睡眠 100 毫秒
                Thread.sleep(100);
            }
        } catch(InterruptedException e) {
            System.out.println("Thread " +threadName +" interrupted.");
        }
    }
    public void start() {
        System.out.println("Starting " +  threadName );
        if(t==null) {
            t=new Thread(this, threadName);
            t.start();
        }
    }
}
```

再定义类 TestThreadDemo,在其 main()方法中创建 ThreadDemo 类的两个对象,并调用其 start()方法,启动新的线程运行,代码如下:

```
public class TestThreadDemo {
    public static void main(String args[]) {
        ThreadDemo td1=new ThreadDemo("Thread-1");
        td1.start();
        ThreadDemo td2=new ThreadDemo("Thread-2");
        td2.start();
    }
}
```

TestThreadDemo 类的运行结果如图 6.6 所示。

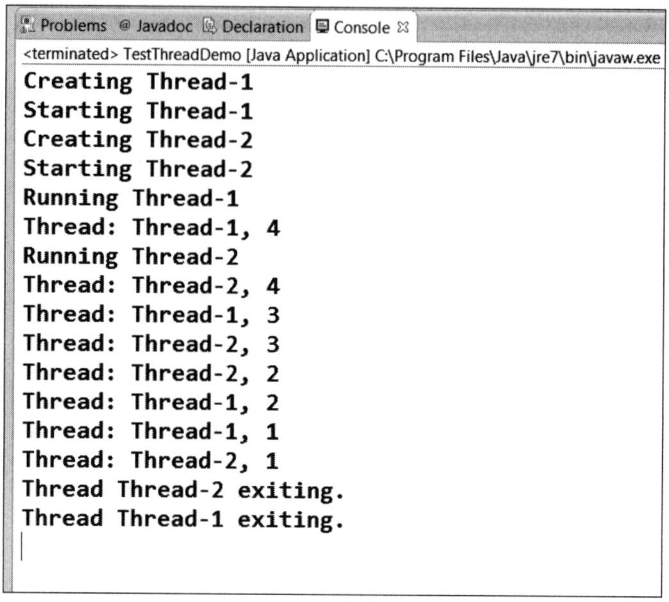

图 6.6　TestThreadDemo 类的运行结果

6.3　Android 进程和线程

当某个 Android 应用程序的组件启动且该应用程序没有运行其他任何组件时，Android 系统会使用单个执行线程为应用程序启动新的 Linux 进程。默认情况下，同一应用程序的所有组件在相同的进程和线程（称为"主"线程）中运行（如果采用了多线程编程技术则例外）。如果某个应用程序的组件启动且该应用程序已存在进程（因为存在该应用程序的其他组件），则该组件会在此进程内启动并使用相同的执行线程。但是，可以安排应用程序中的其他组件在单独的进程中运行，并为任何进程创建额外的线程。

本节介绍进程和线程在 Android 应用程序中的工作方式。

6.3.1　Android 进程

默认情况下，同一个 Android 应用程序的所有组件均在相同的进程中运行，且大多数 Android 应用程序都不会改变这一点。但是，如果发现需要控制某个组件所属的进程，则可在 AndroidManifest.xml 文件中执行此操作。

各类组件元素的清单文件条目（包括＜activity＞、＜service＞、＜receiver＞和＜provider＞）都支持 android:process 属性，此属性可以指定该组件应在哪个进程中运行。通过设置此属性，使每个组件均在各自的进程中运行，或者使一些组件共享一个进程，而其他组件不共享。此外，还可以设置 android:process，使不同应用的组件在相同的进程中运行，但前提是这些应用共享相同的 Linux 用户 ID，并使用相同的证书进行签署。此外，＜application＞元素也支持 android:process 属性，以设置适用于所有组件的默认值。

如果内存不足,而其他为用户提供更紧急服务的进程又需要内存时,Android 系统可能会决定在某一时刻关闭某一进程,在被终止进程中运行的应用程序组件也会随之被销毁。当这些组件需要再次运行时,系统将为它们重新启动新的进程。

决定终止哪个进程时,Android 系统将权衡它们对用户的重要程度。例如,相对于托管可见 Activity 的进程而言,它更有可能关闭托管屏幕上不再可见的 Activity 的进程。因此,是否终止某个进程的决定取决于该进程中所运行组件的状态。

Android 系统将尽量长时间地保持应用进程,但为了创建新的进程或运行更重要的进程,最终需要移除旧的进程回收内存。为了确定保留或终止哪些进程,Android 系统会根据进程中正在运行的组件以及这些组件的状态,将每个进程放入"重要性层次结构"中。必要时,Android 系统会首先消除重要性最低的进程,然后是重要性略逊的进程,以此类推,以回收系统资源。

重要性层次结构一共有 5 级。下面按照重要程度列出了各类进程(第一个进程最重要,是最后一个被终止的进程)。

1. 前台进程

用户当前操作所必需的进程即前台进程。如果一个进程满足以下任意一个条件,则为前台进程:

- 托管用户正在交互的 Activity(已调用 Activity 的 onResume()方法)。
- 托管某个 Service,后者绑定到用户正在交互的 Activity。
- 托管正在"前台"运行的 Service(服务已调用 startForeground()方法)。
- 托管正执行一个生命周期回调的 Service(onCreate()、onStart() 或 onDestroy() 等方法)。
- 托管正执行其 onReceive()方法的 BroadcastReceiver。

通常,在任意给定时间,前台进程都为数不多。只有在内存不足以支持它们同时继续运行的情况下,Android 系统才会终止它们。此时,Android 设备往往已经达到了内存分页状态(使用了虚拟内存,即把速度更慢的永久性存储介质临时作为内存使用),因此需要终止一些前台进程确保用户界面正常响应。

2. 可见进程

可见进程是没有任何前台组件、但仍会影响用户在屏幕上所见内容的进程。如果一个进程满足以下任意一个条件,则为可见进程:

- 托管不在前台、但仍对用户可见的 Activity(已调用其 onPause()方法)。例如,如果前台 Activity 启动了一个对话框,允许在其后显示上一个 Activity,则有可能发生这种情况。
- 托管绑定到可见(或前台)Activity 的 Service。

可见进程也是极其重要的进程,除非为了维持所有前台进程同时运行而必须终止,否则系统不会终止这些进程。

3. 服务进程

服务进程是正在运行已使用 startService()方法启动的服务且不属于上述两个更高

类别进程的进程。尽管服务进程与用户所见内容没有直接关联,但是它们通常执行一些用户关心的操作(例如,在后台播放音乐或从网络下载数据)。因此,除非内存不足以维持所有前台进程和可见进程同时运行,否则系统会让服务进程保持运行状态。

4. 后台进程

后台进程是包含目前对用户不可见的 Activity 的进程(已调用 Activity 的 onStop()方法)。这些进程对用户体验没有直接影响,系统可能随时终止它们,以回收内存供前台进程、可见进程或服务进程使用。通常会有很多后台进程在运行,因此它们会保存在 LRU(Least Recently Used,最近最少使用)列表中,以确保包含用户最近查看 Activity 的进程最后一个被终止。如果某个 Activity 正确实现了生命周期方法,并保存了其当前状态,则终止其进程不会对用户体验产生明显影响,因为当用户导航回该 Activity 时,Activity 会恢复其所有可见状态。

5. 空进程

空进程即不含任何活动应用组件的进程。保留这种进程的唯一目的是用作缓存,以缩短下次在其中运行组件所需的启动时间。为使总体系统资源在进程缓存和底层内核缓存之间保持平衡,系统往往会终止这些进程。

根据进程中当前活动组件的重要程度,Android 会将进程评定为它可能达到的最高级别。例如,如果某一个进程正在托管服务或包含某可见的 Activity,则会将此进程评定为可见进程,而不是服务进程。

此外,一个进程的级别可能会因其他进程对它的依赖而有所提高,即服务于另一进程的进程,其级别永远不会低于其所服务的进程。例如,如果进程 A 中的内容提供程序为进程 B 中的客户端提供服务,或者如果进程 A 中的服务绑定到进程 B 中的组件,则进程 A 始终被视为至少与进程 B 同样重要。

由于运行服务的进程其级别高于托管后台 Activity 的进程,因此启动长时间运行操作的 Activity 最好为该操作启动服务,而不是简单地创建工作线程,当操作有可能比 Activity 更加持久时,尤其要如此。例如,正在将图片上传到网站的 Activity 应该启动服务执行上传,这样,即使用户退出 Activity,仍可在后台继续执行上传操作。使用服务可以保证无论 Activity 发生什么情况,该操作至少具备"服务进程"优先级。同理,广播接收器也应使用服务,而不是简单地将耗时冗长的操作放入线程中。

6.3.2 线程

当 Android 应用程序启动时,Android 系统会为应用程序创建一个名为"主线程"的执行线程(类似于 Java Application 中 main()方法中代码所在的主线程)。此线程非常重要,因为它负责将事件分派给相应的用户界面小部件,其中包括绘图事件等。此外,它也是应用程序与 Android UI 工具包组件(来自 android.widget 和 android.view 软件包的组件)进行交互的线程。因此,主线程有时也称为 UI 线程。

Android 系统不会为每个组件实例创建单独的线程。运行于同一进程的所有组件均在 UI 线程中实例化,并且对每个组件的系统调用均由该线程进行分派。因此,响应系统回调的方法(例如,报告用户操作的 onKeyDown()或生命周期回调方法)始终在进程的

UI 线程中运行。

例如,当用户触摸屏幕上的按钮时,应用的 UI 线程会将触摸事件分派给小部件(控件的另一种称谓),而小部件反过来又设置其按下状态,并将失效请求发布到事件队列中。UI 线程从队列中取消该请求并通知小部件应该重绘自身。

在应用程序执行繁重的任务以响应用户交互时,除非正确实现应用程序,否则这种单线程模式可能导致性能低下。具体来说,如果 UI 线程需要处理所有任务,则执行耗时很长的操作(例如,网络访问或数据库查询)将会阻塞整个 UI。一旦 UI 线程被阻塞,将无法分派任何事件,包括绘图事件。从用户的角度看,应用程序显示为挂起。更糟糕的是,如果 UI 线程被阻塞超过几秒钟(目前大约是 5 秒钟),用户就会看到一个让人厌烦的"应用程序无响应"(Application Not Responding,ANR)对话框。如果引起用户不满,他们可能就会决定退出该应用程序并卸载。

此外,Android UI 工具包并非线程安全工具包。因此,开发人员不能通过工作线程操纵 UI,只能通过 UI 线程操纵用户界面。因此,Android 的单线程模式必须遵守下面两条规则:

- 不要阻塞 UI 线程。
- 不要在 UI 线程之外访问 Android UI 工具包。

为了更好地说明上述线程的知识,新建一个 Android Project,名称为 ShowAIPicture,该程序的功能是从网络下载一个关于人工智能(AI)的图片并显示。创建项目时添加一个空的 Activity,采用默认名称 MainActivity,并自动生成布局文件 activity_main.xml,修改其内容如下:

```xml
<?xml version="1.0" encoding="utf-8"?>
<LinearLayout xmlns:android="http://schemas.android.com/apk/res/android"
    android:orientation="vertical" android:layout_width="match_parent"
    android:layout_height="match_parent">
<Button
        android:id="@+id/btnShowAIPicture"
        android:layout_width="wrap_content"
        android:layout_height="wrap_content"
        android:layout_gravity="center_horizontal"
        android:text="加载 AI 图片" />
<ImageView
        android:id="@+id/ivAIPicture"
        android:layout_width="match_parent"
        android:layout_height="match_parent" />
</LinearLayout>
```

在该布局文件中,添加了一个 Button 控件和一个 ImageView 控件,如果用户单击 Button,则从指定的网络 URL 加载图片,并在 ImageView 控件中显示。

首先定义一个用于访问网络加载图片的工具类 ImageLoader,其代码如下:

```
import android.graphics.Bitmap;
import android.graphics.BitmapFactory;
```

```
import java.io.InputStream;
import java.net.URL;
public class ImageLoader {
public static Bitmap loadImageFromNetwork(String url)
    {
        try {

        Bitmap bitmap=BitmapFactory.decodeStream(
                (InputStream)new URL(url).getContent());
            return bitmap;
        } catch(Exception e) {
            e.printStackTrace();
        }
        return null;
    }
}
```

类 ImageLoader 包含了一个静态的方法 loadImageFromNetwork()，其作用是从网络访问加载指定参数的图片，并返回 Bitmap 类型的值。

之后修改 MainActivity 的代码如下：

```
import android.graphics.Bitmap;
import android.support.v7.app.AppCompatActivity;
import android.os.Bundle;
import android.view.View;
import android.widget.Button;
import android.widget.ImageView;
public class MainActivity extends AppCompatActivity {
public static final String AI_PICTURE_PATH=
            "http://images.ofweek.com/Upload/News/2016-3/Witt/10.jpg";
    private Button btnShow;
    private ImageView mImageView;
    @Override
    protected void onCreate(Bundle savedInstanceState) {
        super.onCreate(savedInstanceState);
        setContentView(R.layout.activity_main);
        this.btnShow=this.findViewById(R.id.btnShowAIPicture);
        this.mImageView=this.findViewById(R.id.ivAIPicture);
        this.btnShow.setOnClickListener(new BtnListener());
    }
    private class BtnListener implements View.OnClickListener {
        @Override
        public void onClick(View view) {
            Bitmap bitmap=ImageLoader.loadImageFromNetwork(AI_PICTURE_PATH);
            MainActivity.this.mImageView.setImageBitmap(bitmap);
        }
    }
}
```

由于该应用程序需要访问网络,因此要在 AndroidManifest.xml 配置文件中添加申请访问网络的权限声明,注意,该声明需要放在 application 标签之前,该文件代码如下:

```
<?xml version="1.0" encoding="utf-8"?>
<manifest xmlns:android="http://schemas.android.com/apk/res/android"
          package="cn.edu.buu.showaipicture">
<uses-permission android:name="android.permission.INTERNET"/>
    <application
        android:allowBackup="true"
        android:icon="@mipmap/ic_launcher"
        android:label="@string/app_name"
        android:roundIcon="@mipmap/ic_launcher_round"
        android:supportsRtl="true"
        android:theme="@style/AppTheme">
    <activity android:name=".MainActivity">
        <intent-filter>
<action android:name="android.intent.action.MAIN" />
<category android:name="android.intent.category.LAUNCHER" />
        </intent-filter>
    </activity>
</application>
</manifest>
```

该程序的运行结果如图 6.7 所示。

图 6.7 ShowAIPicture 的运行结果

单击按钮,没有任何响应,回到 Android Studio 界面,查看 Logcat 的日志信息(设置级别为 Warn),如图 6.8 所示。

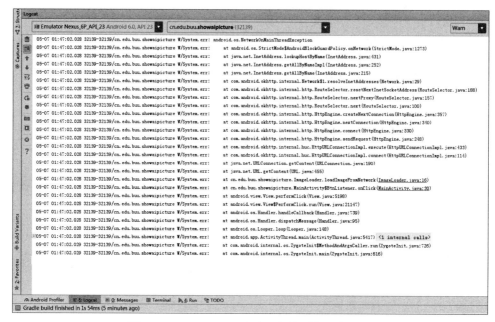

图 6.8　ShowAIPicture 程序运行得到的异常信息

　　可以看出,程序在运行时抛出了异常,异常类型为 android. os. Network OnMainThreadException,该异常类的名称表明,是由于在主线程中访问了网络操作。一个 Android App 如果在主线程中请求网络操作,将会抛出此异常。Android 这个设计是为了防止网络请求时间过长而导致界面假死的情况发生(即 ANR)。有两种解决方案:第一种是使用 StrictMode;第二种是使用新的线程(一般称为工作线程,与 UI 线程相对)操作网络请求。其中第一种方法简单暴力,强制在主线程中访问网络,但是不推荐使用,因此这种方法本书不作介绍。下面介绍第二种方法。

6.3.3　工作线程

　　根据上述单线程模式,要保证应用 UI 的响应能力,关键是不能阻塞 UI 线程。如果执行的操作不能很快完成,则应确保它们在单独的线程("后台"或"工作"线程)中运行。

　　修改 MainActivity 中的内部类 BtnListener,采用在新建的工作线程中访问网络的方式,代码如下:

```
private class BtnListener implements View.OnClickListener {
@Override
public void onClick(View view) {
    new Thread(new Runnable() {
        public void run() {
            Bitmap b=ImageLoader.loadImageFromNetwork(AI_PICTURE_PATH);
```

```
    mImageView.setImageBitmap(b);
      }
   }).start();
     }
  }
```

乍看起来,这段代码似乎运行良好,因为它创建了一个新线程处理网络操作。但是,它违反了单线程模式的第 2 条规则:不要在 UI 线程之外访问 Android UI 工具包。此示例从工作线程(而不是 UI 线程)修改了 ImageView 控件,这可能导致出现不明确、不可预见的行为,但跟踪此行为困难而又费时。

修改后,ShowAIPicture 程序(工作线程版本)的运行结果如图 6.9 所示。

图 6.9 ShowAIPicture 程序(工作线程版本)的运行结果

可以看出,ShowAIPicture 程序崩溃并退出,返回到 Home,并出现了错误提示:Unfortunately,ShowAIPicture has stopped. 此时回到 Android Studio 界面,查看 Logcat 的日志信息,如图 6.10 所示。

得到的异常信息为: android.view.ViewRootImpl $ CalledFrom WrongThreadException: Only the original thread that created a view hierarchy can touch its views.,意思是只有主线程(UI 线程)才能修改控件,而在类 BtnListener 的 onClick()方法中,在新建的工作线程中访问了 mImageView 控件(mImageView.setImageBitmap(b);),违背了 Android 多线程的第 2 个原则,因此该程序在运行中出现了上述错误。

为了解决此问题,Android 提供了几种途径从其他线程访问 UI 线程,具体方法将在 6.4 节介绍。

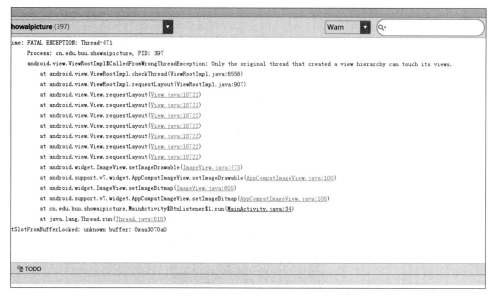

图 6.10   ShowAIPicture 程序（工作线程版本）运行得到的异常信息

6.4   线程之间的通信

在 Android 系统中，以下列出了几种有用的方法，可以在工作线程中访问 UI 线程，即完成工作线程与 UI 线程之间的通信：

- Activity.runOnUiThread(Runnable action)；
- View.post(Runnable action)；
- View.postDelayed(Runnable action，long delayMillis)；

6.4.1   Activity 类的 runOnUiThread()方法

可以看出，Activity 类的 runOnUiThread()方法接收一个 Runnable 类型的参数 action，action 的意思是行为、动作，即在工作线程中需要完成的对 UI 控件的操作。因此，在工作线程中可以把对 UI 控件的操作放在 action 的 run()方法中，之后把该 Runnable 类型的对象 action 传递给 Activity 类的 runOnUiThread()方法，即可实现在工作线程中间接操作 UI 控件。

修改 BtnListener 类的实现代码如下：

```
private class BtnListener implements View.OnClickListener {
    @Override
    public void onClick(View view) {
        new Thread(new Runnable() {
            public void run() {
                final Bitmap b = ImageLoader.
```

```
            loadImageFromNetwork(AI_PICTURE_PATH);
        MainActivity.this.runOnUiThread(new Runnable() {
            @Override
            public void run() {
                mImageView.setImageBitmap(b);
            }
        });
        }
    }).start();
    }
}
```

再次运行程序,运行结果如图 6.11 所示。

图 6.11　ShowAIPicture 程序(Activity.runOnUiThread 版本)的运行结果

Activity 类的 runOnUiThread()方法的代码如下:

```
public final void runOnUiThread(Runnable action) {
    if(Thread.currentThread() !=mUiThread) {
        mHandler.post(action);
    } else {
        action.run();
    }
}
```

可以看出,Activity 类的 runOnUiThread()方法首先进行了判断,如果当前线程不是 UI 线程(即工作线程),则不直接运行参数 action 中的 run()方法,而是把 action 通过 mHandler 的 post()方法添加到消息队列中,随后运行。如果当前线程是 UI 线程,则直接运行 action 的 run()方法。关于消息队列、Handler,将在 6.5 节详细说明。

由于 runOnUiThread()方法是一个非静态的方法,因此调用该方法时,需要持有某个 Activity 类的对象。在 ShowAIPicture 程序中,工作线程是在类 BtnListener 中创建的,而该类是 MainActivity 的内部类,可以直接访问 MainActivity.this 对象以及 MainActivity 类的所有成员变量和方法。但是,如果工作线程是在 MainActivity 之外的类中创建的,就不能像 BtnListener 类这样直接访问了,此时可以把 MainActivity 类的对象通过 setter()方法或者构造方法传递给创建工作线程的类,后者即可通过 MainActivity 类的对象调用 runOnUiThread()方法,在工作线程中实现间接修改 UI 控件的功能。

除了上述方式之外,也可以把任何控件传递给创建工作线程的类,后者通过该控件调用 post()方法,把修改控件的操作封装在 Runnable 对象中作为 post()方法的参数,也可完成在工作线程中修改 UI 控件的工作。

6.4.2　View 类的 post()方法

修改类 BtnListener 的实现代码如下:

```
private class BtnListener implements View.OnClickListener {
    @Override
    public void onClick(View view) {
        new Thread(new Runnable() {
            public void run() {
                final Bitmap b= ImageLoader.
                    loadImageFromNetwork(AI_PICTURE_PATH);
                mImageView.post(new Runnable() {
                    @Override
                    public void run() {
                        mImageView.setImageBitmap(b);
                    }
                });
            }
        }).start();
    }
}
```

修改后重新运行 ShowAIPicture 程序,程序也能正常工作,运行结果与调用 Activity.runOnUiThread()方法的运行结果相同,参见图 6.11。

现在,上述实现均属于线程安全型:在单独的工作线程中完成网络操作,而在 UI 线程中访问 ImageView 控件。

但是,随着操作日趋复杂,这类代码也会变得复杂且难以维护。要通过工作线程处理更复杂的交互,可以考虑在工作线程中使用 Handler(可以发送、接收并处理异步消息)处理来自 UI 线程的消息(参见 6.5 节异步消息处理)。另外,还有一种很好的解决方案,那就是继承 AsyncTask 类(参见 6.6 节 AsyncTask),该类简化了与 UI 进行交互所需执行的工作线程任务。

6.5　异步消息处理

数据通信可分为同步通信和异步通信两大类:同步通信要求接收端时钟频率和发送端时钟频率一致,发送端发送连续的比特流;异步通信时不要求接收端时钟和发送端时钟同步。发送端发送完一字节后,可经过任意长的时间间隔再发送下一字节。异步通信的通信开销较大,但接收端可使用廉价的、具有一般精度的时钟进行数据通信。在软件开发中,也存在同步通信和异步通信两种方式。本节主要讲解 Android 系统中基于异步消息的多线程编程技术。

6.5.1　异步消息

消息队列(Message Queue,MQ)已经逐渐成为企业 IT 系统内部通信的核心手段,它具有低耦合、可靠投递、广播、流量控制、最终一致性等一系列功能,成为异步远程过程调用(Remote Procedure Call,RPC)的主要手段之一。而消息队列中存储的消息都是异步消息。

同步消息传递涉及等待服务器响应消息的客户端。消息可以双向地向两个方向流动。本质上,这意味着同步消息传递是双向通信,即发送方向接收方发送消息,接收方接收此消息并回复发送方。发送者在收到接收者的回复之前不发送另一条消息。

异步消息传递涉及不等待来自服务器的消息的客户端。事件用于从服务器触发消息。因此,即使客户机被关闭,消息传递也将成功完成。异步消息传递意味着,它是单向通信的一种方式,而交流的流程是单向的。

异步消息传递有一些关键优势:它们能够提供灵活性并提供更高的可用性——系统对信息采取行动的压力较小,或者以某种方式立即做出响应。另外,一个系统被关闭不会影响另一个系统。例如,电子邮件——你可以发送数千封电子邮件给你的朋友,而不需要他回复你。异步的缺点是:它们缺乏直接性,没有直接的相互作用。异步消息传递允许更多的并行性。由于进程不阻塞,所以它可以在消息传输时进行一些计算。

Android 应用程序是通过消息驱动的。Android 系统为每个应用程序维护一个消息队列,应用程序的主线程不断从这个消息队列中获取消息(Looper),然后对这些消息进行处理(Handler),这样就实现了通过消息驱动应用程序的执行。

当 ActivityManagerService 需要与应用程序进行并互时,如加载 Activity 和 Service、处理广播消息的时候,会通过 Binder 进程间通信机制通知应用程序,应用程序接收到这个请求时,它不是马上就处理这个请求,而是将这个请求封装成一个消息,然后把这个消息放在应用程序的消息队列中,最后再通过消息循环处理这个消息。这样做的好处是,消息的发送方只要把消息发送到应用程序的消息队列中就行,它可以马上返回处理别的事情,而不需要等待消息的接收方处理完这个消息才返回,这样就可以提高系统的并发性。实质上,这就是一种基于异步消息的通信机制。

Android 应用程序中包含以下两种类型的线程。

- 没有消息队列、用来执行一次性任务的线程:任务一旦执行完成,就结束了(run()方法的方法体就是要执行的任务)。例如,最简单的 java.lang.Thread,本章前面的 ShowAIPicture 应用程序中创建的工作线程也属于此类线程。
- 带有消息队列、用来执行循环性任务的线程:这类线程有消息时就处理,没有消息时就睡眠,如主线程(即 UI 线程)、android.os.HandlerThread 等。

消息循环过程由 Looper 类实现(主线程中已默认创建)。Android 应用程序进程在启动的时候,会在进程中加载 ActivityThread 类,并且执行这个类的 main 方法,应用程序的消息循环过程就是在这个 main 方法里实现的。在消息处理机制中,消息都存放在一个消息队列中,而应用程序的主线程就是围绕这个消息队列进入一个无限循环的,直到应用程序退出。如果消息队列中有消息,Android 应用程序的主线程就会把它取出来,并分发给相应的 Handler 进行处理;如果队列中没有消息,应用程序的主线程就会进入空闲等待状态,等待下一个消息的到来。

6.5.2　Message 类

Message 类是一个 final 类,因此不能被继承。Message 类封装了线程之间传递的消息,对于一般的数据,Message 类提供了 getData() 和 setData()方法获取与设置数据,其中操作的数据是一个 Bundle 对象。Bundle 对象提供一系列的 getXxx()和 setXxx()方法用于传递基本数据类型的键值对(类似于 Java 集合框架中的 Map),对于基本数据类型,使用起来很简单,这里不再详细讲解。而对于复杂的数据类型,如一个对象的传递,就相对复杂一些。Bundle 中提供了两个方法专门用来传递对象,但是这两个方法也有相应的限制,需要实现特定的接口。当然,一些 Android 自带的类,其实已经实现了这两个接口中的某一个,因此可以直接使用。这两个专门用来传递对象的方法如下。

- putParcelable(String key, Parcelable value):需要传递的对象类实现 Parcelable 接口。
- putSerializable(String key, Serializable value):需要传递的对象类实现 Serializable 接口。

另外,还有另外一种方式可以放在 Message 中传递对象,那就是使用 Message 自带的 obj 属性传值,该属性的类型是 Object 类型,因此可以存储和传递任意类型的对象。

Message 类中定义的成员变量主要包括以下几方面。

- int arg1:参数 1,用于传递不复杂的数据,复杂数据使用 setData()传递。
- int arg2:参数 2,用于传递不复杂的数据,复杂数据使用 setData()传递。
- Object obj:传递一个任意的对象。
- int what:定义的消息码,一般用于设定消息的标志。

对于 Message 对象,一般并不推荐直接使用它的构造方法得到,而是建议通过调用 Message.obtain()这个静态方法或 Handler.obtainMessage()获取。Message.obtain()会从消息池(类似于数据库编程技术中的数据库连接池)中获取一个 Message 对象,如果消息池中是空的,才会使用构造方法实例化一个新的 Message 对象,这样有利于消息资源的利用。一般不需要担心消息池中的消息过多,它是有上限的,默认上限为 10 个。Handler.obtainMessage()具有多个重载方法,如果查看 Android 源代码,会发现 Handler.obtainMessage()方法在内部也调用了 Message.obtain()方法。

　　Android 系统中基于异步消息的通信机制如图 6.12 所示。

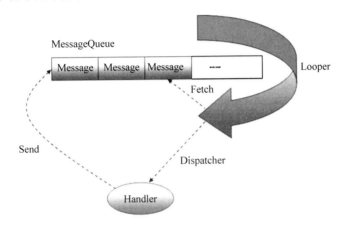

图 6.12　Android 系统中基于异步消息的通信机制

6.5.3　Handler 类

　　Handler 类直接继承自 Object 类。一个 Handler 对象可以发送和处理 Message 或者 Runnable 对象,并且会关联到主线程(即 UI 线程)的 MessageQueue 中。每个 Handler 都具有一个单独的线程,并且关联到一个消息队列的线程,也就是说,一个 Handler 有一个固有的消息队列。当实例化一个 Handler 的时候,它就承载在一个线程和消息队列的线程(一般把 UI 线程作为 Handler 对象关联的线程),这个 Handler 可以把 Message 或 Runnable 压入消息队列,并且从消息队列中取出 Message 或 Runnable,进而操作。

　　Handler 主要有以下两个作用:

- 在工作线程中发送消息。
- 在 UI 线程中获取、处理消息。

　　上面介绍到 Handler 可以把一个 Message 对象或者 Runnable 对象压入消息队列中,进而在 UI 线程中获取 Message 或者执行 Runnable 对象,所以 Handler 把对象压入消息队列有两大类方法:post()方法和 sendMessage()方法。

- post()方法:post 允许把一个 Runnable 对象压入消息队列。它的方法有 post(Runnable)、postAtTime(Runnable, long)、postDelayed(Runnable, long)。
- sendMessage()方法:sendMessage()方法允许把一个包含消息数据的 Message 对象压入消息队列中。它的方法有 sendEmptyMessage(int)、sendMessage(Message)、sendMessageAtTime(Message, long)、sendMessageDelayed

（Message,long）。

从上面的各种方法可以看出,不管是 post(),还是 sendMessage(),都具有多种方法,它们可以设定 Runnable 对象和 Message 对象被压入消息队列中是立即执行,还是延迟执行。

对于 Handler 的 post 方式来说,它会传递一个 Runnable 对象到消息队列中,在这个 Runnable 对象中,重写 run()方法。一般在这个 run()方法中写入需要在 UI 线程上的操作。

在 Handler 中,与 Runnable 有关的方法有:

* boolean post(Runnable r):把一个 Runnable 压入消息队列中,UI 线程从消息队列中取出这个对象后,立即执行。

* boolean postAtTime(Runnable r, long uptimeMillis):把一个 Runnable 压入消息队列中,UI 线程从消息队列中取出这个对象后,在特定的时间执行。

* boolean postDelayed(Runnable r, longdelayMillis):把一个 Runnable 压入消息队列中,UI 线程从消息队列中取出这个对象后,延迟 delayMillis 秒执行。

* void removeCallbacks(Runnable r):从消息队列中移除一个 Runnable 对象。

在 Handler 类中,与 Message 发送消息相关的方法有:

* Message obtainMessage():获取一个 Message 对象。

* boolean sendMessage():发送一个 Message 对象到消息队列中,并在 UI 线程取到消息后立即执行。

* boolean sendMessageDelayed():发送一个 Message 对象到消息队列中,并在 UI 线程取到消息后延迟执行。

* boolean sendEmptyMessage(int what):发送一个空的 Message 对象到队列中,并在 UI 线程取到消息后立即执行。

* boolean sendEmptyMessageDelayed(int what, long delayMillis):发送一个空 Message 对象到消息队列中,并在 UI 线程取到消息后延迟执行。

* void removeMessage():从消息队列中移除一个未响应的消息。

使用 Handler 的对象发送异步消息到消息队列中,之后一般在自定义的 Handler 中重写 handleMessage()方法,完成包括更新 UI 控件等操作,由于更新 UI 控件的操作必须在 UI 线程中运行,因此也要求 handleMessag()方法运行在 UI 线程中。而使用 Handler 的对象发送异步消息则由工作线程完成,这样通过消息队列中的异步消息,工作线程和 UI 线程就完成了通信工作,工作线程自己不能更新 UI 控件,但通过这种基于异步消息的模式间接地完成了更新 UI 控件的工作。

使用 Handler 的对象添加指定的 Runnable 操作,其实更容易理解,这与工作线程通过 Activity 的对象调用 runOnUiThread()方法类似,runOnUiThread()方法接收一个 Runnable 的对象,而 Handler 类的 post 形式的方法同样接收一个 Runnable 的对象。可以理解为,工作线程把自己不能直接执行的操作打包在了 Runnable 对象中,直接添加给消息队列,Looper 一旦取出该 Runnable 对象,就执行该对象的 run()方法。

Activity 类的 runOnUiThread()方法的代码如下:

```
public final void runOnUiThread(Runnable action) {
    if(Thread.currentThread() !=mUiThread) {
        mHandler.post(action);
    } else {
        action.run();
    }
}
```

可以看出，该方法首先进行了判断，如果当前线程不是 UI 线程，则不直接运行参数 action 中的 run()方法，而是把 action 通过 mHandler(一个成员变量，其类型为 Handler) 的 post()方法添加到消息队列中，随后运行。如果当前线程是 UI 线程，则直接运行 action 的 run()方法。

综上所述，异步消息处理机制主要包括以下 4 部分。

- Message：消息体，用于装载需要发送的对象。
- Handler：它直接继承自 Object。作用是：在非 UI 线程中发送 Message 或者 Runnable 对象到 MessageQueue 中；在 UI 线程中接收、处理从 MessageQueue 分发出的 Message 或者 Runnable 对象。发送消息一般使用 Handler 的 sendMessage() 方法，而发出的消息经过处理后最终会传递到 Handler 的 handleMessage()方法中。
- MessageQueue：用于存放 Message 或 Runnable 对象的消息队列。它由对应的 Looper 对象创建，并由 Looper 对象管理。每个线程中都只会有一个 MessageQueue 对象。
- Looper：它是每个 UI 线程中的 MessageQueue 的管家，循环不断地管理 MessageQueue 接收和分发 Message 或 Runnable 的工作。调用 Looper 的 loop() 方法后，就会进入一个无限循环中，然后每当发现 MessageQueue 中存在一条消息，就将它取出，并调用 Handler 的 handleMessage()方法。每个 UI 线程中也只会有一个 Looper 对象。

上述 4 部分之间的联系如下。

首先，Handler 和 Looper 对象属于线程内部的数据，不过也提供与外部线程的访问接口，Handler 就是公开给外部线程的接口，用于线程间的通信。Looper 是由 Android 系统支持的用于创建和管理 MessageQueue 的依附于一个线程的循环处理对象，而 Handler 是用于操作线程内部的消息队列的，所以 Handler 也必须依附一个线程，而且只能是一个线程。

当应用程序开启时，Android 系统会自动为 UI 线程（即主线程）创建一个 MessageQueue(消息队列)和 Looper 循环处理对象。首先需要在 UI 线程中创建一个 Handler 对象，并重写 handleMessage()方法。然后，当工作线程中需要进行 UI 操作时，就创建一个 Message 对象，并通过在 UI 线程中创建的 Handler 对象将这条消息发送出去。之后这条消息就会被添加到 MessageQueue 的队列中等待被处理，而 Looper 则会一直尝试从 MessageQueue 中取出待处理的消息，并找到与消息对象对应的 Handler 对象，然后调用 Handler 的 handleMessage()方法。由于 Handler 对象是在 UI 线程中创建的，因此 handleMessage()方法中的代码也会在 UI 线程中运行，于是在该方法中就可以安心进行 UI 操作了。

一般在实际的开发过程中常见的编程方式是：UI 线程的 Handler 对象将工作线程中处理过的耗时操作的结果封装成 Message(如下载大文件的百分比进度值等)，并将该 Message(通过 Handler 对象)传递到 UI 线程中，最后 UI 线程再根据传递过来的结果进行相关的 UI 元素的更新，从而实现任务的异步加载和处理，并达到线程间的通信。

通过 6.5.2 节对 Handler 有一个初步认识后，可以很容易总结出 Handler 的主要用途。Handler 类的两个主要用途为"执行定时任务"和"线程间的通信"。

（1）执行定时任务。指定任务时间，在某个具体时间或某个时间段后执行特定的任务操作，如使用 Handler 提供的 postDelayed(Runnable r, long delayMillis)方法指定多久后执行某项操作，如当当、淘宝、京东和微信等手机客户端的开启界面功能，大多是通过 Handler 定时任务完成的。

（2）线程间的通信。在执行较耗时的操作时，Handler 负责将工作线程中执行的操作的结果传递到 UI 线程，然后 UI 线程再根据传递过来的结果进行相关 UI 元素的更新。

6.5.4 Handler 案例

为了演示 Handler、Message 等类和基于异步消息的处理机制，新建一个 Android 项目 ChinaRevival(意思是中华民族伟大复兴)。添加一个 Empty Activity，采用默认的名称 MainActivity 和自动生成的布局文件 activity_main.xml，修改该布局文件的内容如下：

```xml
<?xml version="1.0" encoding="utf-8"?>
<LinearLayout xmlns:android="http://schemas.android.com/apk/res/android"
    android:orientation="vertical"
    android:layout_width="match_parent"
    android:layout_height="match_parent">
    <Button
        android:id="@+id/btnStart"
        android:layout_width="wrap_content"
        android:layout_height="wrap_content"
        android:layout_gravity="center_horizontal"
        android:text="中华民族伟大复兴开始!"
        android:textSize="11pt" />
    <android.support.v4.widget.ContentLoadingProgressBar
        android:id="@+id/pbChina"
        style="?android:attr/android:progressBarStyleHorizontal"
        android:layout_width="match_parent"
        android:layout_height="wrap_content" />
</LinearLayout>
```

在 MainActivity 的布局文件中，添加了一个 Button 控件和一个 ContentLoadingProgressBar 控件。后面的程序中，将在新创建的工作线程中用循环得到逐渐增长的进度值(0~100)，之后在工作线程中把具体的进度值放在 Message 对象中存储后用 Handler 对象发送到消息队列中。在 Handler 类的子类(MyHandler)中重写 handleMessage(Message)方法，具体的处理逻辑是首先取出 Message 中的具体进度值，然后把该进度值设置给 ContentLoadingProgressBar 控件。该案例是模仿在工作线程中从网络上下载文件，在界面上通过进度条显示下载进度。由于本案例的重点是 Message、Handler 类，以及异步消息的发送和处理，因此省略了网络下载部分的功能，以突出重点，方便学习和掌握。

之后定义类 MyHandler，该类从 Handler 类继承，并重写 handleMessage(Message)方法。MyHandler 类的代码如下：

```
package cn.edu.buu.chinarevival;
import android.os.Handler;
import android.os.Message;
import android.support.v7.app.AppCompatActivity;
import android.view.View;
public class MyHandler extends Handler {
    private AppCompatActivity activity;
    public MyHandler(AppCompatActivity activity) {
        this.activity=activity;
    }
    @Override
    public void handleMessage(Message msg) {
        int value=msg.arg1;
        if(this.activity instanceof MainActivity) {
            MainActivity mainActivity = (MainActivity)
                                        (this.activity);
            mainActivity.getPbRevival().setProgress(value);
            if(value>=100) {
                mainActivity.getBtnRevival()
                        .setText("中华民族伟大复兴完成!");
                mainActivity.getPbRevival()
                        .setVisibility(View.GONE);
            }
        }
    }
}
```

可以看出，在 MyHandler 类中定义了对 MainActivity 的一个引用，这个引用是通过构造方法的参数传递的。这样，在重写 handleMessage()方法时，可以通过 MainActivity 对象的引用访问 UI 控件(包括 Button 和 ContentLoadingProgressBar)。在 handleMessage()方法中，首先取出 arg1 成员变量的值，然后设置给 ContentLoadingProgressBar 控件。最后，如果进度值达到或超过 100，就修改 Button 控件的值，同时设置 ContentLoading ProgressBar 控件为不可见(不在整个布局中占据空间和位置)。

类 MainActivity 的代码如下：

```
package cn.edu.buu.chinarevival;
import android.os.Message;
import android.support.v4.widget.ContentLoadingProgressBar;
import android.support.v7.app.AppCompatActivity;
import android.os.Bundle;
import android.util.Log;
import android.view.View;
import android.widget.Button;
public class MainActivity extends AppCompatActivity {
    private Button btnRevival;
    private ContentLoadingProgressBar pbRevival;
    private MyHandler myHandler=null;
    @Override
    protected void onCreate(Bundle savedInstanceState) {
        super.onCreate(savedInstanceState);
        setContentView(R.layout.activity_main);
        myHandler=new MyHandler(this);
        this.btnRevival=this.findViewById(R.id.btnStart);
        this.pbRevival=this.findViewById(R.id.pbChina);
        this.pbRevival.setVisibility(View.VISIBLE);
        this.btnRevival.setOnClickListener(
          new View.OnClickListener() {
            @Override
            public void onClick(View view) {
                new Thread(new Runnable() {
                    @Override
                    public void run() {
                        for(int i=5; i<=100; i +=5) {
                            Message message=Message.obtain(myHandler);
                            message.arg1=i;
                            myHandler.sendMessage(message);
                            try {
                                Thread.currentThread().sleep(100);
                            }
                            catch(InterruptedException e) {
                                Log.e(this.getClass().getName(),
                                    e.getMessage());
                            }
                        }
                    }
                }).start();
            }
        });
    }
```

```
    public ContentLoadingProgressBar getPbRevival() {
        return this.pbRevival;
    }
    public Button getBtnRevival() {
        return this.btnRevival;
    }
}
```

在 MainActivity 类中，定义了表示 Button 和 ContentLoadingProgressBar 控件的成员变量，另外还定义了一个 MyHandler 类型的成员变量，以便在用户单击按钮之后开启的工作线程中使用 MyHandler 发送消息（消息的唯一内容是逐渐增长的进度值）。MainActivity 类还重写了 onCreate()方法，在该方法中主要完成了控件的设置以及事件监听器的绑定。在给 Button 控件绑定事件监听器时，在新开启的工作线程的 run()方法中，通过 Message 类的 obtain()静态方法获得 Message 对象，之后把循环变量 i 的值存储在 Message 对象中，最后通过 MyHandler 的 sendMessage()方法发送该消息对象。该消息对象会被发送到消息队列中存储，之后 Looper 会取出该消息对象，发送给与消息队列关联的 Handler 对象（也就是本程序中唯一的 MyHandler 类的对象），Handler 对象会调用 handleMessage()方法处理该消息。ChinaRevival 程序的运行结果如图 6.13 所示。

图 6.13　ChinaRevival 程序的运行结果

Looper、MessageQueue、Message 和 Handler 等之间的关系总结如下。

- Looper：UI 主线程中默认有一个 Looper 对象管理 UI 线程的各条消息，但是在自定义的 Thread 类中是没有这个消息循环的，即没有 Looper；需要主动创建将该线程内部的 Message 添加到 MessageQueue 中，让 Looper 进行管理，然后启动 Looper 的消息循环 loop；与外部的交互通过 Handler 进行。

- MessageQueue：消息队列，由 Looper 持有，但是消息的添加通过 Handler 进行；消息循环和消息队列都属于 Thread，而 Handler 本身并不具有 Looper 和

MessageQueue；但是，消息系统的建立和交互是 Thread 将 Looper 和 MessageQueue 交给某个 Handler 维护建立消息系统模型。所以，消息系统模型的核心就是 Looper。消息循环和消息队列都是由 Looper 建立的，而建立 Handler 的关键就是这个 Looper。

一个 Thread 同时可以对应多个 Handler，一个 Handler 同时只能属于一个 Thread。Handler 属于哪个 Thread 取决于该 Handler 是在哪个 Thread 中建立的。在一个 Thread 中，Looper 也是唯一的，一个 Thread 对应一个 Looper，建立 Handler 的 Looper 来自哪个 Thread，这个 Handler 就属于那个 Thread。

Message、Looper、Handler 之间的关系如图 6.14 所示。

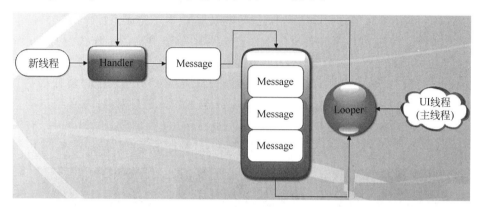

图 6.14　Message、Looper、Handler 之间的关系

6.6　AsyncTask

AsyncTask 的意思是异步任务，从字面上来说，就是在 UI 主线程运行时，同时通过异步的方式完成一些操作。AsyncTask 允许应用程序在后台执行一个异步任务。一般可以将耗时的操作放在异步任务中执行，并随时将任务执行的结果返回给 UI 线程更新 UI 控件。使用 AsyncTask 也可以轻松解决工作线程和 UI 线程之间的通信问题。

6.6.1　AsyncTask 的基本概念

怎么理解 AsyncTask 呢？通俗来说，AsyncTask 相当于 Android 提供的一个多线程编程框架。如果要定义一个 AsyncTask，就需要定义一个类继承 AsyncTask 这个抽象类，并实现其唯一的一个抽象方法：doInBackground()。

要掌握 AsyncTask，首先须理解其概念，总结起来就是：3 个泛型、4 个步骤。AsyncTask 类是一个抽象类，当在应用程序中定义一个类继承 AsyncTask 这个类时，需要为其指定 3 个泛型参数：

```
AsyncTask<Params, Progress, Result>
```

其中，Params 指定的是传递给异步任务执行时的参数的类型，Progress 指定的是异步任务在执行的时候将执行的进度返回给 UI 线程的参数的类型,Result 指定的是异步任务执行完后返回给 UI 线程的结果的类型。定义一个类继承 AsyncTask 类时,必须指定好这 3 个泛型的类型,如果都不指定,则都将其写成 Void(注意,泛型中使用的是 Void,而方法返回类型中使用的是 void,区分大小写)。例如:

```
AsyncTask<Void, Void, Void>
```

4 个步骤:当执行一个异步任务时,需要按照下面 4 个步骤分别执行。

1. onPreExecute()方法

onPreExecute()方法在执行异步任务之前执行,并且是在 UI 线程中执行的,通常在这个方法中做一些 UI 控件的初始化操作,如弹出 ProgressDialog。

2. doInBackground(Params... params)方法

执行完 onPreExecute()方法后,会马上执行 doInBackground(Params... params)方法方法,该方法就是处理异步任务的方法。Android 操作系统会在后台的线程池中开启一个工作线程执行这个方法(即在工作线程当中执行),执行完后将执行结果发送给最后一个 onPostExecute()方法。在该方法中,可以完成从网络中获取数据等一些耗时的操作。

3. onProgressUpdate(Progress... values)方法

onProgressUpdate(Progress... values)方法也是在 UI 线程中执行的,在异步任务执行时,有时需要将执行的进度返回给 UI。例如,下载一张网络图片,需要时刻显示其下载的进度,就可以使用这个方法更新进度。这个方法在调用之前,需要在 doInBackground()方法中调用一个 publishProgress(Progress)方法将进度时时刻刻传递给 onProgressUpdate()方法来更新。

4. onPostExecute(Result... result)方法

当异步任务执行完后,就会将结果返回给 onPostExecute(Result... result)方法,这个方法也是在 UI 线程中执行的,可以将返回的结果显示在 UI 控件上。

为什么 AsyncTask 抽象类只有一个 doInBackground 的抽象方法呢? 原因是,如果要做一个异步任务,必须为其开辟一个新的线程,让其完成一些操作,而完成这个异步任务时,可能并不需要弹出 ProgressDialog,并不需要随时更新 ProgressDialog 的进度条,也并不需要将结果更新给 UI,所以,除 doInBackground()方法之外的 3 个方法都不是必须有的,因此必须实现的方法是 doInBackground()。

上述 4 个步骤可以更加简洁地描述如下。

(1)表示任务执行前的操作。

(2)主要完成耗时操作。

(3)主要是更新 UI 操作。

(4)产生最终结果。

6.6.2　AsyncTask 案例

AsyncTask 案例依然沿用 6.5.4 节的 Handler 案例,但改用 AsyncTask 实现。

新建一个 Android 项目 ChinaRevivalAT(AT 是 AsyncTask 的首字母缩写),添加一个 Empty Activity:MainActivity,采用自动生成的布局文件 activity_main.xml,并修改内容如下:

```xml
<?xml version="1.0" encoding="utf-8"?>
<LinearLayout xmlns:android="http://schemas.android.com/apk/res/android"
    android:orientation="vertical"
    android:layout_width="match_parent"
    android:layout_height="match_parent">
    <Button
        android:id="@+id/btnStart"
        android:layout_width="wrap_content"
        android:layout_height="wrap_content"
        android:layout_gravity="center_horizontal"
        android:text="中华民族伟大复兴开始!"
        android:textSize="11pt" />
    <android.support.v4.widget.ContentLoadingProgressBar
        android:id="@+id/pbChina"
        style="?android:attr/android:progressBarStyleHorizontal"
        android:layout_width="match_parent"
        android:layout_height="wrap_content" />
</LinearLayout>
```

再定义 ChinaRevivalAsyncTask 类,该类从 AsyncTask 类继承,并覆盖了其与异步任务执行的相关方法,其代码如下:

```java
package cn.edu.buu.chinarevivalat;
import android.os.AsyncTask;
import android.support.v7.app.AppCompatActivity;
import android.util.Log;
import android.view.View;

public class ChinaRevivalAsyncTask
        extends AsyncTask<Void, Integer, Void>{
    @Override
    protected void onPreExecute() {
        this.activity.getPbRevival()
                .setVisibility(View.VISIBLE);
        this.activity.getBtnRevival()
                .setText("中华民族伟大复兴进行中...");
        Log.d(this.activity.getClass().getName(), "onPreExecute(), thread id ->"
        +Thread.currentThread().getId());
        super.onPreExecute();
    }
    @Override
    protected void onProgressUpdate(Integer... values) {
        int progressValue=values[0];
```

```
            this.activity.getPbRevival().setProgress(progressValue);
            Log.d(this.activity.getClass().getName(),
            "onProgressUpdate(), thread id ->"+Thread.currentThread().getId());
            super.onProgressUpdate(values);
        }
        @Override
        protected Void doInBackground(Void... voids) {
            for(int i=5; i<=100; i +=10) {
                try {
                    this.publishProgress(i);
                    Log.d(this.activity.getClass().getName(),
                    "doInBackground(), thread id ->"
                        +Thread.currentThread().getId());
                    Thread.currentThread().sleep(100);
                }
                catch(InterruptedException e) {
                    Log.e(this.getClass().getName(), e.getMessage());
                }
            }
            return null;
        }
        @Override
        protected void onPostExecute(Void aVoid) {
            activity.getBtnRevival().setText("中华民族伟大复兴完成!");
            activity.getPbRevival().setVisibility(View.GONE);
            Log.d(this.activity.getClass().getName(),
            "onPostExecute(), thread id ->"
                +Thread.currentThread().getId());
            super.onPostExecute(aVoid);
        }
        public void setActivity(MainActivity activity) {
            this.activity=activity;
        }
        private MainActivity activity;
}
```

类 MainActivity 的代码如下：

```
package cn.edu.buu.chinarevivalat;
import android.support.v4.widget.ContentLoadingProgressBar;
import android.support.v7.app.AppCompatActivity;
import android.os.Bundle;
import android.view.View;
import android.widget.Button;
public class MainActivity extends AppCompatActivity {
    private Button btnRevival;
```

```
private ContentLoadingProgressBar pbRevival;
private ChinaRevivalAsyncTask asyncTask;
@Override
protected void onCreate(Bundle savedInstanceState) {
    super.onCreate(savedInstanceState);
    setContentView(R.layout.activity_main);
    this.asyncTask=new ChinaRevivalAsyncTask();
    this.asyncTask.setActivity(this);
    this.btnRevival=findViewById(R.id.btnStart);
    this.pbRevival=findViewById(R.id.pbChina);
    this.btnRevival.setOnClickListener(new View.OnClickListener() {
        @Override
        public void onClick(View view) {
            //开始执行异步任务
            MainActivity.this.asyncTask.execute();
        }
    });
}
public ContentLoadingProgressBar getPbRevival() {
    return this.pbRevival;
}
public Button getBtnRevival() {
    return this.btnRevival;
}
}
```

该程序(ChinaRevivalAT)的运行结果与使用 Handler 实现的 ChinaRevival 程序的运行结果相同,参见图 6.13。

ChinaRevivalAT 程序运行的日志输出信息如图 6.15 所示。

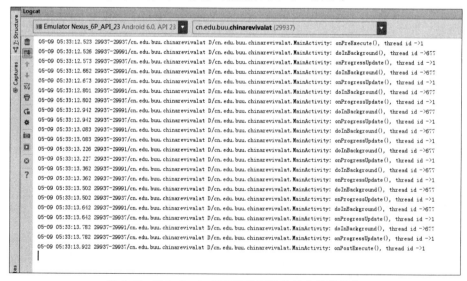

图 6.15　ChinaRevivalAT 程序运行的日志输出信息

可以看出,输出的日志信息中,除了 doInBackground()方法运行所在的线程 id 为 677 之外,onPreExecute()、onProgressUpdate()、onPostExecute()等方法运行所在的 id 均为 1,也就是说,这些方法都运行在主线程(即 UI 线程)中,因此,在这些方法中对 UI 控件进行操作是线程安全的。

AsyncTask 类的工作机制图如图 6.16 所示。可以看出,只有 doInBackground()方法是在工作线程中运行的,其他方法都运行在 UI 线程中,这也是理解和使用 AsyncTask 类进行编程的关键所在。

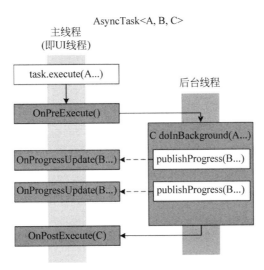

图 6.16　AsyncTask 类的工作机制图

习　题　6

1. 关于 Handler 的说法,以下不正确的是(　　　)。
　(A)它是实现不同进程间通信的一种机制
　(B)它采用队列的方式存储 Message
　(C)Handler 既是消息的发送者,也是消息的处理者
　(D)它是实现不同线程间通信的一种机制

2. Handler 是线程与 Activity 通信的桥梁,如果线程处理不当,设备就会变得很慢,那么线程销毁的方法是(　　　)。
　(A)onDestroy()　　(B)onClear()　　　(C)onFinish()　　　(D)onStop()

3. 简要说明进程和线程的关系。

4. 举例说明使用 Java 语言如何实现多线程编程。

5. 按重要性程度从高到低,简要说明 Android 系统中的各种进程情况。

6. Android 应用程序中,什么是主线程?为何主线程又称为 UI 线程?什么是工作线程?

7. 在 Android 应用程序的主线程中能进行网络访问操作吗？这样做会产生什么结果？

8. 在 Android 应用程序的工作线程中能否进行修改 UI 控件的操作？这样做会产生什么结果？

9. 为了解决工作线程不能直接更新 UI 组件的问题，Android 提供了哪几种解决方案？请简要说明。

10. 说明 AsyncTask 中的重要方法执行的流程，以及每个方法是在哪个线程（主线程或工作线程）中运行的。

Intent 与 IntentFilter

在 Android 中有四大组件,其中 3 个组件与 Intent 相关,可见 Intent 在 Android 中的地位高度。Intent 是信息的载体,用它可以请求组件做相应的操作,但是相对于这个功能,Intent 本身的结构更值得学习和研究。本章主要讲述 Intent 的相关知识,包括 IntentFilter 的使用。

7.1 Intent

Intent 促进了组件之间的交互,这对于开发者非常重要,而且它还能作为消息的载体,指导组件做出相应的行为。也就是说,Intent 可以携带数据,传递给 Activity/Service/BroadcastReceiver,具体包括:

- 启动 Activity:Activity 可以简单地理解为手机屏幕中的一个界面,可以通过将 Intent 传入 startActivity()方法启动一个 Activity 的实例,也就是一个界面。同时,Intent 也可以携带数据,传递给新的 Activity。如果想获取新建的 Activity 执行结果,可以通过 onActivityResult()方法启动 Activity。
- 启动 Service:Service 是一个不呈现交互界面的后台执行操作组件,可以通过将 Intent 传入 startService()方法启动一个 Service 来启动服务。
- 传递广播 Broadcast:广播是任何应用都可以接收到的消息,通过将 Intent 传递给 sendBroadcast()、sendOrderedBroadcast()或 sendStickyBroadcast()方法,可以将广播传递给接收方。

7.1.1 Intent 概述

在 Android 中,Intent 分为两种类型:显式 Intent 和隐式 Intent。

显式 Intent 可以通过类名找到相应的组件。在应用中用显式 Intent 启动一个组件,通常是因为能够提前知道这个组件(Activity 或者 Service)的类名称。若已经知道具体的 Activity 的名称,要启动一个新的 Activity,可使用显式 Intent,代码如下。

```
Intent intent=new Intent(MainActivity.this, TargetActivity.class);
MainActivity.this.startActivity(intent);
```

隐式 Intent 不指定具体的组件,但是它会声明将要执行的操作,从而匹配到相应的组件。最简单的 Android 中调用系统拨号界面准备打电话的操作就是隐式 Intent,代码如下：

```
Intent intent=new Intent(Intent.ACTION_DIAL);
Uri data=Uri.parse("tel:"+"01012345");
intent.setData(data);
startActivity(intent);
```

使用显式 Intent 启动 Activity 或者 Service 时，系统会立即启动 Intent 对象中指定的组件。

使用隐式 Intent 的时候，系统通过将 Intent 对象中的 IntentFilter 与组件在 AndroidManifest.xml 或者代码中动态声明的 IntentFilter 进行比较，从而找到要启动的相应组件。如果某个组件的 IntentFilter 与 Intent 中的 IntentFilter 正好匹配，系统就会启动该组件，并把 Intent 传递给它。如果有多个组件同时匹配到了，则系统会弹出一个选择框，让用户选择使用哪个应用处理这个 Intent。例如，有时单击一个网页链接，会弹出多个应用，让用户选择用哪个浏览器打开该链接，就是这种情况。

IntentFilter 通常定义在 AndroidManifest.xml 文件中，也可以动态设置，用来声明组件想接受哪种 Intent。例如，如果为一个 Activity 设置了 IntentFilter，就可以在应用内或者其他应用中用特定的隐式 Intent 启动这个 Activity，如果没有为 Activity 设置 IntentFilter，就只能通过显式 Intent 启动这个 Activity。

7.1.2　Intent 的属性

Intent 作为消息的载体，系统根据它决定启动哪个具体的组件，同时将组件执行中需要的信息传递过去。Intent 能够包含的属性有 component、action、data、category、extras、flags。

component 属性是要启动的组件名称。这个属性是可选的，但它是显式 Intent 的一个重要属性，设置这个属性后，该 Intent 只能被传递给由 Component 定义的组件。隐式 Intent 没有 component 属性，系统根据其他信息（如 action、data 等）判断该 Intent 应该传递给哪个组件。component 属性是目标的组件的具体名称（完全限定类名，即包名＋类名），如 cn.edu.buu.DemoActivity。该属性可以通过 setComponentName()、setClass()、setClassName()或者 Intent 的构造函数设置。

action 属性表明执行操作的字符串。它会影响 Intent 的其余信息，如 data、extras。该属性可以通过 setAction()方法或者 Intent 的构造函数设置。用户可以自定义 action 属性，也可以使用系统中已经有的 action 值。下面列出了启动 Activity 时一些通用的 action 属性值。

- ACTION_VIEW，当有一些信息需要展示时，可以设置 Intent 的 action 为这个值，并调用 startActivity()方法。
- ACTION_SEND，当用户有一些信息需要分享到其他应用时，可以设置 Intent 的 action 为这个值，并调用 startActivity()方法。
- ACTION_DIAL，拨打电话，可以设置 Intent 的 action 为这个值，并调用 startActivity()方法。

- ACTION_EDIT,编辑某些文件,可以设置 Intent 的 action 为这个值,并调用 startActivity()方法。

data 属性是待操作数据的引用 URI(Uniform Resource Identifier,统一资源标识符) 或者数据 MIME(Multipurpose Internet Mail Extensions,多用途互联网邮件扩展)类型 的 URI,它的值通常与 Intent 的 action 有关。例如,如果设置 action 的值为 ACTION_ EDIT,那么 data 属性的值就必须包含被编辑文档的 URI。当创建 Intent 时,设置 MIME 类型非常重要。例如,一个可以显示图片的 Activity 可能不能播放音频,而图片和音频的 URI 非常类似。设置 MIME 类型,可以帮助 Android 系统找到最合适的组件接受 Intent。有时,MIME 类型也可以从 URI 判断出来。例如,当 data 是一个包含 content: 字符串的 URI 时,可以明确地知道,待处理的数据存在设备中,而且由 ContentProvider 管理并提供访问。使用 Intent 类的 setData()方法可以设置数据引用的 URI,使用 setType()方法可以设置数据的 MIME 类型,使用 setDataAndType()方法则可以同时设 置这两个属性。需要注意的是,如果想设置这两个属性,推荐直接调用 setDataAndType() 方法,不要同时调用 setData()和 setType()方法。

category 属性是对处理该 Intent 组件信息的补充。它是一个 ArraySet 类型的容器, 因此可以在该属性中添加任意数量的补充信息,同时,即使 Intent 没有设置这个属性,也 不会影响解析组件信息。可以通过调用 addCategory()方法设置 category 属性。下面是 一些常用的 category 的值。

- CATEGORY_BROWSABLE,设置 category 属性为该值后,在网页上单击图片或 链接时,系统会考虑将此目标 Activity 列入可选列表,供用户选择,以打开图片或 链接。
- CATEGORY_LAUNCHER,应用启动的初始 Activity,这个 Activity 会被添加到 系统启动 launcher 中。

以上列出的这些关于 Intent 的属性(component、action、data、category)可以帮助 Android 系统确定具体的组件,但是 Intent 中还有一些属性不会影响组件的确定,这些属 性主要有:

- extras 属性,以 key-value(键值对)的形式存储组件执行操作过程中需要的额外信 息,可以调用 Intent 类的 putExtra()方法设置该属性。putExtra()方法接受两个 参数:一个是 key;另一个是 value。另外,也可以通过实例化一个存储额外信息 的 Bundle 对象,然后调用 putExtras()方法将该 Bundle 对象添加到 Intent 中。
- flags 属性,这个属性可以指示 Android 系统如何启动一个 Activity,以及启动之 后如何处理。例如,Activity 属于哪个 task(任务)。

7.2　显式 Intent

显式 Intent 指的是在 Intent 中直接指定需要打开的 Activity 对应的类。以下各种方 式编程的目的都一样,实际上都是设置 Component 直接指定 Activity 类的显式 Intent, 达到由 MainActivity 跳转到 SecondActivity 的目的。

1. 通过 Intent 的构造方法传入 Component

通过 Intent 的构造方法传入 Component 是显式 Intent 中最常用的使用方式,代码如下:

```
Intent in=new Intent(MainActivity.this, SecondActivity.class);
MainActivity.this.startActivity(in);
```

上述代码中调用了 Intent 类的如下构造方法:

```
public Intent(Context packageContext, Class<?>cls)
```

由于 Activity 类是从 Context 类继承的,因此调用上述构造方法时,第 1 个参数使用当前 Activity 的 this 对象,而第 2 个参数使用要跳转到的 Activity 类的 class 成员变量。

2. setComponent()方法

代码如下:

```
ComponentName componentName=null;
componentName=new ComponentName(this, SecondActivity.class);
componentName=new ComponentName
                        (this, "cn.edu.buu.SecondActivity");
componentName=new ComponentName(this.getPackageName(),
                                "cn.edu.buu.SecondActivity");
Intent intent=new Intent();
intent.setComponent(componentName);
startActivity(intent);
```

上述代码中使用了 ComponentName 类。ComponentName,顾名思义,就是组件名称,通过调用 Intent 中的 setComponent()方法,可以打开另外一个应用程序中的 Activity 或者 Service。实例化一个 ComponentName 需要两个参数:第 1 个参数是要启动应用程序的包名称,这个包名称是指清单文件中列出的应用程序的包名称;第 2 个参数是要启动的 Activity 或者 Service 的全称(包名+类名)。上述代码中调用了 Intent 类的无参数的构造方法,之后通过调用 setComponent()方法设置相关的信息。

3. setClass/setClassName()方法

代码如下:

```
Intent intent=new Intent();
intent.setClass(this, SecondActivity.class);
intent.setClassName(this, "cn.edu.buu.SecondActivity");
intent.setClassName(this.getPackageName(),
                        "cn.edu.buu.SecondActivity");
startActivity(intent);
```

显式 Intent 通过 Component 可以直接设置需要调用的 Activity 类,可以唯一确定一个 Activity,意图特别明确,所以是显式的。设置这个类的方式可以是 Class 对象(如 SecondActivity.class),也可以是包名加类名的字符串(如"cn.edu.buu.SecondActivity")。

这很容易理解,在应用程序内部跳转界面主要采用这种方式,因为在同一个 Android 应用程序内部,绝大多数情况是知道要启动的 Activity 或 Service 的名称(包括类名和包名)。

需要特别强调的是,如果上述 Intent 代码出现在控件事件的监听器的方法中,那么不能直接使用 this 引用 MainActivity 类的当前对象,必须明确写出 MainActivity.this 的形式。因此,此时的 this 对象引用的是监听器类的当前对象,即使监听器类是一个匿名的类。调用 startActivity()和 startService()等方法时,也必须明确写出 MainActivity.this 的形式,因为这两个方法是 Activity 类从 Context 类继承得到的,必须使用 Activity 类的对象方可调用。

本书 4.3 节多 Activity 编程部分使用了显式的 Intent,在 FirstActivity 的界面上单击 Jump 按钮,跳转到 AnotherActivity,详情参见 4.3.2 节使用 Intent 跳转。

Android 系统的特点之一是用户可以从第一个应用程序跳转到第二个或更多的其他应用程序,由多个应用程序共同完成用户的任务。在应用程序之间跳转的时候,大多数情况不清楚其他应用程序中的 Activity 或 Service 的具体名称,这种情况下,显式 Intent 就无能为力了,Android 系统提供了另外一种 Intent 完成这种工作,那就是隐式 Intent。

7.3　隐式 Intent

相比于显式 Intent,隐式 Intent 则含蓄了许多,它并不明确指出想启动哪个 Activity,而是指定了一系列更抽象的 action 和 category 等信息,然后交由 Android 系统分析这个 Intent,并帮助找出合适的 Activity 去启动。使用隐式 Intent 时,Intent 的发送者在构造 Intent 对象时并不知道、也不关心接收者是谁,有利于降低发送者和接收者之间的耦合。

如果使用隐式 Intent 启动 Activity,Android 系统会在应用程序运行时解析 Intent,并根据一定的规则对 Intent 和 Activity 进行匹配,使 Intent 中包含的动作(action)、数据(data)等信息与 Activity 完全吻合。匹配的组件可以是应用程序本身的 Activity,也可以是 Android 系统内置的 Activity,还可以是其他应用程序提供的 Activity。因此,这种方式强调了 Android 组件的可复用性,以及跨应用程序之间调用的无缝连接,提高了用户体验。

例如,如果程序开发人员希望启动一个浏览器查看指定的网页内容,但并不能确定具体应该启动哪个 Activity,此时就可以使用 Intent 的隐式启动方式,由 Android 系统在程序运行时决定具体启动哪个应用程序的 Activity 接收这个 Intent。程序开发人员可以将浏览动作和 URL 地址作为参数传递给 Intent,Android 系统则通过匹配动作和数据格式找到最适合此动作和数据格式的组件,代码如下:

```
Intent intent=new Intent(Intent.ACTION_VIEW,
            Uri.parse("http://www.baidu.com"));
startActivity(intent);
```

在上述代码中,Intent 中指定的动作是 Intent.ACTION_VIEW,包含的原始数据是一个值为 http://www.baidu.com 的 URL,上述代码调用了 Intent 类的下列构造方法:

```
public Intent(String action, Uri uri);
```

该构造方法的第 1 个参数是 action 属性,其值为 String 类型,在 Intent 类中定义了一些表示动作(action)的 String 静态常量,ACTION_VIEW 即其中常用的一种。第 2 个参数类型为 Uri,上述代码中,通过调用该类的静态方法 parse() 转换指定的 URL 字符串得到 Uri 类的一个对象。

Android 系统在匹配 Intent 时,首先根据动作 Intent. ACTION_VIEW 得知需要启动具备浏览功能的 Activity,但具体是浏览电话号码,还是浏览网页,需要根据第 2 个参数 Uri 中值的类型做最后的判断,由于 Uri 中数据提供的是 Web URL 地址 http://www.baidu.com,因此最终可以判定该 Intent 需要启动具有网页浏览功能的 Activity。之后,Android 系统会调动系统中内置的 Web 浏览器,如果系统中已经安装了多个浏览器,则会显示浏览器程序的列表,并让用户选择使用哪个浏览器打开指定的存储在 Uri 中的网页地址。

Intent 类中定义了一些表示动作的静态成员变量,见表 7.1。

表 7.1　Intent 常用动作(action)

动　　作	说　　明
ACTION_ANSWER	打开接听电话的 Activity,默认为 Android 内置的拨号界面
ACTION_CALL	打开拨号盘界面并拨打电话,使用 Uri 中的数字部分作为电话号码
ACTION_DELETE	打开一个 Activity,对提供的数据进行删除操作
ACTION_DIAL	打开内置拨号界面,显示 Uri 中提供的电话号码
ACTION_EDIT	打开一个 Activity,对提供的数据进行编辑操作
ACTION_INSERT	打开一个 Activity,在提供数据的当前位置插入新项
ACTION_PICK	启动一个子 Activity,从提供的数据列表中选取一项
ACTION_SEARCH	启动一个 Activity,执行搜索操作
ACTION_SENDTO	启动一个 Activity,向数据提供的联系人发送信息
ACTION_SEND	启动一个可以发送数据的 Activity
ACTION_VIEW	最常用的动作,对以 Uri 方式传送的数据,根据 Uri 协议部分以最佳方式启动相应的 Activity 进行处理。对于 http://address,将打开浏览器查看;对于 tel:address,将打开拨号界面并呼叫指定的电话号码
ACTION_WEB_SEARCH	打开一个 Activity,对提供的数据进行 Web 搜索

隐式 Intent 的工作原理如图 7.1 所示。可以看出,在 Activity A 中通过隐式的 Intent 调用了 startActivity() 方法,Android 系统根据隐式 Intent 中的相关信息调用了 Activity B,并将前面的 Intent 对象传递给 Activity B,后者可以从该 Intent 对象中获取相关的数据进行处理。

为演示隐式 Intent 的使用,新建一个 Android 项目 ImplicitIntentDemo,使用 Android Studio 生成的 MainActivity 和 activity_main.xml 布局文件,在布局文件中添加一个 EditText 控件和一个 Button 控件,界面如图 7.2(a) 所示。

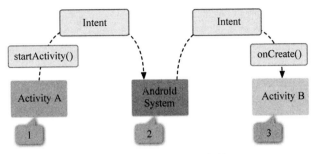

图 7.1　隐式 Intent 的工作原理

布局文件 activity_main.xml 的代码如下：

```xml
<?xml version="1.0" encoding="utf-8"?>
<LinearLayout xmlns:android="http://schemas.android.com/apk/res/android"
    android:orientation="vertical"
    android:layout_width="match_parent"
    android:layout_height="match_parent">
    <EditText
        android:id="@+id/etWebUrl"
        android:layout_width="match_parent"
        android:layout_height="wrap_content"/>
    <Button
        android:id="@+id/btnAccessWeb"
        android:layout_width="wrap_content"
        android:layout_height="wrap_content"
        android:text="访问此 URL"
        android:textSize="27sp"/>
</LinearLayout>
```

类 MainActivity 的代码如下：

```java
package cn.edu.buu.implicitintentdemo;
import android.content.Intent;
import android.net.Uri;
import android.support.v7.app.AppCompatActivity;
import android.os.Bundle;
import android.view.View;
import android.widget.Button;
import android.widget.EditText;
public class MainActivity extends AppCompatActivity {
    private Button btnAccessWeb;
    private EditText etWebUrl;
    @Override
    protected void onCreate(Bundle savedInstanceState) {
```

```
super.onCreate(savedInstanceState);
setContentView(R.layout.activity_main);
this.btnAccessWeb=this.findViewById(R.id.btnAccessWeb);
this.etWebUrl=this.findViewById(R.id.etWebUrl);
this.btnAccessWeb.setOnClickListener(new View.OnClickListener() {
    @Override
    public void onClick(View view) {
    Intent intent=new Intent(Intent.ACTION_VIEW,
        Uri.parse(MainActivity.this.etWebUrl.getText().toString()));
        MainActivity.this.startActivity(intent);
    }
});
    }
}
```

当用户在 EditText 控件中输入 Web 地址后，通过单击按钮，程序根据用户输入的 Web URL 地址生成一个 Intent，以隐式启动的方式调用 Android 系统内置的 Web 浏览器，并打开指定的 Web 页面，如图 7.2(b)所示。以输入百度 http://www.baidu.com 为例，由于该模拟器上有两个应用程序(Chrome 和 WebView Browser Tester)支持网页的浏览，因此 Android 系统显示了这些应用程序的列表，如图 7.2(c)所示，选择 Chrome 后，还需要选择是仅一次(just once)，还是一直(always)，之后程序打开百度首页的效果如图 7.2(d)所示。

(a) 程序界面　　　　　　　　(b) 显示浏览器列表

图 7.2　ImplicitIntentDemo 程序界面及运行结果

(c) 选择浏览器　　　　　　　(d) 运行结果

图 7.2　（续）

7.4　IntentFilter

隐式启动 Activity 时，并没有在 Intent 中指明 Activity 所在的类，因此，Android 系统一定存在某种匹配机制，使系统能够根据 Intent 中的数据信息找到需要启动的 Activity。这种匹配机制是依靠 Android 系统中的 Intent 过滤器（IntentFilter）实现的。

7.4.1　IntentFilter 概述

Intent 过滤器是一种根据 Intent 中的动作（action）、类别（category）和数据（data）等内容，对适合接收该 Intent 的组件进行匹配和筛选的机制。Intent 过滤器可以匹配数据类型、路径和协议，还可以确定多个匹配项顺序的优先级。应用程序的 Activity、Service 和 BroadcastReceiver 组件都可以注册 IntentFilter，这样，这些组件在特定的数据格式上可以产生相应的动作。

为了使组件能够注册 IntentFilter，通常在 AndroidManifest.xml 配置文件中的各个组件下定义＜intent-filter＞标签，然后在该标签中声明该组件支持的动作、执行的环境和数据格式等信息。当然，也可以在程序代码中动态地为组件设置 IntentFilter。＜intent-filter＞标签支持＜action＞、＜category＞和＜data＞标签，分别用来定义 Intent 过滤器的动作、类别和数据。

7.4.2　IntentFilter 的属性

＜intent-filter＞是 Activity、BroadcastReceiver 等组件对应的过滤器标签节点。每个过滤器中的元素可以有：

- 0 个或多个＜action.../＞。
- 0 个或多个＜category.../＞。
- 0 个或 1 个＜data.../＞。

＜intent-filter＞标签支持的标签、属性和说明见表 7.2。

表 7.2　＜intent-filter＞标签支持的标签、属性和说明

标　　签	属　　性	说　　明
＜action＞	android：name	指定组件所能响应的动作,用字符串表示,通常由 Java 类名和包名构成
＜category＞	android：category	指定以何种方式服务 Intent 请求的动作
＜data＞	android：host	指定一个有效的主机名称
	android：mimetype	指定组件能处理的数据类型
	android：path	有效的 URI 路径名
	android：port	主机的有效端口号
	android：scheme	需要的特定协议

Intent 通常通过下面的属性描述某个意图。

- component(目标组件)：目标组件。
- action(动作)：表示意图的动作,如查看、发邮件、打电话等。
- category(类别)：表示动作的类别。
- data(数据)：表示动作要操作的数据,如查看指定的联系人。
- type(数据类型)：对 data 类型的描述。
- extras(附件信息)：附件信息,如详细资料、一个文件、某件事情。

下面详细介绍各个属性的含义及使用方法。

1. component 属性

component 属性是要启动的组件名称。这个属性是可选的,但它是显式 Intent 的一个重要属性,设置这个属性后,该 Intent 只能传递给由 Component 定义的组件。这个属性用得比较少。如果是显式调用直接指定目标类的 class 文件名,就可以使用了,例如:

```
Intent intent=new Intent(this, SecondActivity.class);
startActivity(intent);
```

Intent 在后台已经对 component 属性进行了设置,不需要开发者再次设置。

2. action 属性

动作很大程度上决定了 Intent 如何构建,特别是数据和附加信息,就像一个方法名决定了参数和返回值一样,所以应该尽可能明确指定动作,并紧密关联其他 Intent 字段,如 Category 和 Data。

最常用的 action 属性是 Action_MAIN(作为初始的 Activity 启动,没有数据的输入输出),其他常用的 action 属性参见表 7.1。action 属性相关的方法有:

- setAction(String action)方法,用来设置 Intent 的动作,参数可以为常量。
- getAction()方法,用来获取 Intent 的动作属性值。

Intent 的 action 属性其实就是一个字符串常量,Android 系统内置的 action 属性是系统已经定义好的字符串常量,开发者也可以使用指定的字符串常量定义自己的 action 属性值,如 cn.edu.buu. ACTION_QUERY。

3. category 属性

Intent 的 action、category 属性都是普通的字符串,其中 action 表示 Intent 需要完成的一个抽象“动作”,而 category 为 action 添加额外的类别信息,通常 action 和 category 一起配合使用。

需要指出的是,一个 Intent 中只能包含一个 action 属性,但可以包含多个 category 属性。当程序创建 Intent 时,该 Intent 默认启动常量值为 android. intent. category. DEFAULT 的组件。一个 Intent 中只能包含一个 action 属性,并不是由 Activity 中 XML 的规则决定的,而是要跳转到指定的 Activity,只能设置一个 action 的值。

常用的 category 属性值包括:

- CATEGORY_DEFAULT:Android 系统中默认的执行方式,按照普通 Activity 的执行方式执行。
- CATEGORY_HOME:设置该组件为 Home Activity。
- CATEGORY_PREFERENCE:设置该组件为 Preference。
- CATEGORY_LAUNCHER:设置为当前应用程序所有 Activity 中优先级最高的 Activity,通常与 ACTION_MAIN 配合使用。
- CATEGORY_BROWSABLE:设置该组件可以使用浏览器启动。
- CATEGORY_GADGET:设置该组件可以内嵌到另外的 Activity 中。

4. data 属性

data 属性用来向 action 属性提供动作的数据。这里的 data 不是 Intent 中的数据,而是指明动作的具体数据,例如动作是打电话,那么打给具体的某个人,就使用 data 中的数据指定。同样,发邮件或打开某个网址也是通过 data 传输。

data 属性的值只能是 Uri 对象,Uri 的意思是统一资源标识符。网址只是 Uri 其中一种格式的字符串,要使用它,还要把它解析后转化为 Uri 类型,参见 7.3 节隐式 Intent 中的 ImplicitIntentDemo 程序。

5. type 属性

type 属性与 data 属性有关,该属性不是指 Intent 的数据类型,而是指 Intent 中 action 相关的 data 的类型。例如:

```
{".mp3", "audio/x-mpeg"},
{".mp4", "video/mp4"},
{".gif", "image/gif"},
{".rmvb", "audio/x-pn-realaudio"},
```

这里只是几个简单示例的介绍,如果是打开 gif 格式的数据文件,可以设置 type 属性的值为 image/gif。

6. extras 属性

extras 属性主要用于传递目标组件需要的额外的数据。这个数据是可以通过 Intent 存储的,之后目标组件通过该 Intent 对象可以获取之前存储的数据。通过调用 Intent 的 putExtra()和 putExtras()方法可以存储数据。通过调用 get×××Extra()方法可以获取数据,其中×××表示该数据的数据类型。例如,如果传输一个字符串类型的变量,则存储数据的方法为 putExtra(String key,String value),而从 Intent 中获取数据的方法为 getStringExtra(String key),该方法返回 putExtra()方法中设置的 String 类型的变量 value。如果要传递某个类的对象,那么该类必须支持序列化。另外,如果需要传输多个数据,可以使用 putExtras()方法,该方法的名称与 putExtra()相比,多了一个 s,表示有多个数据要传输。关于上述方法的使用,请参见 7.5 节传递数据。

Intent 在传递数据时分两种情况:①向下一个 Activity 传递数据;②从下一个 Activity 返回数据。7.5 节将说明如何向下一个 Activity 传递数据,7.6 节将说明如何从下一个 Activity 返回数据给当前的 Activity。

7.5 传 递 数 据

Intent 类中对于每一种类型的传输变量都提供了相应的 putExtra()方法保存,具体如下:

- putExtra(String name,String[] value)
- putExtra(String name,Parcelable value)
- putExtra(String name,long value)
- putExtra(String name,boolean value)
- putExtra(String name,double value)
- putExtra(String name,Parcelable[] value)
- putExtra(String name,char value)
- putExtra(String name,int[] value)
- putExtra(String name,int value)
- putExtra(String name,double[] value)
- putExtra(String name,short value)
- putExtra(String name,long[] value)
- putExtra(String name,boolean[] value)
- putExtra(String name,short[] value)
- putExtra(String name,String value)
- putExtra(String name,Serializable value)
- putExtra(String name,float[] value)
- putExtra(String name,Bundle value)
- putExtra(String name,byte[] value)
- putExtra(String name,CharSequence value)

- putExtra(String name，char[] value)
- putExtra(String name，byte value)

上述方法的第 1 个参数是要存储数据的键(key)，第 2 个参数是要存储数据的值(value)。可以看出，这与 java.util.Map 接口中的 put(String key，Object value) 类似。

另外，Intent 类中还提供了两个重载的 putExtras() 方法，如下：

- putExtras(Intent src)
- putExtras(Bundle extras)

其中第 2 个方法的参数类型为 Bundle，两个 Activity 之间如果需要传递多个数据，经常采用 Bundle 存储这些数据，并通过该方法进行传输。

7.5.1　传递单个数据

从 Intent 类中的许多重载的 putExtra() 方法可以看出，如果要传递的数据在这些方法的第 2 个参数的类型范围之内，则可以在当前的 Activity 中新建 Intent 对象之后，调用相应的 putExtra() 方法存储要传递的数据，而后在跳转后的 Activity 中通过与该数据类型对应的 get×××Extra() 方法获得传递的数据，此处的××× 表示传递数据的类型，如 getIntExtra(String key)、getStringExtra(String key) 等。

为演示如何使用 Intent 传递单个数据，在 Android Studio 中新建项目 IntentSingleDataDemo，采用自动生成的 MainActivity 及布局文件 activity_main.xml，并新建 SecondActivity 及其布局文件 activity_second.xml。

在 activity_main.xml 布局文件中添加 1 个 EditText 控件和 1 个 Button 控件，MainActivity 接收用户在 EditText 中输入的文本内容，使用 Intent 跳转到 SecondActivity，在 SecondActivity 的布局文件中添加一个 TextView 控件，该控件将显示用户在 MainActivity 的 EditText 控件中输入的值。

类 MainActivity 的代码如下：

```
public class MainActivity extends AppCompatActivity {
    private EditText etContent;
    private Button btnJump;
    @Override
    protected void onCreate(Bundle savedInstanceState) {
        super.onCreate(savedInstanceState);
        setContentView(R.layout.activity_main);
        this.etContent=findViewById(R.id.etContent);
        this.btnJump=findViewById(R.id.btnJump);
        this.btnJump.setOnClickListener(new View.OnClickListener() {
            @Override
            public void onClick(View view) {
                Intent intent=new Intent(MainActivity.this,
                                    SecondActivity.class);
                String content=MainActivity.this.etContent
                                    .getText().toString();
```

```
                    intent.putExtra("inputText", content);
                    MainActivity.this.startActivity(intent);
                }
            });
        }
    }
```

类 SecondActivity 的代码如下：

```
public class SecondActivity extends AppCompatActivity {
    private TextView tvContent;
    @Override
    protected void onCreate(Bundle savedInstanceState) {
        super.onCreate(savedInstanceState);
        setContentView(R.layout.activity_second);
        this.tvContent=findViewById(R.id.tvContent);
        Intent intent=this.getIntent();
        String content=intent.getStringExtra("inputText");
        this.tvContent.setText(content);
    }
}
```

程序 IntentSingleDataDemo 的运行结果如图 7.3 所示。

图 7.3　程序 IntentSingleDataDemo 的运行结果

在 SecondActivity 类的代码中，通过调用 this.getIntent( )方法获得 Intent 对象，该对象就是在 MainActivity 中创建的 Intent 对象。获得该 Intent 对象之后，就可以通过调用 getXxxExtra(String key)读取 Intent 中存储的值。getIntent( )方法是在 Activity 类中定

义的,该方法的源代码如下所示,其中 mIntent 是在 Activity 类中定义的一个成员变量,使用 Java 语言编程时,大多数编程规范中都建议成员变量使用 m 作为变量的前缀,表示成员(member)变量,而不是局部变量。

```
/** Return the intent that started this activity. */
public Intent getIntent() {
    return mIntent;
}
```

本节最前面列出的诸多重载的 putExtra()方法中并未包含第 2 个参数为 Object 的方法,那么,如何在应用程序中传输自定义的实体类的对象呢?仔细观察这些重载的方法,会发现下面 2 个方法,它们的第 2 个参数类型是某种接口,而不是基本数据类型或类。

- putExtra(String name, Parcelable value)
- putExtra(String name, Serializable value)

因此,如果使用 Intent 传输自定义类型的对象,该对象所属的类必须实现 Serializable 接口(在 java.io 包中)或 Parcelable(在 android.os 包中)接口。一般来说,Parcelable 的性能比 Serializable 的性能好,内存开销小,一般用于内存间数据的传输,如 Activity 之间数据的传输。而 Serializable 主要用于对象数据的持久化以及网络间对象数据的传输。通过接口所在的包可以看出,Serializable 接口是 JDK 本身支持的,而 Parcelable 则是 Android 系统特有的。

实现 Serializable 接口非常简单,Serializable 接口中没有需要实现的方法(这种接口称为标记接口或标识接口,接口中未包含任何成员变量,也不包含任何方法)。实现 Serializable 接口直接使用 implements 关键字即可,无须其他操作。在从 Intent 中获取实现了 Serializable 接口的对象时,调用 getSerializableExtra(String key)方法即可。

Parcelable 接口在 android.os 包中,其代码如下:

```
public interface Parcelable {
    //内容描述接口
    public int describeContents();
    //写入接口函数,打包
    public void writeToParcel(Parcel dest, int flags);
    /*读取接口,目的是从 Parcel 中构造一个实现了 Parcelable 的类的实例处理。因为实
现类在这里还是不可知的,所以需要用到泛型的方式,继承类名通过泛型的参数传入。*/
    /*为了能够实现泛型参数的传入,这里定义 Creator 嵌入接口,内含两个接口函数分别返
回单个和多个继承类实例。*/
    public interface Creator<T>{
        public T createFromParcel(Parcel source);
        public T[] newArray(int size);
    }
}
```

从 Parcelable 接口的定义中可以看出,实现 Parcelable 接口,需要开发者实现下面几个方法。

（1）describeContents()方法：该方法是内容接口描述，默认返回 0 即可。

（2）writeToParcel()方法：该方法将类的数据写入外部提供的 Parcel 中，即打包需要传递的数据到 Parcel 容器保存，以便从 parcel 容器获取数据，该方法声明如下：

```
writeToParcel(Parcel dest, int flags);
```

（3）静态的 Parcelable.Creator 接口，该接口有两个方法。

- createFromParcel(Parcel in)方法：从 Parcel 容器中读取传递数据值，封装成 Parcelable 对象返回逻辑层。
- newArray(int size)方法：该方法的作用是创建一个类型为 T、长度为 size 的数组，方法体包含一行代码即可：return new T[size]，该方法供外部类反序列化本类数组使用。

让自定义的实体类实现 Parcelable 接口，步骤如下：

（1）首先 implements Parcelable，并准备实现 Parcelable 的方法。

（2）重写 writeToParel()方法，将实体类的参数写入。

（3）重写 describeContentes()方法，默认返回 0 即可。

（4）实例化静态内部对象 CREATOR 实现接口 Parcelable.Creator。

可以这么理解 Parcelable 接口的实现：通过 writeToParcel 将实体类的对象映射成 Parcel 对象，再通过 createFromParcel 将 Parcel 对象映射成实体类的对象，也可以将 Parcel 看成一个流，通过 writeToParcel 把对象写到流中，再通过 createFromParcel 从流中读取对象，只不过这个过程需要开发者自己实现，因此写的顺序和读的顺序必须一致。

定义一个实体类 Student，并实现 Parcelable 接口，代码如下：

```
import android.os.Parcel;
import android.os.Parcelable;
public class Student implements Parcelable{
    private String name;
    private int age;
    //省略了 name 和 age 的 get()、set()方法
    //内容描述方法
    @Override
    public int describeContents() {
        return 0;
    }
    @Override
    public void writeToParcel(Parcel dest, int flags) {
        dest.writeString(name);
        dest.writeInt(age);
    }
    private static final Parcelable.Creator<Student>CREATOR=new Parcelable.
        Creator<Student>(){
        @Override
```

```
    public Student createFromParcel(Parcel source) {
        return new Student(source);
    }
    @Override
    public Student[] newArray(int size) {
        return new Student[size];
    }
};
protected Student(Parcel parcel){
    this.name=parcel.readString();
    this.age=parcel.readInt();
}
}
```

在自定义的实体类实现 Parcelable 接口后，可以使用 putExtra（String name，Parcelable value）方法把实体类的对象存储到 Intent 中，之后使用 getParcelableExtra（String name）方法就可以从 Intent 中获得该对象。其使用方法与 IntentSingleDataDemo 程序中传递 String 类型的变量类似，这里不再赘述。

7.5.2　传递多个数据

如果在两个或多个 Activity 之间跳转需要传递多个数据，可以使用多种编程方法实现。对于每个数据，单独采用 putExtra() 方法添加到 Intent 对象中，多次调用 putExtra() 方法并使用不同的 key 值，即可添加并传递多个数据。另外，如果这些数据是某类事物的不同属性，则可以把这些数据封装到一个实体类中，之后让该实体类实现 Serializable 或 Parcelable 接口，并通过相应的 putExtra() 方法添加到 Intent 中，从而完成多个数据的存储和传递。

除上述方式外，Android 还提供了一种非常方便、效果良好的方式，那就是使用 Bundle 类。Bundle 类用作携带数据，类似于 Map，用于存放 key-value 形式的值。相对于 Map，Bundle 提供了各种常用类型的 putXxx()/getXxx() 方法，如 putString()/getString() 和 putInt()/getInt()，putXxx() 用于往 Bundle 对象放入数据，getXxx() 方法用于从 Bundle 对象中获取数据。Bundle 的内部实际上是用 HashMap 类型的变量存放 putXxx() 方法放入的值，该类的部分代码如下：

```
public final class Bundle implements Parcelable, Cloneable {
    ...
    Map mMap;
    public Bundle() {
        mMap=new HashMap();
        ...
    }
    public void putString(String key, String value) {
        mMap.put(key, value);
```

```
        }
    public String getString(String key) {
        Object o=mMap.get(key);
        return(String) o;
        ...
        //类型转换失败后会返回 null
        //这里省略了类型转换失败后的处理代码
        }
    }
```

在调用 Bundle 对象的 getXxx()方法时,方法内部会从该变量中获取数据,然后对数据进行类型转换,转换成什么类型由方法的 Xxx 决定,getXxx()方法会把转换后的值返回。

通过 putXxx(String key,Xxx value)方法把要传递的值存储到 Bundle 中之后,可以调用 putExtras(Bundle extras)方法把 Bundle 对象存储到 Intent 中。在接收的 Activity 中,通过 getIntent()方法获得 Intent 对象之后,通过 getExtras()方法获得 Bundle 对象,之后再通过 getXxx(String key)方法获得传递的值。

除上述方式外,在当前 Activity 中还可以通过 Intent 的 putExtra(String name,Bundle value)方法把 Bundle 对象存储到 Intent 中,就像在 Intent 中存储一个其他类型的变量一样。在接收的 Activity 中,通过 getIntent()方法获得 Intent 对象之后,通过 getBundleExtra()方法获得 Bundle 对象,之后再通过 getXxx(String key)方法获得传递的值。

7.6　获取 Activity 返回的数据

如果启动另一个 Activity,并且希望返回结果给当前的 Activity,那么可使用 startActivityForResult()方法,在这种情况下,也是通过 Bundle 进行数据交换的。为了获取到被启动的 Activity,当前的 Activity 要重写 onActivityResult(int requestCode,int resultCode,Intent intent)方法,其中第 1 个参数代表请求码,第 2 个参数代表返回的结果码,由开发者根据业务需要自定义。

一个 Activity 中可能包含多个按钮,并调用多个 startActivityForResult()方法打开多个不同的 Activity 处理不同的业务。当这些新的 Activity 关闭后,系统会回调前面那个 Activity 的 onActivityResult()方法。为了知道该方法是由哪个请求的结果触发的,可利用 requestCode 请求码;为了知道返回的数据来自哪个新的 Activity,可利用 resultCode 结果码。

通过另一个 Activity 并获得返回值,一般可以分为以下 3 步。

(1) 使用 startActivityForResult()方法,启动另一个 Activity。

(2) 在新的 Activity 中设置返回值。

(3) 在原有的 Activity 中获取返回值。

为了说明 startActivityForResult()方法的使用,新建 Android 项目 ActivityResultDemo,

使用 Android Studio 自动生成的 MainActivity 和布局文件 activity_main.xml,并手动添加 DescriptionActivity,其布局文件为 activity_description.xml。

该程序运行后,MainActivity 的主界面如图 7.4(a) 所示,单击"修改含义"按钮,将打开修改含义界面,如图 7.4(b) 所示。在该界面中可以输入新的含义,之后单击"确定"或"取消"按钮均叫回到 MainActivity 界面,如果单击"确定"按钮,则 MainActivity 中将显示用户输入的新的含义,如图 7.5 所示;如果单击"取消"按钮,则 MainActivity 仍显示原有的含义内容,如图 7.4(a)所示。

(a) 主界面 (b) 修改含义界面

图 7.4 ActivityResultDemo 程序运行界面

(a) 输入新的含义 (b) 显示新的含义

图 7.5 ActivityResultDemo 程序的运行界面

DescriptionActivity 的布局文件 activity_description.xml 内容如下：

```xml
<?xml version="1.0" encoding="utf-8"?>
<LinearLayout xmlns:android="http://schemas.android.com/apk/res/android"
    android:orientation="vertical"
    android:layout_width="match_parent"
    android:layout_height="match_parent">
    <TextView android:id="@+id/textView"
        android:layout_width="wrap_content"
        android:layout_height="wrap_content"
        android:text="请输入新的含义："
        android:textSize="30sp"/>
    <EditText
        android:id="@+id/etDescription"
        android:layout_width="match_parent"
        android:layout_height="wrap_content"
        android:maxLines="8"
        android:textSize="21sp"
        android:text="" />
    <LinearLayout xmlns:android="http://schemas.android.com/apk/res/android"
        android:orientation="horizontal"
        android:layout_width="match_parent"
        android:layout_height="match_parent">
        <Button
            android:id="@+id/btnCancel"
            android:layout_width="wrap_content"
            android:layout_height="wrap_content"
            android:text="取消"
            android:textSize="18sp"/>
        <Button
            android:id="@+id/btnOK"
            android:layout_width="wrap_content"
            android:layout_height="wrap_content"
            android:text="确定"
            android:textSize="18sp" />
    </LinearLayout>
</LinearLayout>
```

类 DescriptionActivity 代码如下：

```java
public class DescriptionActivity extends AppCompatActivity {
    private EditText etDescription;
    private Button btnOk;
    private Button btnCancel;
    @Override
```

```
protected void onCreate(Bundle savedInstanceState) {
    super.onCreate(savedInstanceState);
    setContentView(R.layout.activity_description);
    this.etDescription=findViewById(R.id.etDescription);
    this.btnOk=findViewById(R.id.btnOK);
    this.btnCancel=findViewById(R.id.btnCancel);
    this.btnOk.setOnClickListener(new View.OnClickListener() {
        @Override
        public void onClick(View view) {
            String description=etDescription.getText().toString();
            Uri data=Uri.parse(description);
            Intent result=new Intent(null, data);
            setResult(RESULT_OK, result);
            finish();
        }
    });
    this.btnCancel.setOnClickListener(new View.OnClickListener() {
        @Override
        public void onClick(View view) {
            setResult(RESULT_CANCELED, null);
            finish();
        }
    });
}
```

在类 DescriptionActivity 中,给"确定"和"取消"按钮分别添加了相应的监听器。在"确定"按钮的监听器方法中,获取用户输入的值之后,调用 Uri 类的静态方法 parse()把用户输入的值以 Uri 的形式存储并添加到 Intent 对象中,之后通过 setResult()方法把获得的 Intent 对象返回给 MainActivity,后者用于接收返回的数据和结果的方法是 onActivityResult(int requestCode, int resultCode, Intent data),这里的 requestCode 就是 startActivityForResult 的 requestCode,resultCode 就是 setResult 中的 resultCode(此处为 RESULT_OK),返回的数据在 data 中。

主界面 MainActivity 的布局文件 activity_main.xml 内容如下:

```
<?xml version="1.0" encoding="utf-8"?>
<LinearLayout xmlns:android="http://schemas.android.com/apk/res/android"
    android:orientation="vertical"
    android:layout_width="match_parent"
    android:layout_height="match_parent">
    <TextView
        android:text="名称:机器学习"
        android:layout_width="match_parent"
        android:layout_height="wrap_content"
```

```xml
                    android:textSize="33sp" />
        <TextView
                android:id="@+id/tvDescription"
                android:text="含义：机器学习(Machine Learning, ML)"
                android:layout_width="match_parent"
                android:layout_height="wrap_content"
                android:textSize="27sp" />
        <Button
            android:id="@+id/btnSetDescription"
            android:text="修改含义"
            android:layout_width="wrap_content"
            android:layout_height="wrap_content"
            android:textSize="21sp" />
</LinearLayout>
```

类 MainActivity 的代码如下：

```java
public class MainActivity extends AppCompatActivity {
    public static final int SET_DESCRIPTION=1;
    private TextView tvDescription;
    private Button btnChange;
    protected void onCreate(Bundle savedInstanceState) {
        super.onCreate(savedInstanceState);
        setContentView(R.layout.activity_main);
        this.tvDescription=findViewById(R.id.tvDescription);
        this.btnChange=findViewById(R.id.btnSetDescription);
        this.btnChange.setOnClickListener(new View.OnClickListener() {
          @Override
          public void onClick(View view) {
              Intent intent=new Intent(MainActivity.this,
                                  DescriptionActivity.class);
              MainActivity.this.startActivityForResult(
                                      intent, SET_DESCRIPTION);
          }
         }
        );
    }
    protected void onActivityResult(int requestCode,
                        int resultCode, Intent data) {
        super.onActivityResult(requestCode, resultCode, data);
        switch(requestCode) {
          case SET_DESCRIPTION:
              if(resultCode==RESULT_OK) {
                  Uri uriData=data.getData();
                  tvDescription.setText(uriData.toString());
```

```
            }
            break;
        default: break;
    }
}
}
```

在类 MainActivity 中,给"修改"按钮设置的监听器方法中调用了方法 startActivityForResult(),该方法的第 1 个参数是 Intent 对象,第 2 个参数是此次调用的 requestCode。在 onActivityResult()方法中,接收并对 DescriptionActivity 传递回的值进行了处理。如果 requestCode 是给定的常量 SET_DESCRIPTION,并且用户在界面中单击了"确定"按钮(resultCode==RESULT_OK),从 onActivityResult()方法的第 3 个参数 Intent 对象中读取出其中的 Uri 对象,并把该对象转换为字符串类型后赋值给相应的控件显示。

requestCode 的值是自定义的,用于识别跳转的目标 Activity。该值会在 onActivityResult()方法中使用,以判断是从哪个 Activity 回到当前的 Activity。而 resultCode 则是根据用户在跳转之后的目标 Activity 中的操作返回给当前 Activity 的值。上述程序中的 RESULT_OK 和 RESULT_CANCELED 都是在 Activity 类中已经定义的静态常量。以下是上述变量在 Activity 中的定义。

```
/** Standard activity result: operation canceled. */
public static final int RESULT_CANCELED=0;
/** Standard activity result: operation succeeded. */
public static final int RESULT_OK=-1;
/** Start of user-defined activity results. */
public static final int RESULT_FIRST_USER=1;
```

习 题 7

1. Android 中,( )属于 Intent 的作用。
   (A) 实现应用程序间的数据共享
   (B) Intent 是一段长的生命周期,没有用户界面的程序,可以保持应用在后台运行,不会因为切换页面而消失
   (C) 可以实现界面间的切换,可以包含动作和动作数据,是连接四大组件的纽带
   (D) 处理一个应用程序整体性的工作

2. Android 项目启动时最先加载的是 AndroidManifest. xml 文件,如果有多个 Activity,则( )属性决定了该 Activity 最先被加载。
   (A) android.intent.action.LAUNCHER
   (B) android.intent.action.ACTIVITY
   (C) android.intent.action.MAIN

（D）android.intent.action.VIEW

3. 指定 Component 属性的 Intent 已经明确了它将要启动哪个组件,因此这种 Intent 也被称为_____,没有指定 Component 属性的 Intent 被称为_____。

4. Intent 对象大致包含_____、_____、_____、Data、Type、Extra 和 Flag 这 7 种属性。

5. Bundle 类中包含了一个_____类型的成员变量,可以存储一些键值对信息。

6. 调用 startActivity(Intent intent)可以启动一个新的 Activity,调用方法_____可以从新打开的 Activity 获得返回值。

7. 简要说明 Intent 类的作用。

8. 什么是显式 Intent? 什么是隐式 Intent? 各举例说明。

9. 简要说明 IntentFilter 的作用及其使用方法。

第8章

广播接收器与服务

广播接收器(Broadcast Receiver)用于响应来自其他应用程序或者 Android 系统的广播消息。这些消息有时被称为事件或者意图。例如,应用程序可以初始化广播让其他应用程序知道一些数据已经被下载到设备,并可以为它们所用。这样,广播接收器可以定义适当的动作拦截这些通信。服务(Service)作为 Android 四大组件之一,在 Android 应用程序中扮演着非常重要的角色,主要用于在后台处理一些耗时的逻辑,或者执行某些需要长期运行的任务。必要时可以在程序退出的情况下,让 Service 在后台继续保持运行状态。本章讲授 Android 应用程序开发中的四大组件之二:广播接收器和服务,包括它们的基本概念、相关类和接口,以及在 Android App 开发中的应用。

8.1 广播接收器

广播接收器用于接收广播 Intent,广播 Intent 的发送是通过调用 Context.sendBroadcast()、Context.sendOrderedBroadcast()方法实现的。通常,一个广播 Intent 可以被订阅了此 Intent 的多个广播接收器所接收。

广播是一种广泛运用的在应用程序之间传输信息的机制,而 BroadcastReceiver 是对发送出来的广播进行过滤接收并响应的一类组件。BroadcastReceiver 自身并不实现图形用户界面,但是当它收到某个通知后,BroadcastReceiver 可以启动 Activity 作为响应,或者通过 NotificationManager 提醒用户,或者启动 Service 等。

Android 系统中有各种各样的广播,如电池的使用状态变化、网络连接状态的改变、电话的接收和短信的接收都会产生一个广播(Android 系统广播),应用程序开发者也可以监听这些广播并做出程序逻辑的处理。另外,除了上述由 Android 系统产生和发出的广播之外,应用程序本身也能产生广播消息(应用程序广播)。Android 系统中的广播机制如图 8.1 所示。

Android 系统中的广播可以分为普通广播(Normal Broadcasts)和有序广播(Ordered Broadcasts)。

1. 普通广播

发出一条广播后,监听该广播的广播接收者都可以监听到该广播。

2. 有序广播

按照接收者的优先级顺序接收广播,优先级别在 intent-filter 中的 priority 中声明,其值为 $-1000\sim1000$,值越大,优先级越高。可以终止广播意图的继续传播。接收者也可以修改广播消息的内容。

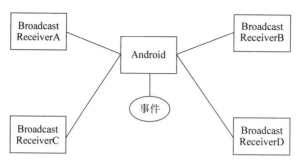

图 8.1　Android 系统中的广播机制

本节主要讨论 Android 系统中的普通广播。普通广播的原理和过程很简单,如图 8.2 所示。

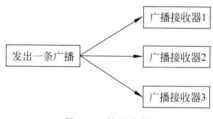

图 8.2　普通广播

Android 系统中重要的广播消息及描述见表 8.1。

表 8.1　Android 系统中重要的广播消息及描述

事 件 常 量	描　　　　述
android.intent.action.BATTERY_CHANGED	持久广播含充电状态、级别,以及其他相关的电池信息
android.intent.action.BATTERY_LOW	显示设备的电池电量低
android.intent.action.BATTERY_OKAY	指示电池从电量不足状态恢复
android.intent.action.BOOT_COMPLETED	Android 系统已完成启动
android.intent.action.BUG_REPORT	显示活动报告的错误
android.intent.action.CALL	执行呼叫由数据指定某人
android.intent.action.CALL_BUTTON	用户按下"呼叫"按钮进入拨号器或其他适当的用户界面发出呼叫
android.intent.action.DATE_CHANGED	日期改变
android.intent.action.REBOOT	有设备重启

8.1.1　发送广播消息

在应用程序中发送一条广播消息也需要使用 Intent 对象。使用 Intent 对象发送广播消息非常简单,只创建 Intent 类的对象,并调用 sendBroadcast()方法就可以把 Intent

携带的信息广播出去。但需要注意的是,在构造 Intent 时必须定义一个全局唯一的字符串,用来标识其要执行的动作,通常使用应用程序的包名。如果还需要传递额外数据,可以使用 Intent 的 putExtra()方法。

　　为演示广播消息的发送和广播接收器的使用方法,新建项目 BroadcastDemo,使用 Android Studio 自动生成的 MainActivity 和布局文件 activity_main.xml。在布局文件中添加一个 EditText 控件和一个 Button 控件,该布局文件内容如下:

```xml
<?xml version="1.0" encoding="utf-8"?>
<LinearLayout xmlns:android="http://schemas.android.com/apk/res/android"
    android:orientation="vertical"
    android:layout_width="match_parent"
    android:layout_height="match_parent">
    <EditText
        android:id="@+id/etContent"
        android:layout_width="match_parent"
        android:layout_height="wrap_content"/>
    <Button
        android:id="@+id/btnSendBroadcast"
        android:layout_width="wrap_content"
        android:layout_height="wrap_content"
        android:text="发送广播消息"
        android:textSize="27sp"/>
</LinearLayout>
```

修改 MainActivity 代码如下:

```java
public class MainActivity extends AppCompatActivity {
    public static final String UNIQUE_STRING="cn.edu.buu.BroadcastDemo";
    private Button btnSendBroadcast;
    private EditText etContent;
    @Override
    protected void onCreate(Bundle savedInstanceState) {
        super.onCreate(savedInstanceState);
        setContentView(R.layout.activity_main);
        this.btnSendBroadcast=this.findViewById(R.id.btnSendBroadcast);
        this.etContent=this.findViewById(R.id.etWebUrl);
        this.btnSendBroadcast.setOnClickListener(new View.OnClickListener() {
            @Override
            public void onClick(View view) {
                Intent intent=new Intent(UNIQUE_STRING);
                intent.putExtra("content",etContent.getText().toString());
                MainActivity.this.sendBroadcast(intent);
            }
```

```
        });
    }
}
```

在上述代码中,通过 Intent 的 putExtra()方法把用户输入的信息添加到了 Intent 中,之后使用 Activity 类的 sendBroadcast()方法把 Intent 对象中的相关内容以广播消息的形式发送出去。需要特别注意的是,在创建 Intent 对象的时候使用了一个已经定义的静态常量 UNIQUE_STRING,其值为 cn.edu.buu. BroadcastDemo,该值是广播发送者和广播接收器之间需要对接的一个设置,类似双方接头的暗号(天王盖地虎—宝塔镇河妖,来自《智取威虎山》)。8.1.2 节自定义广播接收器的 AndroidManifest. xml 中将使用该暗号配置自定义的广播接收器。

8.1.2 自定义广播接收器

为了能够使应用程序中的 BroadcastReceiver 接收指定的广播消息,首先要在 AndroidManifest. xml 配置文件的 ＜ application ＞ 中添加 ＜ receiver ＞ 标签,并在 ＜receiver＞中的 IntentFilter 里设置该广播接收器可以接收的广播消息类型,也就是 8.1.1 节中出现的 UNIQUE_STRING(其值为 cn.edu.buu. BroadcastDemo)。AndroidManifest. xml 配置文件的代码如下:

```
<?xml version="1.0" encoding="utf-8"?>
<manifest xmlns:android="http://schemas.android.com/apk/res/android"
          package="cn.edu.buu.broadcastdemo">
<application
        android:allowBackup="true"
        android:icon="@mipmap/ic_launcher"
        android:label="@string/app_name"
        android:roundIcon="@mipmap/ic_launcher_round"
        android:supportsRtl="true"
        android:theme="@style/AppTheme">
    <activity android:name=".MainActivity">
    <intent-filter>
        <action android:name="android.intent.action.MAIN" />
        <category android:name="android.intent.category.LAUNCHER" />
        </intent-filter>
    </activity>
    <receiver android:name=".MyBroadcastReceiver">
    <intent-filter>
        <action android:name="cn.edu.buu.BroadcastDemo" />
    </intent-filter>
    </receiver>
</application>
</manifest>
```

在上述代码中创建了一个＜receiver＞标签，并在该标签的 Intent 过滤器里设置其 action 为 cn.edu.buu.BroadcastDemo，这与 MainActivity 代码中发送广播消息时使用的 Intent 对象中的 action 完全一致（包括大小写形式）。这表明该广播接收器可以接收 action 为 cn.edu.buu.BroadcastDemo 的广播消息并进行处理。

要自定义广播接收器，新建类 MyBroadcastReceiver，从类 BroadcastReceiver 继承，并实现其 onReceive()方法，该类代码如下：

```java
public class MyBroadcastReceiver extends BroadcastReceiver {
    @Override
    public void onReceive(Context context, Intent intent) {
        String content=intent.getStringExtra("content");
        Toast .makeText(context, content, Toast.LENGTH_SHORT)
              .show();
    }
}
```

在上述代码的 onReceive()方法中，通过 Intent 对象读取了 content 的内容，并使用 Toast 进行了显示。需要注意的是，所有广播接收器的 onReceive()方法均运行在 UI 线程中，因此不要在该方法中进行一些比较耗时的操作，如网络访问等，否则会导致应用程序没有响应（Application Not Responding，ANR）错误。另外，在 onReceive()方法中也不进行显示对话框、打开新的 Activity 等操作，经常完成的任务包括启动指定的 Service 等。

广播接收器的运行结果如图 8.3 所示。

图 8.3　广播接收器的运行结果

8.2 Service 概述

Service(服务)是一种可以在后台执行长时间运行操作,而没有用户界面的应用程序组件。服务可由其他应用程序组件(如 Activity)启动。服务一旦被启动,将在后台一直运行,即使启动该服务的组件已被销毁,也不影响服务的运行。此外,组件可以绑定到服务,以与之进行交互,甚至执行进程间通信(Inter-Process Communication,IPC)。例如,Service 可用来完成网络访问、音乐播放、文件 I/O 操作、与内容提供程序进行交互等任务,所有这一切均可在后台进行。

Service 基本上分两种形式:

(1)启动的服务:当应用程序的组件(如 Activity)通过调用 startService()方法启动服务时,服务即处于"启动"状态。一旦启动,服务即可在后台无限期运行,即使启动服务的组件已被销毁,服务运行也不受影响,除非手动调用才能停止服务。已启动的服务通常执行单一操作,而且不会将结果返回给调用方。

(2)绑定的服务:当应用程序的组件(如 Activity)通过调用 bindService()绑定到服务时,服务即处于"绑定"状态。绑定服务提供了一个客户端-服务器接口,允许应用程序组件与服务进行交互、发送请求、获取结果,甚至允许利用 IPC 技术跨进程地执行这些操作,仅当与另一个应用程序的组件绑定时,绑定服务才会运行。多个组件可以同时绑定到该服务,但全部取消绑定后,该服务即被销毁。

Service 分为启动状态的服务和绑定状态的服务两种,但无论哪种具体的 Service 类型,都是通过继承 Service 类而来的,也都需要在配置文件 AndroidManifest.xml 中声明。在分析这两种类型的 Service 之前,首先须了解 Service 在 AndroidManifest.xml 中的声明语法,其格式如下:

```
<service android:enabled=["true" | "false"]
    android:exported=["true" | "false"]
    android:icon="drawable resource"
    android:isolatedProcess=["true" | "false"]
    android:label="string resource"
    android:name="string"
    android:permission="string"
    android:process="string">
    ...
</service>
```

Service 标签的属性主要如下。

- android:exported。该属性代表是否能被其他应用程序隐式调用,其默认值是由 Service 中有无 intent-filter 决定的,如果有 intent-filter,默认值为 true,否则为 false。在该属性值为 false 的情况下,即使有 intent-filter 匹配,也无法打开,即无法被其他应用程序隐式调用。

- android：name。该属性对应 Service 的类名。
- android：permission。该属性是权限声明。
- android：process。该属性表示是否需要在单独的进程中运行，当设置为 android：process＝"：remote"时，代表 Service 在单独的进程中运行。注意，其中的冒号"："很重要，它的意思是指要在当前进程名称前面附加上当前的包名，所以"remote"和"：remote"不是同一个意思，前者的进程名称为 remote，而后者的进程名称为 app-packageName：remote，如果 Service 所在的包名为 cn.edu.buu.service，则后者的进程名称为 cn.edu.buu.service：remote。
- android：isolatedProcess。该属性设置为 true 意味着，服务会在一个特殊的进程下运行，这个进程与系统其他进程分开且没有自己的权限，与其通信的唯一途径是通过服务的 API。
- android：enabled。该属性表示是否可以被系统实例化，默认为 true，因为父标签也有 enable 属性，因此必须两个都为默认值 true 的情况下，服务才会被激活，否则不会激活。

以上是 Service 在 AndroidManifest.xml 配置文件中的声明，下面详细分析启动的服务和绑定的服务。

8.3 启动的服务

要创建自己的服务，必须创建 Service 的子类（或使用它的一个现有子类，如 IntentService）。在实现时，需要重写一些回调方法，以处理 Service 生命周期的某些关键过程。下面通过简单案例分析需要重写的回调方法。

```java
public class SimpleService extends Service {
    @Nullable
    @Override
    public IBinder onBind(Intent intent) {
        return null;
    }
    @Override
    public void onCreate() {
        System.out.println("onCreate() method is invoked");
        super.onCreate();
    }
    @Override
    public int onStartCommand(Intent intent,
                                int flags, int startId) {
        System.out.println("onStartCommand() method is invoked");
        return super.onStartCommand(intent, flags, startId);
    }
    @Override
```

```
    public void onDestroy() {
        System.out.println("onDestroy() method is invoked");
        super.onDestroy();
    }
}
```

从上面的代码可以看出,SimpleService 类继承了 Service 类,并重写了 onBind()方法,该方法是必须重写的,但是由于此时是启动状态的服务(并不是绑定的服务),因此该方法返回 null 即可,只有在绑定状态的情况下才需要实现该方法,并返回一个 IBinder 实现类的对象,接着重写了 onCreate()、onStartCommand()、onDestroy()3 个主要的生命周期方法,这几个方法的说明如下。

(1) onBind():当另一个组件想通过调用 bindService()与服务绑定(如执行 RPC)时,系统将调用此方法。在此方法的实现中,必须返回一个 IBinder 接口实现类的对象,供客户端用来与服务进行通信。无论是启动状态,还是绑定状态,此方法必须重写,但在启动状态的情况下直接返回 null 即可。

(2) onCreate():首次创建 Service 时,系统将调用此方法执行一次性设置程序(在调用 onStartCommand()或 onBind()之前)。如果 Service 已处于运行状态,则不会再次调用该方法,该方法只调用一次,这与 Activity 类 onCreate()方法的执行情况类似。

(3) onStartCommand():当另一个组件(如 Activity)通过调用 startService()方法请求启动 Service 时,系统将调用此方法。一旦执行此方法,Service 即启动并可在后台无限期运行。如果自己实现此方法,则需要在 Service 工作完成后,通过调用 stopSelf()或 stopService()停止 Service。(在绑定状态下,无须实现此方法。)

(4) onDestroy():当 Service 不再使用且将被销毁时,系统将调用此方法。Service 应该实现此方法清理所有资源,如线程、注册的监听器、接收器等,这是 Service 在其生命周期内调用的最后一个方法。

新建一个项目 ServiceDemo,用来测试 Service 启动状态、其生命周期回调方法的调用顺序,MainActivity 代码如下:

```
public class MainActivity extends AppCompatActivity
                                implements View.OnClickListener {
    private Button btnStart;
    private Button btnStop;

    @Override
    protected void onCreate(Bundle savedInstanceState) {
        super.onCreate(savedInstanceState);
        setContentView(R.layout.activity_main);
        btnStart=findViewById(R.id.startService);
        btnStop=findViewById(R.id.stopService);
        btnStart.setOnClickListener(this);
        assert btnStop!=null;
        btnStop.setOnClickListener(this);
```

```
    }
    @Override
    public void onClick(View v) {
        Intent intent=new Intent(this, SimpleService.class);
        switch(v.getId()){
            case R.id.btnStart:
                startService(intent);      break;
            case R.id.btnStop:
                stopService(intent);      break;
        }
    }
}
```

注意,需要在 AndroidManifest.xml 配置文件中声明 Service,声明方式与 Activity 类似,代码如下:

```
<manifest ...>
    <application ...>
        <service android:name=".SimpleService" />
    ...
    </application>
</manifest>
```

从代码看出,启动服务使用 startService(Intent intent)方法,仅传递一个 Intent 对象即可,在 Intent 对象中指定需要启动的服务。而使用 startService()方法启动的服务,若在服务的外部,则必须使用 stopService()方法停止;若在 Service 的内部,则可以调用 stopSelf()方法停止当前 Service。如果使用 startService()或者 stopSelf()方法请求停止当前 Service,系统会尽快销毁这个 Service。

运行 ServiceDemo 程序,多次单击"启动服务"按钮(会调用方法 startService()),最后再单击"停止服务"按钮(会调用 stopService()方法)。Service 生命周期方法调用结果如图 8.4 所示。

图 8.4　Service 生命周期方法调用结果

从输出的信息可以看出,第一次调用 startService()方法时,onCreate()方法、onStartCommand()方法将依次被调用,而多次调用 startService()时,只有 onStartCommand()方法被调用,最后在调用 stopService()方法停止服务时,onDestroy()方法被回调,这就是启动状态下 Service 的生命周期过程。

接着回过头进一步分析 onStartCommand(Intent intent，int flags，int startId)，该方法有 3 个传入参数，它们的含义如下。

（1）intent：该参数是服务启动时启动组件传递过来的 Intent，如 Activity 可利用 Intent 封装所需要的参数并传递给 Service。

（2）flags：该参数表示启动请求时是否有额外数据，可选值有 0、START_FLAG_REDELIVERY、START_FLAG_RETRY，0 代表没有，另外两个值的具体含义如下。

- START_FLAG_REDELIVERY：这个值代表 onStartCommand()方法的返回值为 START_REDELIVER_INTENT，而且在上一次服务被杀死前会调用 stopSelf()方法停止服务。其中 START_REDELIVER_INTENT 意味着当 Service 因内存不足而被系统杀死后，会重建服务，并通过传递给服务的最后一个 Intent 调用 onStartCommand()，此时 Intent 是有值的。
- START_FLAG_RETRY：该 flag 代表当 onStartCommand 调用后一直没有返回值时，会尝试重新调用 onStartCommand()。

（3）startId：该参数指明当前 Service 的唯一 ID，与 stopSelfResult(int startId)配合使用，stopSelfResult 可以更安全地根据 ID 停止 Service。

实际上，onStartCommand 的返回值 int 类型才是最值得注意的，它有 3 种可选值：START_STICKY、START_NOT_STICKY、START_REDELIVER_INTENT，它们的具体含义如下。

- START_STICKY：当 Service 因内存不足被系统杀死后，一段时间后内存再次空闲时，系统将会尝试重新创建此 Service，一旦创建成功，将回调 onStartCommand()方法，但其中的 Intent 将是 null，除非有挂起的 Intent，如 pendingIntent，这个状态比较适用于不执行命令、但无限期运行并等待作业的媒体播放器或类似的 Service。
- START_NOT_STICKY：当 Service 因内存不足而被系统杀死后，即使系统内存再次空闲，系统也不会尝试重新创建此 Service()。除非程序中再次调用 startService()启动此 Service，这是最安全的选项，可以避免在不必要时以及应用能够轻松重启所有未完成的作业时运行服务。
- START_REDELIVER_INTENT：当 Service 因内存不足而被系统杀死后，会重建 Service，并通过传递给 Service 的最后一个 Intent 调用 onStartCommand()，任何挂起 Intent 均依次传递。与 START_STICKY 不同的是，其中传递的 Intent 将是非空，是最后一次调用 startService()中的 intent。这个值适用于主动执行应该立即恢复的作业（如下载文件）的 Service。

由于每次启动 Service(调用 startService)时，onStartCommand()方法都会被调用，因此可以通过该方法使用 Intent 给 Service 传递所需要的参数，然后在 onStartCommand()方法中进行 Service 的启动和初始化操作，最后根据需求选择不同的 Flag 返回值，以达到对程序进行更友好的控制。

以上是 Service 在启动状态下的分析，接着分析绑定状态的 Service 又是如何处理的。

8.4　绑定的服务

　　绑定的 Service 是 Service 的另一种变形,当 Service 处于绑定状态时,其代表客户端-服务器接口中的服务器。当其他应用程序组件(如 Activity)绑定到服务时(有时可能需要从 Activity 组建中调用 Service 中的方法,此时 Activity 以绑定的方式挂靠到 Service 后,就可以轻松调用 Service 指定的方法),组件(如 Activity)可以向 Service(也就是服务端)发送请求,或者调用 Service(服务端)的方法,此时被绑定的 Service(服务端)会接收信息并响应,甚至可以通过绑定服务进行 IPC。与启动服务不同的是,绑定服务的生命周期通常只在为其他应用组件服务时处于活动状态,不会无限期在后台运行,也就是说,宿主(如 Activity)解除绑定后,绑定的服务就会被销毁。那么,在提供绑定的服务时该如何实现呢?实际上,我们必须提供一个 IBinder 接口的实现类,该类用以提供客户端用来与服务进行交互的编程接口,该接口可以通过以下 3 种方法定义。

1. 扩展 Binder 类

　　如果服务是提供给自有应用程序专用的,并且 Service(服务端)在与客户端相同的进程中运行(常见情况),则应通过扩展 Binder 类并从 onBind() 返回它的一个实例创建接口。客户端收到 Binder 后,可利用它直接访问 Binder 实现中以及 Service 中可用的公共方法。如果绑定的服务只是自有应用的后台工作线程,则优先采用这种方法。不采用该方法创建接口的唯一原因是,服务被其他应用程序或不同的进程调用。

2. 使用 Messenger

　　Messenger 可以翻译为信使,通过它可以在不同的进程中传递 Message 对象(Handler 中的 Messenger,因此 Handler 是 Messenger 的基础),在 Message 中可以存放需要传递的数据,然后在进程间传递。如果需要让接口跨不同的进程工作,可使用 Messenger 为服务创建接口,客户端就可利用 Message 对象向服务发送命令。同时,客户端也可定义自有 Messenger,以便服务回传消息。这是 IPC 的最简单方法,因为 Messenger 会在单一线程中创建包含所有请求的队列。也就是说,Messenger 以串行方式处理客户端发来的消息,这样就不必对服务进行线程安全设计了。

3. 使用 AIDL

　　由于 Messenger 以串行方式处理客户端发来的消息,如果当前有大量消息同时发送到 Service(服务端),Service 仍然只能一个个地处理,这就是 Messenger 跨进程通信的缺点,因此,如果有大量并发请求,Messenger 就显得力不从心了,这时 AIDL(Android 接口定义语言)可派上用场。实际上,Messenger 的跨进程方式其底层实现就是 AIDL,只不过 Android 系统帮我们封装成透明的 Messenger 了。因此,如果想让服务同时处理多个请求,应该使用 AIDL。在此情况下,服务必须具备多线程处理能力,并采用线程安全式设计。使用 AIDL 必须创建一个定义编程接口的.aidl 文件。Android SDK 工具利用该文件生成一个实现接口并处理 IPC 的抽象类,随后可在服务内对其进行扩展。

　　以上 3 种实现方式可以根据需求自由选择,但需要注意的是,大多数应用都不会使用 AIDL 创建绑定服务,因为它可能要求具备多线程处理能力,并可能导致实现的复杂性增加。因此，AIDL 并不适合大多数应用。接下来主要针对扩展 Binder 类进行分析。

8.4.1　扩展 Binder 类

前面描述过，如果服务仅供本地应用程序使用，不需要跨进程工作，则可以实现自有 Binder 类，让客户端通过该类直接访问服务中的公共方法。其使用开发步骤如下。

- 从 Service 类继承并在类中创建 BindService 服务端；创建一个实现 IBinder 接口的实例对象并提供公共方法给客户端调用。
- 从 onBind()回调方法返回此 Binder 实例。
- 在客户端中，从 onServiceConnected()回调方法接收 Binder，并使用提供的方法调用绑定服务。

注意，此方式只有在客户端和服务位于同一应用程序和进程内才有效，如对于需要将 Activity 绑定到在后台播放音乐的自有服务的音乐应用程序，此方式非常有效。另外，之所以要求服务和客户端必须在同一应用程序内，是为了便于客户端转换返回的对象和正确调用其 API。服务和客户端还必须在同一进程内，因为此方式不支持任何跨进程的形式。

以下是一个扩展 Binder 类的实例，Service 端的实现 BindService.java 内容如下：

```java
public class LocalService extends Service {
    private final static String TAG="cn.edu.buu.Service";
    private int count;
    private boolean quit;
    private Thread thread;
    private LocalBinder binder=new LocalBinder();
    public class LocalBinder extends Binder {
        //声明一个方法 getService()(提供给客户端调用)
        LocalService getService() {
            //返回当前对象 LocalService
            //这样就可在客户端调用 Service 的公共方法了
            return LocalService.this;
        }
    }
    @Nullable
    @Override
    public IBinder onBind(Intent intent) {
        return binder;
    }
    @Override
    public void onCreate() {
        super.onCreate();
        Log.i(TAG, "Service is invoke Created");
        thread=new Thread(new Runnable() {
            @Override
```

```
        public void run() {
            //每间隔一秒 count 加 1,直到 quit 为 true
            while(!quit) {
                try {
                    Thread.sleep(1000);
                } catch(InterruptedException e) {
                    e.printStackTrace();
                }
                count++;
            }
        }
    });
    thread.start();
}
public int getCount(){
    return count;
}
@Override
public boolean onUnbind(Intent intent) {
    Log.i(TAG, "Service is invoke onUnbind");
    return super.onUnbind(intent);
}
@Override
public void onDestroy() {
    Log.i(TAG, "Service is invoke Destroyed");
    this.quit=true;
    super.onDestroy();
}
}
```

BindService 类继承自 Service 类,在该类中创建 LocalBinder 对象,LocalBinder 类继承自 Binder 类,LocalBinder 中声明了一个 getService()方法,客户端可访问该方法获取 LocalService 对象的实例,只要客户端获取到 LocalService 对象的实例,就可调用 LocalService 服务端的公共方法,如 getCount()方法。值得注意的是,在 onBind()方法中返回了 binder 对象,该对象便是 LocalBinder 的具体实例,而 binder 对象最终会返回给客户端,客户端通过返回的 binder 对象可以与服务端实现交互。客户端 BindActivity 类的实现如下:

```
public class BindActivity extends Activity {
    protected static final String TAG="cn.edu.buu.Service";
    Button btnBind;
    Button btnUnBind;
    Button btnGetData;
    private ServiceConnection conn;
```

```java
private LocalService mService;
@Override
protected void onCreate(Bundle savedInstanceState) {
    super.onCreate(savedInstanceState);
    setContentView(R.layout.activity_bind);
    btnBind=(Button) findViewById(R.id.BindService);
    btnUnBind=(Button) findViewById(R.id.unBindService);
    btnGetDatas=(Button) findViewById(R.id.getServiceDatas);
    //创建绑定对象
    final Intent intent=new Intent(this, LocalService.class);
    //开启绑定
    btnBind.setOnClickListener(new View.OnClickListener() {
        @Override
        public void onClick(View v) {
            Log.d(TAG, "绑定调用:bindService");
            //调用绑定方法
            bindService(intent, conn, Service.BIND_AUTO_CREATE);
        }
    });
    btnUnBind.setOnClickListener(new View.OnClickListener() {
        @Override
        public void onClick(View v) {
            Log.d(TAG, "解除绑定调用:unbindService");
            if(mService!=null) {
                mService=null;
                unbindService(conn);
            }
        }
    });
    btnGetDatas.setOnClickListener(new View.OnClickListener() {
        @Override
        public void onClick(View v) {
            if(mService !=null) {
                Log.d(TAG, "从服务端获取数据:"+mService.getCount());
            } else {
                Log.d(TAG, "还没绑定呢,先绑定,无法从服务端获取数据");
            }
        }
    });
    conn=new ServiceConnection() {
        @Override
        public void onServiceConnected(ComponentName name, IBinder service) {
            Log.d(TAG, "绑定成功调用:onServiceConnected");
            //获取 Binder
```

```
            LocalService.LocalBinder binder=(LocalService.LocalBinder) service;
            mService=binder.getService();
        }
        @Override
        public void onServiceDisconnected(ComponentName name) {
            mService=null;
        }
    };
    }
}
```

在客户端中创建了一个 ServiceConnection 对象,其代表与服务的连接,它只有两个方法,即 onServiceConnected()和 onServiceDisconnected(),它们的含义如下:

• onServiceConnected(ComponentName name,IBinder service)

系统会调用该方法,以传递服务的 onBind()方法返回的 IBinder 对象,其中 service 是服务端返回的 IBinder 实现类对象,通过该对象,开发者可以获取 LocalService 实例对象,进而调用服务端的公共方法。而 ComponentName 是一个封装了组件(Activity、Service、BroadcastReceiver 或 ContentProvider)信息的类,如包名、组件描述等信息。

• onServiceDisconnected(ComponentName name)

Android 系统会在与服务的连接意外中断时(如当服务崩溃或被终止时)调用该方法。注意,当客户端取消绑定时,系统不调用该方法。

```
conn=new ServiceConnection() {
    @Override
    public void onServiceConnected(ComponentName name, IBinder service) {
        Log.d(TAG, "绑定成功调用:onServiceConnected");
        //获取 Binder
        LocalService.LocalBinder binder=
                        (LocalService.LocalBinder) service;
        mService=binder.getService();
    }
    @Override
    public void onServiceDisconnected(ComponentName name) {
        mService=null;
    }
};
```

在 onServiceConnected()被回调前,须先把当前 Activity 绑定到服务 LocalService 上,绑定服务使用 bindService()方法,解绑服务则使用 unbindService()方法,这两个方法解析如下:

• bindService(Intent service,ServiceConnection conn,int flags)

该方法执行绑定服务操作,其中 Intent 是要绑定的服务(就是 LocalService)的意图,而 ServiceConnection 代表与服务的连接,它只有两个方法,前面已分析过。flags 用于指定绑定时是否自动创建 Service，0 代表不自动创建，BIND_AUTO_CREATE 代表自动创建。

- unbindService(ServiceConnection conn)

该方法执行解除绑定操作，其中 ServiceConnection 代表与服务的连接，它只有两个方法，前面已分析过。

Activity 通过 bindService() 绑定到 LocalService 后，ServiceConnection#onServiceConnected()便会被回调并可以获取到 LocalService 实例对象 mService，之后就可以调用 LocalService 服务端的公共方法了，最后还需要在清单文件中声明该 Service。客户端布局文件实现如下：

```
<?xml version="1.0" encoding="utf-8"?>
<LinearLayout xmlns:android="http://schemas.android.com/apk/res/android"
    android:orientation="vertical"
    android:layout_width="match_parent"
    android:layout_height="match_parent">
    <Button
        android:id="@+id/btnBindService"
        android:layout_width="wrap_content"
        android:layout_height="wrap_content"
        android:text="绑定服务器"/>
    <Button
        android:id="@+id/btnUnbindService"
        android:layout_width="wrap_content"
        android:layout_height="wrap_content"
        android:text="解除绑定"/>
    <Button
        android:id="@+id/btnGetServiceData"
        android:layout_width="wrap_content"
        android:layout_height="wrap_content"
        android:text="获取服务方数据"/>
</LinearLayout>
```

运行程序，首先单击“绑定服务”按钮并多次单击“绑定服务”按钮，其次多次调用 LocalService 中的 getCount()方法获取数据，最后调用解除绑定的方法移除服务，其结果如图 8.5 所示。

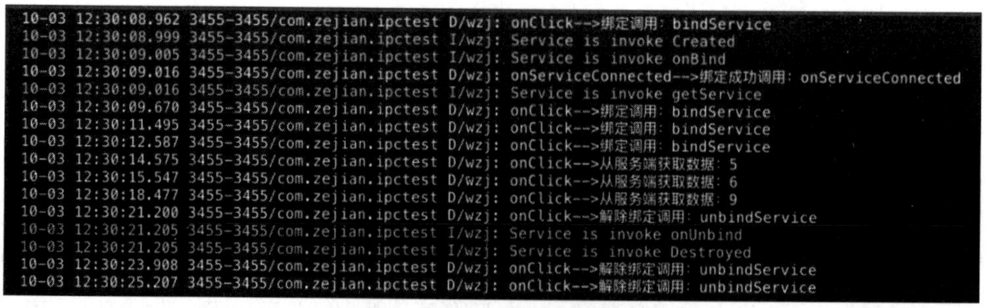
```
10-03 12:30:08.962 3455-3455/com.zejian.ipctest D/wzj: onClick-->绑定调用: bindService
10-03 12:30:08.999 3455-3455/com.zejian.ipctest I/wzj: Service is invoke Created
10-03 12:30:09.005 3455-3455/com.zejian.ipctest I/wzj: Service is invoke onBind
10-03 12:30:09.016 3455-3455/com.zejian.ipctest D/wzj: onServiceConnected-->绑定成功调用: onServiceConnected
10-03 12:30:09.016 3455-3455/com.zejian.ipctest I/wzj: Service is invoke getService
10-03 12:30:09.670 3455-3455/com.zejian.ipctest D/wzj: onClick-->绑定调用: bindService
10-03 12:30:11.495 3455-3455/com.zejian.ipctest D/wzj: onClick-->绑定调用: bindService
10-03 12:30:12.587 3455-3455/com.zejian.ipctest D/wzj: onClick-->绑定调用: bindService
10-03 12:30:14.575 3455-3455/com.zejian.ipctest D/wzj: onClick-->从服务端获取数据: 5
10-03 12:30:15.547 3455-3455/com.zejian.ipctest D/wzj: onClick-->从服务端获取数据: 6
10-03 12:30:18.477 3455-3455/com.zejian.ipctest D/wzj: onClick-->从服务端获取数据: 9
10-03 12:30:21.200 3455-3455/com.zejian.ipctest D/wzj: onClick-->解除绑定调用: unbindService
10-03 12:30:21.205 3455-3455/com.zejian.ipctest I/wzj: Service is invoke onUnbind
10-03 12:30:21.205 3455-3455/com.zejian.ipctest I/wzj: Service is invoke Destroyed
10-03 12:30:23.908 3455-3455/com.zejian.ipctest D/wzj: onClick-->解除绑定调用: unbindService
10-03 12:30:25.207 3455-3455/com.zejian.ipctest D/wzj: onClick-->解除绑定调用: unbindService
```

图 8.5　绑定服务的运行结果

通过 Log 可知,第一次单击"绑定服务"按钮时,LocalService 服务端的 onCreate()、onBind()方法会依次被调用,此时客户端的 ServiceConnection♯onServiceConnected()被调用并返回 LocalBinder 对象,接着调用 LocalBinder 对象的 getService()方法返回 LocalService 实例对象,此时客户端便持有了 LocalService 的实例对象,也就可以任意调用 LocalService 类中的声明公共方法了。更值得注意的是,多次调用 bindService()方法绑定 LocalService 服务端,而 LocalService 的 onBind()方法只调用了一次,那就是在第一次调用 bindService 时才会回调 onBind()方法。接着单击获取服务端的数据,从 Log 中可看出单击 3 次通过 getCount()获取了服务端的 3 个不同数据,最后单击"解除绑定"按钮,此时 LocalService 的 onUnBind()、onDestroy()方法依次被回调,并且多次绑定只需一次解绑。此情景说明了绑定状态下的 Service 生命周期方法的调用依次为 onCreate()、onBind()、onUnBind()、onDestroy()。以上便是同一应用程序、同一进程中客户端与服务端的绑定回调方式。

8.4.2 绑定服务的特点

绑定服务有以下 5 个特点。

(1) 多个客户端可同时连接到一个服务。不过,只有在第一个客户端绑定时,系统才会调用服务的 onBind()方法检索 IBinder。系统随后无须再次调用 onBind(),便可将同一 IBinder 传递至任何其他绑定的客户端。当最后一个客户端取消与服务的绑定时,系统会将服务销毁(除非 startService()也启动了该服务)。

(2) 通常,应该在客户端生命周期(如 Activity 的生命周期)的引入(bring-up)和退出(tear-down)时设置绑定和取消绑定操作,以便控制绑定状态下的 Service,一般有以下两种情况:

- 如果只需要在 Activity 可见时与服务交互,则应在 onStart()期间绑定,在 onStop()期间取消绑定。
- 如果希望 Activity 在后台停止运行状态下仍可接收响应,则可在 onCreate()期间绑定,在 onDestroy()期间取消绑定。需要注意的是,这意味着 Activity 在其整个运行过程中(甚至包括后台运行期间)都需要使用服务,因此如果服务位于其他进程内,那么当提高该进程的权重时,系统很可能会终止该进程。

(3) 通常,切勿在 Activity 的 onResume()和 onPause()期间绑定和取消绑定,因为每次生命周期转换都会发生这些回调,这样反复绑定、解绑是不合理的。此外,如果应用程序内的多个 Activity 绑定到同一服务,并且其中两个 Activity 之间发生了转换,则如果当前 Activity 在下一次绑定(恢复期间)之前取消绑定(暂停期间),系统可能会销毁服务并重建服务,因此服务的绑定不应该发生在 Activity 的 onResume()和 onPause()中。

(4) 应该始终捕获 DeadObjectException DeadObjectException 异常,该异常是在连接中断时引发的,表示调用的对象已死亡,也就是 Service 对象已销毁,这是远程方法引发的唯一异常,DeadObjectException 继承自 Remote-Exception,因此也可以捕获 RemoteException 异常。

(5) 应用组件(客户端)可通过调用 bindService()方法绑定到服务,Android 系统随后调用服务的 onBind()方法,该方法返回用于与服务交互的 IBinder,而该绑定是异步执行的。

8.4.3　启动服务与绑定服务间的转换

虽然服务的状态有启动和绑定两种,但实际上一个服务可以同时是这两种状态,也就是说,它既可以是启动服务(以无限期运行),也可以是绑定服务。需要注意的是,Android 系统仅会为一个 Service 创建一个实例对象,所以不管是启动服务,还是绑定服务,操作的是同一个 Service 实例,而且由于绑定服务或者启动服务的执行顺序问题,将会出现以下两种情况。

(1) 先绑定服务后启动服务:如果当前 Service 实例先以绑定状态运行,然后再以启动状态运行,那么绑定服务将会转为启动服务运行,这时如果之前绑定的宿主(Activity)被销毁,也不会影响服务的运行,服务还会一直运行下去,直到收到调用停止服务或者内存不足时才会销毁该服务。

(2) 先启动服务后绑定服务:如果当前 Service 实例先以启动状态运行,然后再以绑定状态运行,当前启动服务并不会转为绑定服务,但是还会与宿主绑定,只是即使宿主解除绑定后,服务依然按启动服务的生命周期在后台运行,直到有 Context 调用了 stopService()或是服务本身调用了 stopSelf()方法,抑或内存不足时才会销毁服务。

以上两种情况显示出启动服务的优先级确实比绑定服务的优先级高。不过,无论 Service 是处于启动状态,还是处于绑定状态,或处于启动并且绑定状态,都可以像使用 Activity 那样通过调用 Intent 使用服务(即使此服务来自另一个应用)。当然,也可以通过清单文件将服务声明为私有服务,阻止其他应用访问。这里需要特殊说明的是,由于服务在其托管进程的主线程中运行(UI 线程),它既不创建自己的线程,也不在单独的进程中运行(除非另行指定)。这意味着,如果服务执行任何耗时事件或阻止性操作(如 MP3 播放或联网)时,则应在服务内创建新线程完成这项工作。简言之,耗时操作应该由新创建的线程执行。只有通过使用单独的线程,才可以降低发生"应用程序无响应"(ANR)错误的风险,这样应用的 UI 线程才能专注于用户与 Activity 之间的交互,以达到更好的用户体验。

8.5　Service 与 Thread 的区别

在概念上,Service 和 Thread 的差别非常大。

- Thread 是程序执行的最小单元,是分配 CPU 的基本单位。Android 系统中的 UI 线程也是线程的一种。当然,Thread 还可用于执行一些耗时异步的操作。
- Service 是 Android 的一种机制。默认情况下,Service 运行在 UI 线程上,它由系统进程托管。Service 与其他组件之间的通信类似于 client 和 server,是一种轻量级的 IPC,这种通信的载体是 binder,它是在 Linux 层交换信息的一种 IPC,而所谓的 Service 后台任务是指没有 UI 的组件。

在执行任务上,二者的差别如下:

- 在 Android 系统中,线程一般指工作线程(即后台线程),而主线程是一种特殊的工作线程,它负责将事件分派给相应的用户界面小工具,如绘图事件及事件响应,因此,为了保证应用程序 UI 的响应能力,主线程上不允许执行耗时操作。如果执行的操作不能很快完成,则应确保它们在单独的工作线程中执行。
- Service 是 Android 系统中的组件,一般情况下它运行于主线程中,因此在 Service 中是不可以执行耗时操作的,否则系统会报 ANR 异常,之所以称 Service 为后台服务,大部分原因是它本身没有 UI,用户无法感知(当然也可以利用某些手段让用户知道),但如果需要让 Service 执行耗时任务,可在 Service 中开启单独的工作线程执行。

在使用场景上,二者的差别如下:

- 当要执行耗时的网络或者数据库查询以及其他阻塞 UI 线程或密集使用 CPU 的任务时,都应该使用工作线程,这样才能保证 UI 线程不被占用而影响用户体验。
- 在应用程序中,如果需要长时间地在后台运行,而且不需要交互,则使用服务,如播放音乐,通过 Service＋Notification 的方式在后台执行,同时在通知栏显示。

综上所述,在大部分情况下,Thread 和 Service 都会结合着使用,如下载文件,一般会通过 Service 在后台执行＋Notification,在通知栏显示＋Thread 异步下载。再如,应用程序会维持一个 Service 从网络中获取推送服务。在 Android 官方看来也是如此,所以 Android 官方提供了一个 Thread 与 Service 的结合方便执行后台耗时任务,它就是 IntentService。IntentService 并不适用于所有场景,但它的优点是使用方便、代码简洁,不需要创建 Service 实例并同时也创建线程,在某些场景下它使用比较方便。由于 IntentService 是单个工作线程,所以任务需要排队,因此不适合大多数的多任务情况。

8.6　Service 的生命周期

关于 Service 生命周期方法的执行顺序,前面已分析得差不多了,具体如图 8.6 所示。

图 8.6(a)显示了使用 startService()创建的服务的生命周期,图 8.6(b)显示了使用 bindService()创建的服务的生命周期。通过图 8.6 中的生命周期方法,可以监控 Service 的整体执行过程,包括创建、运行、销毁。关于 Service 不同状态下的方法回调在前面的分析中已描述得很清楚,这里就不重复了。下面给出官网对生命周期的原文描述。

服务的整个生命周期从调用 onCreate()开始,到 onDestroy()返回时结束。与 Activity 类似,服务也在 onCreate()中完成初始设置,并在 onDestroy()中释放所有剩余资源。例如,音乐播放服务可以在 onCreate()中创建用于播放音乐的线程,然后在 onDestroy()中停止该线程。

无论服务是通过 startService()创建,还是通过 bindService()创建,都会为所有服务调用 onCreate()和 onDestroy()方法。

服务的有效生命周期从调用 onStartCommand()或 onBind()方法开始,每种方法均有 Intent 对象,该对象分别传递到 startService()或 bindService()。对于启动服务,有效生命周期与整个生命周期同时结束（即便是在 onStartCommand()返回之后，服务仍然处于活动状态）。对于绑定服务，有效生命周期在 onUnbind()返回时结束。

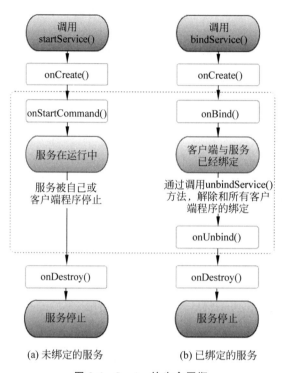

图 8.6　Service 的生命周期

从执行流程图看，服务的生命周期比 Activity 的生命周期要简单得多。但是，开发人员必须密切关注如何创建和销毁服务，因为服务可以在用户没有意识到的情况下运行于后台。管理服务的生命周期（从创建到销毁）有以下两种情况。

（1）启动的服务：服务在其他应用程序组件调用 startService()时创建，然后无限期运行，且必须通过调用 stopSelf()自行停止运行。此外，其他组件也可以通过调用 stopService()停止服务。服务停止后，系统会将其销毁。

（2）绑定的服务：该服务在另一个组件（客户端）调用 bindService()时创建。然后，客户端通过 IBinder 接口与服务进行通信。客户端可以通过调用方法 unbindService()关闭连接。多个客户端可以绑定到相同服务，而且当所有绑定全部取消后，系统即销毁该服务。服务不必自行停止运行。

虽然可以通过以上两种情况管理服务的生命周期，但是还必须考虑另外一种情况：启动服务与绑定服务的结合体。也就是说，可以绑定到已经使用 startService()启动的服务。例如，可以通过使用 Intent（标识要播放的音乐）调用 startService()启动后台音乐服务。随后，在用户需要稍加控制播放器或获取有关当前播放歌曲的信息时，Activity 可以通过调用 bindService()绑定到服务。在这种情况下，除非所有客户端均取消绑定，否则 stopService()或 stopSelf()不会真正停止服务，因此这种情况需要特别注意。

习 题 8

1. ( )不是 Service 中包含的方法。
  (A) onResume
  (B) onCreate
  (C) onStartCommand
  (D) onBind

2. 在 AndroidManifest.xml 文件中注册广播接收器方式正确的是( )。
  (A) <receiver android:name=".MyBroadcastReceiver">
        <intent-filter>
          <action android:name="cn.edu.buu.SOFTWARE" />
        </intent-filter>
      </receiver>
  (B) <receiver android:name=".MyBroadcastReceiver">
        <intent-filter>
          <android:name="cn.edu.buu.SOFTWARE" />
        </intent-filter>
      </receiver>
  (C) <receiver android:name=".MyBroadcastReceiver">
        <action android:name="cn.edu.buu.SOFTWARE" />
      </receiver>
  (D) <intent-filter>
        <receiver android:name=".MyBroadcastReceiver">
          <action android:name="cn.edu.buu.SOFTWARE" />
        </receiver>
      </intent-filter>

3. 下列关于 Service 的描述,不正确的是( )。
  (A) Service 是 Android 系统的后台服务组件,适用于开发无界面、长时间运行的
      应用功能
  (B) Activity 比 Service 的优先级高,不会轻易被 Android 系统终止
  (C) Service 有两种使用方式:一种是以启动方式使用 Service;另一种是以绑定方
      式使用 Service
  (D) 每个服务都继承自 Service 基类

4. 以下情况不会创建 Context 对象的是( )。
  (A) 创建 Application 对象时
  (B) 创建 Service 对象时
  (C) 创建 ContentProvider 对象时
  (D) 创建 Activity 对象时

5. 核心配置文件 AndroidManifest.xml 的子节点不包括( )。
  (A) application
  (B) service
  (C) permission
  (D) provider

6. 关于 Service 生命周期的 onCreate()和 onStart()，说法正确的是(　　　)。

(A) 第一次启动时，先调用 onStart()方法

(B) 第一次启动时，只会调用 onCreate()方法

(C) 如果 Service 已启动，将先后调用 onCreate()和 onStart()方法

(D) 如果 Service 已启动，只执行 onStart()方法，不再执行 onCreate()方法

7. Broadcast 被分为两种：＿＿＿＿＿、＿＿＿＿＿。

8. 如果在自定义的 BroadcastReceiver 类中的 onReceive()方法中执行一些耗时的操作，就会弹出＿＿＿＿＿对话框。

9. Android 系统的四大组件还有一种＿＿＿＿＿，这种组件本质上就是一个全局监听器。

10. BroadcastReceiver 可以在＿＿＿＿＿中注册，也可以在＿＿＿＿＿中注册。

11. Service 有＿＿＿＿＿和＿＿＿＿＿两种。

12. 注册广播有哪几种方式，这些方式有何优缺点？

13. 简述 Android 系统中 Service 运行的两种方式。

第 9 章

Java 网络开发技术

9.1　计算机网络概述

计算机网络是能够彼此通信的计算机的集合。根据范围的物理距离大小,计算机网络可以分为局域网(Local Area Network,LAN)和广域网(Wide Area Network,WAN)。LAN 通常限定在一个有限的地理区域之内,如一个建筑物,一般最少由 3 台计算机、最多由上万台计算机(如数据中心 data center)构成。而 WAN 则由地理上分割开的多个 LAN 构成。当然,最大的计算机网络是 Internet。

在计算机网络中,通信的介质可能是线缆、电话线、高速光纤等。随着无线技术越来越成熟,价格越来越低廉,如今无线局域网(Wireless Local Area Network,WLAN)的使用越来越广泛。

就像人们使用一种共同的语言对话一样,两台计算机之间也需要使用彼此认同的一种共同"语言"进行通信。在计算机术语中,这种"语言"称为协议。而计算机协议分为多个层。

9.1.1　OSI 参考模型

OSI 参考模型是 ISO(International Organization for Standardization,国际标准化组织)的建议,它是为了使各层上的协议国际标准化而发展起来的。OSI 参考模型的全称是开放系统互连参考模型(Open System Interconnection Reference Model)。这一参考模型共分 7 层:物理层、数据链路层、网络层、传输层、会话层、表示层和应用层,如图 9.1 所示。

物理层(Physical Layer)主要是处理机械的、电气的和过程的接口,以及物理层下的物理传输介质等。

数据链路层(Data Link Layer)的任务是加强物理层的功能,使其对网络层显示为一条无错的线路。

网络层(Network Layer)确定分组从源端到目的端的路由选择。路由可以选用网络中固定的静态路由表,也可以在每次会话时决定,还可以根据当前的网络负载状况灵活为每个分组分别决定。

传输层(Transport Layer)从会话层接收数据,并传输给网络层,同时确保到达目的端的各段信息正确无误,而且使会话层不受硬件变化的影响。通常,会话层每请求建立一个传输连接,传输层就会为其创建一个独立的网络连接。但如果传输连接需要一个较高

OSI 模型			
	数据单元	层	功能
主机层	Data（数据）	7. 应用层	网络进程到应用程序。针对特定应用规定各层协议、时序、表示等，进行封装。在端系统中用软件实现，如HTTP等
		6. 表示层	数据表示形式，加密和解密，把机器相关的数据转换成独立于机器的数据。规定数据的格式化表示、数据格式的转换等
		5. 会话层	主机间通信，管理应用程序之间的会话。规定通信时序；数据交换的定界、同步，创建检查点等
	Segments（数据段）	4. 传输层	在网络的各个节点之间可靠地分发数据包。所有传输遗留问题；复用；流量；可靠
媒介层	网络分组/数据报文	3. 网络层	在网络的各个节点之间进行地址分配、路由和（不一定可靠的）分发报文。路由（IP寻址）；拥塞控制
	Bit/Frame（数据帧）	2. 数据链路层	一个可靠的点对点数据直链。检错与纠错（CRC码）；多路访问；寻址
	Bit（比特）	1. 物理层	一个（不一定可靠的）点对点数据直链。定义机械特性；电气特性；功能特性；规程特性

图 9.1　OSI 参考模型

的吞吐量，传输层也可以为其创建多个网络连接，让数据在这些网络连接上分流，以提高吞吐量。另一方面，如果创建或维持一个独立的网络连接不合算，传输层也可将几个传输连接复用到同一个网络连接上，以降低费用。除了多路复用，传输层还需要解决跨网络连接的建立和拆除，并具有流量控制机制。

会话层（Session Layer）允许不同机器上的用户之间建立会话关系，既可以进行类似传输层的普通数据传输，也可以被用于远程登录到分时系统或在两台机器间传递文件。

表示层（Presentation Layer）用于完成一些特定的功能，这些功能由于经常被请求，因此人们希望有通用的解决办法，而不是由每个用户各自实现。

应用层（Application Layer）中包含了大量人们普遍需要的协议。不同的文件系统有不同的文件命名原则和不同的文本行表示方法等，不同的系统之间传输文件还有各种不兼容问题，这些都将由应用层处理。此外，应用层还有虚拟终端、电子邮件和新闻组等各种通用和专用的功能。

9.1.2　TCP/IP 协议族

TCP/IP 参考模型是首先由美国高级研究计划署（Advanced Research Projects Agency Network，ARPANET）使用的网络体系结构。这个体系结构在它的两个主要协议出现以后被称为 TCP/IP 参考模型（TCP/IP Reference Model）。这一网络协议共分为 4 层：网络访问层、互联网层、传输层和应用层，如图 9.2 所示。

网络访问层（Network Access Layer）在 TCP/IP 参考模型中并没有详细描述，只是指出主机必须使用某种协议与网络相连。

互联网层（Internet Layer）是整个体系结构的关键部分，其功能是使主机可以把分组发往任何网络，并使分组独立传向目标。这些分组可能经由不同的网络，到达的顺序和发送的顺序也可能不同。高层如果需要顺序收发，那么就必须自行处理对分组的排序。互联网层使用 Internet 协议(Internet Protocol,IP)。TCP/IP 参考模型的互联网层和 OSI 参考模型的网络层在功能上非常相似。

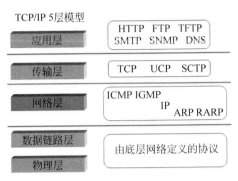

图 9.2　TCP/IP 参考模型

传输层(Transport Layer)使源端和目的端机器上的对等实体可以进行会话。在这一层定义了两个端到端的协议：传输控制协议(Transmission Control Protocol,TCP)和用户数据报协议(User Datagram Protocol,UDP)。TCP 是面向连接的协议,它提供可靠的报文传输和对上层应用的连接服务。为此,除了基本的数据传输外,它还有可靠性保证、流量控制、多路复用、优先权和安全性控制等功能。UDP 是面向无连接的不可靠传输的协议,主要用于不需要 TCP 的排序和流量控制等功能的应用程序。

应用层(Application Layer)包含所有的高层协议,包括虚拟终端协议(TELecommunications NETwork,TELNET)、文件传输协议(File Transfer Protocol,FTP)、电子邮件传输协议(Simple Mail Transfer Protocol,SMTP)、域名服务(Domain Name Service,DNS)、网上新闻传输协议(Net News Transfer Protocol,NNTP)和超文本传输协议(HyperText Transfer Protocol,HTTP)等。TELNET 允许一台机器上的用户登录到远程机器上,并进行工作;FTP 提供有效地将文件从一台机器上传输到另一台机器上的方法;SMTP 用于电子邮件的收发;DNS 用于把主机名映射到网络地址;NNTP 用于新闻的发布、检索和获取;HTTP 用于在 WWW 上获取网页。

9.2　网络层开发技术

InetAddress 类位于 java.net 包中,是 Java 对 IP 地址(包括 IPv4 和 IPv6)的高层表示。许多其他网络相关类,包括 Socket、ServerSocket、URL 等都用到这个类。这个类的每个实例都包含一个 IP 地址(IP address)以及这个 IP 地址对应的主机名(host name)。

InetAddress 类没有 public 的构造方法,要想获取它的实例,需要通过它的一些静态工厂方法,其中最常用的方法是 InetAddress.getByName(),该方法能够根据域名或者 IP 地址获取 InetAddress 实例。这个方法会建立与本地域名系统(Domain Name System,DNS)服务器的一个连接,并查找主机名和 IP 地址。如果 DNS 找不到这个地址,getByName()方法会抛出一个 UnknownHostException 异常,该异常是 IOException 异常类的一个子类。

为了说明 InetAddress 类的使用方式，编写了类 TestInetAddress，代码如下：

```java
import java.net.InetAddress;
import java.net.UnknownHostException;
public class TestInetAddress {
    public static void print(InetAddress address, String name) {
        System.out.print(name+",主机名称: "+address.getHostName());
        System.out.println(",IP 地址: "+address.getHostAddress());
    }
    public static void main(String[] args) {
        try {
            InetAddress localhost=InetAddress.getLocalHost();
            InetAddress baidu=InetAddress.getByName("www.baidu.com");
            print(localhost, "本机");
            print(baidu, "百度");
        } catch(UnknownHostException e) {
            System.err.println(e.getMessage());
            e.printStackTrace();
        }
    }
}
```

在上述程序中调用了 InetAddress 的两个静态方法，分别获取了本机和 www.baidu.com 域名所代表服务器的 InetAddress 对象，之后输出了相应的主机名和 IP 地址。TestInetAddress 程序的运行结果如图 9.3 所示。

图 9.3　TestInetAddress 程序的运行结果

9.3　传输层开发技术

Socket 作为应用层和传输层之间的桥梁，与之关系最大的两个协议是传输层中的 TCP 和 UDP。Socket 分为流式套接字和用户数据报套接字，分别使用传输层中的 TCP 和 UDP。

应用进程通过 Socket 通信（包括使用 TCP 和 UDP 两种协议）的模式如图 9.4 所示。

UDP 是 User Datagram Protocol 的简称，中文名是用户数据报协议，是 OSI（Open System Interconnection，开放式系统互联）参考模型中一种无连接的传输层协议，提供面向事务的简单不可靠信息传送服务。IETF RFC 768 是 UDP 的正式规范。UDP 在 IP 报文的协议号是 17。

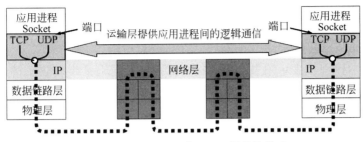

图 9.4 应用进程通过 Socket 通信的模式

UDP 的全称是用户数据报协议，在网络中，它与 TCP 一样用于处理数据包，是一种无连接的协议。在 OSI 模型中，UDP 在第四层——传输层，处于 IP 的上一层。UDP 的缺点是不提供数据包分组、组装和不能对数据包进行排序。也就是说，当报文发送之后，无法得知其是否安全、完整到达。UDP 用来支持需要在计算机之间传输数据的网络应用，包括网络视频会议系统在内的众多的客户/服务器模式的网络应用都需要使用 UDP。UDP 从问世至今已经被使用了很多年，虽然其最初的光彩被一些类似协议所掩盖，但是即使是在今天，UDP 仍然不失为一项非常实用和可行的网络传输层协议。

与 TCP（传输控制协议）一样，UDP 直接位于 IP（网际协议）的顶层。根据 OSI ISO 参考模型，UDP 和 TCP 都属于传输层协议。UDP 的主要作用是将网络数据流量压缩成数据包的形式。一个典型的数据包就是一个二进制数据的传输单位。每个数据包的前 8B 用来包含报头信息，剩余字节用来包含具体的传输数据。

TCP 的优点是可靠、稳定。TCP 的可靠体现在 TCP 在传递数据之前，会有 3 次握手建立连接，而且在数据传递时，有确认、窗口、重传、拥塞控制机制，数据传输完成后，还会断开连接用来节约系统资源。TCP 的缺点主要是传输速度慢、效率低、占用系统资源高、易被攻击。TCP 在传递数据之前，要先建连接，这会消耗时间，在数据传递时，确认机制、重传机制、拥塞控制机制等都会消耗大量的时间，而且要在每台设备上维护所有的传输连接，事实上，每个连接都会占用系统的 CPU、内存等硬件资源。另外，因为 TCP 有确认机制、3 次握手机制，这些也导致 TCP 容易被人利用，实现 DoS、DDoS、CC 等攻击。

UDP 的优点是快、比 TCP 稍安全。UDP 没有 TCP 的握手、确认、窗口、重传、拥塞控制等机制，是一个无状态的传输协议，所以它在传递数据时非常快。没有 TCP 的这些机制，UDP 较 TCP 被攻击者利用的漏洞就要少一些。但 UDP 也是无法避免攻击的，如 UDP Flood 攻击。UDP 的缺点是不可靠，不稳定。因为 UDP 没有 TCP 那些可靠的机制，在数据传递时，如果网络质量不好，就很容易丢包。因此，当对网络通信质量有要求的时候，例如，整个数据要准确无误地传递给对方，这往往用于一些要求可靠的应用，如 HTTP、HTTPS、FTP 等传输文件的协议，POP、SMTP 等邮件传输的协议。当对网络通信质量要求不高时，要求网络通信速度尽量快，这时就可以使用 UDP。

9.3.1 基于 UDP 开发

使用 Java 语言基于 UDP 开发,主要用到 DatagramSocket 和 DatagramPacket 两个类。

1. DatagramSocket 类

DatagramSocket 类表示用来发送和接收数据报包的套接字。数据报套接字是包投递服务的发送或接收点。每个在数据报套接字上发送或接收的包都是单独编址和路由的。从一台机器发送到另一台机器的多个包可能选择不同的路由,也可能按不同的顺序到达。在 DatagramSocket 上总是启用 UDP 广播发送。为了接收广播包,应该将 DatagramSocket 绑定到通配符地址。在某些实现中,将 DatagramSocket 绑定到一个更加具体的地址时广播包也可以被接收。

DatagramSocket 类的构造方法主要包括

- DatagramSocket():构造数据报套接字并将其绑定到本地主机上任何可用的端口。
- protected DatagramSocket (DatagramSocketImpl impl):创建带有指定 DatagramSocketImpl(数据报和多播套接字实现的抽象基类,可以通过它将数据报套接字绑定到本地端口和地址)的未绑定数据报套接字。
- DatagramSocket(int port):创建数据报套接字并将其绑定到本地主机上的指定端口。
- DatagramSocket(int port, InetAddresslocalAddress):创建数据报套接字,并将其绑定到指定的本地地址。
- DatagramSocket(SocketAddress bindAddress):创建数据报套接字,将其绑定到指定的本地套接字地址。SocketAddress 作为一个抽象类,应通过特定的、协议相关的实现为其创建子类。它提供不可变对象,供套接字用于绑定、连接或用作返回值。
- DatagramSocket(DatagramSocketImpl impl)和 DatagramSocket(SocketAddress bindAddress):通过一个对象进行本地端口和地址的绑定。

2. DatagramPacket 类

DatagramPacket 类表示数据报包。数据报包用来实现无连接包投递服务。每条报文仅根据该包中包含的信息从一台机器路由到另一台机器。从一台机器发送到另一台机器的多个包可能选择不同的路由,也可能按不同的顺序到达。不对包投递做出保证。

基于 UDP 编程的通信模型如图 9.5 所示。

在传输层,基于 UDP 编程进行通信,基于 UDP 的套接字就是数据报套接字(java.net.DatagramSocket),服务器端和客户端两边都要先构造好相应的数据包(java.net.DatagramPacket),在 DatagramPacket 包中的方法 getLength()返回了实际接收数据的字节数(返回类型是 int),而方法 getData()则返回接收到的数据(返回类型是 byte [])。接收端如果需要给发送端回信息,就需要知道发送端的 IP 地址以及发送端的通信进程所在的端口号。数据报套接字发送成功后,就相当于建立了一个虚连接(Socket),双方即可

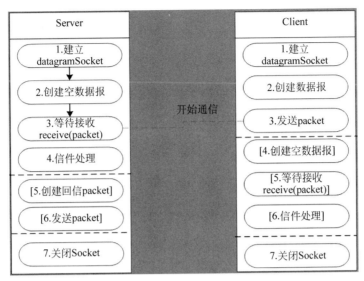

图 9.5　基于 UDP 编程的通信模型

发送数据。

9.3.2　基于 TCP 开发

TCP 通信协议是一种可靠的网络协议,它在通信的两端各建立一个 Socket,从而在通信的两端之间形成网络虚拟链路。一旦建立了虚拟网络链路,两端的程序就可以通过虚拟链路进行通信。Java 对基于 TCP 的网络通信提供了良好的封装,Java 使用 Socket 对象代表两端的通信端口,并通过 Socket 产生 IO 流进行网络通信。

1. 使用 ServerSocket 创建 TCP 服务器端

在两个通信实体之间并没有服务器端和客户端之分,但在两个通信实体没有建立虚拟链路之前,必须有一个通信实体先做出"主动姿态",主动接收来自其他通信实体的连接请求。

Java 中能接收其他通信实体连接请求的类是 ServerSocket。ServerSocket 对象用于监听来自客户端的 Socket 连接,如果没有连接,它将一直处于等待状态,也称为监听状态。ServerSocket 包含一个监听来自客户端请求的方法:accept()。如果接收到一个客户端 Socket 的连接请求,该方法将返回一个与客户端 Socket 对应的 Socket(每个 TCP 连接有两个 Socket),否则该方法将一直处于等待状态,线程也被阻塞。

ServerSocket 提供的构造方法包括:

- ServerSocket(int port):用指定的端口 port 创建一个 ServerSocket。该端口应该有一个有效的端口数值,即[0,65535]。
- ServerSocket(int port,int backlog):增加一个用来改变连接队列长度的参数 backlog。
- ServerSocket(int port,int backlog,InetAddress localAddress):在机器存在多个 IP 地址的情况下,允许通过 localAddress 参数指定将 ServerSocket 绑定到指

定的 IP 地址。

2. 使用 Socket 进行通信

客户端通常可以使用 Socket 的构造器连接到指定服务器。Socket 通常可以使用如下两个构造方法。

- Socket(InetAddress/String remoteAddress, int port)：创建连接到指定远程主机、远程端口的 Socket，该构造器没有指定本地地址、本地端口，默认使用本地主机的 IP 地址，以及系统动态分配的端口。
- Socket(InetAddress/String remoteAddress, int port, InetAddress localAddress, int localPort)：创建连接到指定远程主机、远程端口的 Socket，并指定本地 IP 地址和本地端口，适用于本地主机有多个 IP 地址的情形。

当客户端、服务器端产生了对应的 Socket 之后，程序无须再区分服务器端、客户端，而是通过各自的 Socket 进行通信。Socket 提供了两个方法来获取输入流和输出流，分别是：

- InputStream getInputStream()：返回该 Socket 对象对应的输入流，让程序通过该输入流从 Socket 中取出数据。
- OutputStream getOutputStream()：返回该 Socket 对象对应的输出流，让程序输出流向 Socket 输出数据。

基于 TCP 编程的通信模型如图 9.6 所示。

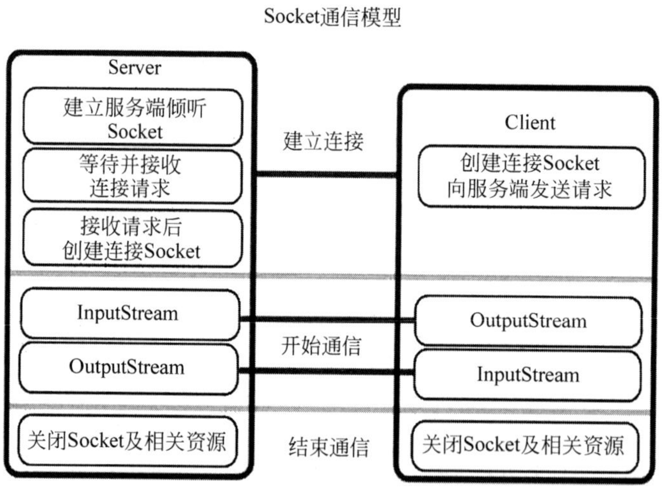

图 9.6　基于 TCP 编程的通信模型

在实际应用中，程序可能不想让执行网络连接、读取服务器数据的进程一直阻塞，而是希望当网络连接、读取操作超过合理时间之后，系统自动认为操作失败，这个合理时间就是超时时长。如果在指定时间内通信未到达，则断开连接，代码如下：

```
//Socket 对象提供了一个 setSoTimeout(int timeout)方法设置超时时长
Socket s=new Socket("127.0.0.1", 30000);
//设置 10s 之后即认为超时
```

```
s.setSoTimeout(10000);
```

当 Socket 连接服务器超过指定时长时,进行处理,示例代码如下:

```
//创建一个无连接的 Socket
Socket s=new Socket();
//让该 Socket 连接到远程服务器,如果经过 10s 还未连接上,则认为连接超时
s.connect(new InetSocketAddress(host,port),10000);
```

9.4　应用层开发技术

使用 Java 语言在应用层进行网络开发,主要用到的类有 URL、URLConnection 等。

9.4.1　URL 类

URL 类(属于 java.net 包)是 Java 对 URL 的抽象,是一个 final 类,因此不能被继承。实际上,URL 类使用了策略设计模式,通过不同的协议处理器扩展功能。URL 类是不可变的,对象构建完成后,字段就无法改变,因此能够保证线程安全。

URL 类提供了多种构造方法,用于在不同情况下创建对象。

- public URL(String url) throws MalformedURLException

根据一个字符串形式的绝对 URL 构建 URL 对象。如果构造成功,则说明 URL 的协议得到了支持;如果构造失败,则会抛出 MalformedURLException 异常。

- public URL(String protocol, String host, String file) throws MalformedURLException
- public URL(String protocol, String host, int port, String file) throws MalformedURLException

这两个构造方法都是利用 URL 的组成部分构建 URL 对象,区别在于有无端口号。如果不设置端口号,构造方法会将端口设置为 −1,即使用协议的默认端口。此处的 protocol 和 host 只要正常填写内容即可,如"http""www.csdn.net",而 file 需要在开头加上"/"。file 包括路径、文件名和可选的片段标识符。

- public URL(URL context, String spec)
  throws MalformedURLException

这个构造方法根据基础 URL 和相对 URL 构建 URL 对象。

URL 对象提供了一系列方法用于获取数据:

- public final InputStream openStream()throws java.io.IOException
- public URLConnection openConnection()throws java.io.IOException
- public URLConnection openConnection(Proxy proxy) throws java.io.IOException
- public final Object getContent()throws java.io.IOException
- public final Object getContent(Class[] classes) throws java.io.IOException

其中第 1 个方法 openStream()是最直接的,它能够打开到指定 URL 的连接,并返回一个 InputStream,从这个 InputStream 获得的数据是 URL 引用的原始内容,因此可能是

ASCII 文本、HTML、二进制图片数据等。

openConnection()方法为指定的 URL 打开一个 Socket,并返回一个 URLConnection 对象。一个 URLConnection 对象表示一个网络资源的打开的连接。如果需要和服务器通信,这个方法是最好的。重载版本可以指定一个代理服务器。

getContent()方法获取由 URL 引用的数据,尝试由它建立某种类型的对象。返回的对象可能是 InputStream、HttpURLConnection、sun.awt.image.URLImageSource 等。

getContent(Class[] classes)方法接受一个 Class 数组,用于选择最合适的返回类型。它会从第一个数组开始判断,如果能够返回该类型,则返回该类型,否则判断下一个数组,以此类推。注意,返回值依然是 Object,需要用 instanceof 判断实际类型。

为演示 URL 类的使用,编写了类 TestURL,其代码如下:

```java
package cn.edu.buu;
import java.io.BufferedInputStream;
import java.io.BufferedReader;
import java.io.IOException;
import java.io.InputStreamReader;
import java.net.MalformedURLException;
import java.net.URL;
public class TestURL {
    public static void showWebSourceCode(String url){
        try {
            URL u=new URL(url);
            try {
            BufferedReader reader=
                    new BufferedReader(
                        new InputStreamReader(
                            new BufferedInputStream
                                (u.openStream()),"UTF-8"))){
                                    String line;
                while((line=reader.readLine()) !=null){
                    System.out.println(line);
                }
            } catch(IOException e) {
                e.printStackTrace();
            }
        } catch(MalformedURLException e) {
            System.out.println("Fail to connect to the url.");
        }
    }
    public static void main(String[] args) {
        showWebSourceCode("http://www.baidu.com");
    }
}
```

在类 TestURL 的 showWebSourceCode()方法中，调用 openStream()方法(同时指定编码格式为 UTF-8)，并使用多个 I/O 类装饰后得到一个 BufferedReader 对象，调用该对象的 readLine()方法即可读取指定 URL 网页的源代码。TestURL 类的运行结果如图 9.7 所示。

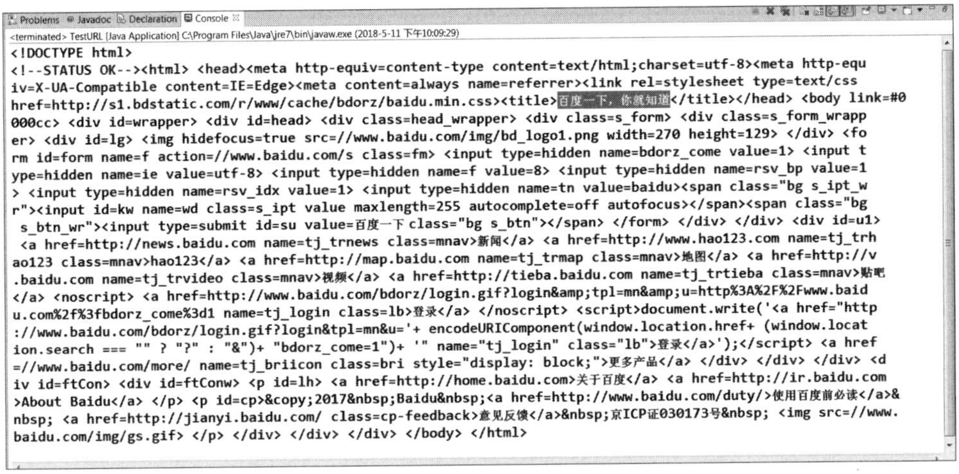

```
Problems  Javadoc  Declaration  Console
<terminated> TestURL [Java Application] C:\Program Files\Java\jre7\bin\javaw.exe (2018-5-11 下午10:09:29)
<!DOCTYPE html>
<!--STATUS OK--><html> <head><meta http-equiv=content-type content=text/html;charset=utf-8><meta http-equ
iv=X-UA-Compatible content=IE=Edge><meta content=always name=referrer><link rel=stylesheet type=text/css
href=http://s1.bdstatic.com/r/www/cache/bdorz/baidu.min.css><title>百度一下，你就知道</title></head> <body link=#0
000cc> <div id=wrapper> <div id=head> <div class=head_wrapper> <div class=s_form> <div class=s_form_wrapp
er> <div id=lg> <img hidefocus=true src=//www.baidu.com/img/bd_logo1.png width=270 height=129> </div> <fo
rm id=form name=f action=//www.baidu.com/s class=fm> <input type=hidden name=bdorz_come value=1> <input t
ype=hidden name=ie value=utf-8> <input type=hidden name=f value=8> <input type=hidden name=rsv_bp value=1
> <input type=hidden name=rsv_idx value=1> <input type=hidden name=tn value=baidu><span class="bg s_ipt_w
r"><input id=kw name=wd class=s_ipt value maxlength=255 autocomplete=off autofocus></span><span class="bg
 s_btn_wr"><input type=submit id=su value=百度一下 class="bg s_btn"></span> </form> </div> </div> <div id=u1>
 <a href=http://news.baidu.com name=tj_trnews class=mnav>新闻</a> <a href=http://www.hao123.com name=tj_trh
ao123 class=mnav>hao123</a> <a href=http://map.baidu.com name=tj_trmap class=mnav>地图</a> <a href=http://v
.baidu.com name=tj_trvideo class=mnav>视频</a> <a href=http://tieba.baidu.com name=tj_trtieba class=mnav>贴吧
</a> <noscript> <a href=http://www.baidu.com/bdorz/login.gif?login&amp;tpl=mn&amp;u=http%3A%2F%2Fwww.baid
u.com%2f%3fbdorz_come%3d1 name=tj_login class=lb>登录</a> </noscript> <script>document.write('<a href="http
://www.baidu.com/bdorz/login.gif?login&tpl=mn&u='+ encodeURIComponent(window.location.href+ (window.locat
ion.search === "" ? "?" : "&")+ "bdorz_come=1")+ '" name="tj_login" class="lb">登录</a>');</script> <a href
=//www.baidu.com/more/ name=tj_briicon class=bri style="display: block;">更多产品</a> </div> </div> </div> <d
iv id=ftCon> <div id=ftConw> <p id=lh> <a href=http://home.baidu.com>关于百度</a> <a href=http://ir.baidu.com
>About Baidu</a> </p> <p id=cp>&copy;2017 Baidu <a href=http://www.baidu.com/duty/>使用百度前必读</a>&
nbsp; <a href=http://jianyi.baidu.com/ class=cp-feedback>意见反馈</a> 京ICP证030173号  <img src=//www.
baidu.com/img/gs.gif> </p> </div> </div> </div> </body> </html>
```

图 9.7　TestURL 类的运行结果

9.4.2　URLConnection 类

URLConnection 类是一个抽象类，每个 URLConnection 对象代表一个指向 URL 指定资源的活跃连接。它与 URL 类最大的不同体现在以下两点。

- URLConnection 类提供了更多的方法，用于精细地控制与服务器的交互过程，如检查协议的首部并做出响应。
- URLConnection 可以用 POST、PUT 等 HTTP 请求方法与服务器交互。

URLConnection 是 Java 的协议处理器机制的一部分。协议处理器的思想很简单，就是将协议细节处理与特定数据类型的处理相分离，提供相应的用户接口，并完成 Web 浏览器所完成的其他操作。URLConnection 是抽象类，想实现一个特定的协议，就必须派生出子类(如 HttpURLConnection)，并重写相应的方法。

使用 URLConnection 类的方法大致如下：

(1) 构造一个 URL 对象。

(2) 调用这个 URL 对象的 openConnection()方法，获取一个对应于该 URL 的协议的 URLConnection 对象。

(3) 对该 URLConnection 进行配置。

(4) 读取首部字段。

(5) 获得输入流并读取数据，或是获得输出流并写入数据。

(6) 关闭连接。

URLConnection 只提供了一个 protected 的构造方法：protected URLConnection

（URL url），因此，除非要继承 URLConnection 类来定义子类，否则只能使用 openConnection()方法获取对象。URLConnection 对象被构造时，它是未连接的，只有调用了 connect()方法，才能真正连接本地主机和远程主机。不过，所有需要打开连接才能工作的方法都会确认是否已经建立连接，若未建立，则会调用 connect()方法，因此一般不需要手动调用 connect()方法建立连接。

与 URL 的 openStream()方法一样，URLConnection 类提供了 getInputStream()方法用于获取输入流。事实上，URL 的 openStream()就是通过调用自己的 URLConnection.getInputStream()实现的，因此这两个方法完全等价。

URLConnection 的一大特色是能够读取首部信息。下面是获取不同首部字段的一系列方法。

- getContentType()：返回响应主体的 MIME 内容类型，可能还包含字符集类型（charset＝xxx）。
- getContentLength()与 getContentLengthLong(Java 7)：返回内容的字节数，如果没有该首部字段，则返回－1。这两个方法的区别在于，可能资源的字节数超过了 int 的表示范围，这种情况下 getContentLength()会返回－1，此时就需要用 getContentLengthLong()。
- getContentEncoding()：返回编码方式，若未经编码，则返回 null。
- getDate()：返回一个代表发送时间的 long，表示按自格林尼治时间（GMT）1970 年 1 月 1 日子夜 12:00 后过去了多少毫秒给出。可以将其转换为一个 java.util.Date 对象（直接传入构造方法即可）。
- getExpiration()：返回过期日期，格式与 getDate()一样。如果没有 Expires 字段，则返回 0，表示永不过期。
- getLastModified()：返回最后的修改日期，若没有该字段，则返回 0。

实际上，访问首部字段的方法远远不止这几个，这几个方法是 URLConnection 为几种最常用的首部字段提供访问的方法。

编写类 TestURLConnection，代码如下：

```java
public class TestURLConnection {
    public static void showHeaders(URLConnection connection){
        if(connection==null){
            System.out.println("null");
            return;
        }
        for(int i=1 ; ; i++){
            String header=connection.getHeaderField(i);
            if(header==null) break;
            System.out.println(
                connection.getHeaderFieldKey(i)+": "+header);
        }
    }
    public static void main(String[] args){
```

```
String urlString="https://www.baidu.com";
try {
    URL url=new URL(urlString);
    showHeaders(url.openConnection());
} catch(IOException e) {
    System.out.println("Fail to connect to "+urlString);
    }
    }
}
```

TestURLConnection 程序的运行结果如图 9.8 所示。

有时需要向 URLConnection 写入数据,最常见的是使用 POST()方法向 Web 服务器提交表单,一般流程如下:

根据网页源代码确定提交表单的格式以及表单提交的地址,并构建出包含表单内容的字符串(需要在编程之前完成);根据表单提交地址创建一个 URL 对象,并获取 URLConnection 对象;调用 setDoOutput(true)设置 URLConnection 为可以写入,此时方法会自动变成 POST();调用 getOutputStream()获取输出流,并写入表单内容,内容最后要加上"\r\n";调用 getInputStream()获取输入流,读取服务器响应。

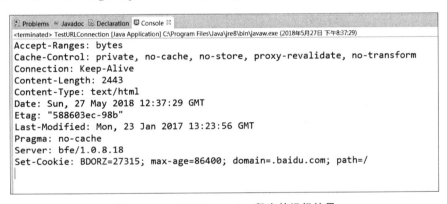

图 9.8　TestURLConnection 程序的运行结果

9.5　基于 HTTP 开发

在 Android 中发送 HTTP 网络请求很常见,主要是 GET 请求和 POST 请求。一个完整的 HTTP 请求需要经历两个过程:客户端发送请求到服务器,然后服务器将结果返回给客户端,如图 9.9 所示。

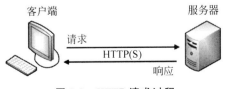

图 9.9　HTTP 请求过程

9.5.1 HTTP 概述

HTTP 是一个属于应用层的面向对象的协议,由于其简洁、快速的方式,因此适用于分布式超文本信息系统。它于 1990 年提出,经过 30 年的使用与发展,得到不断完善和扩展。

HTTP 的主要特点包括:

- 支持 C/S(客户/服务器)模式。
- 简单快速:客户向服务器请求服务时,只需传送请求方法和路径。常用的请求方法有 GET()、HEAD()、POST(),每种方法规定的客户与服务器联系的类型不同。由于 HTTP 简单,使得 HTTP 服务器的程序规模小,因而通信速度很快。
- 灵活:HTTP 允许传输任意类型的数据对象。正在传输的类型由 Content-Type 加以标记。
- 无连接:无连接的含义是限制每次连接只处理一个请求。服务器处理完客户的请求,并收到客户的应答后,就断开连接。采用这种方式可以节省传输时间。
- 无状态:HTTP 是无状态协议。无状态是指协议对于事务处理没有记忆能力。缺少状态意味着如果后续处理需要前面的信息,则它必须重传,这样可能导致每次连接传送的数据量增大。另一方面,在服务器不需要先前信息时,它的应答就较快。

HTTP 有两种报文,分别是请求报文和响应报文。HTTP 的请求报文如图 9.10 所示。通常,一个 HTTP 请求报文由请求行、请求报头、空行和请求数据 4 部分组成。

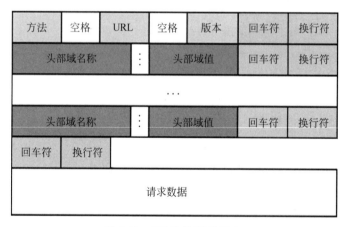

图 9.10 HTTP 的请求报文

请求行由请求方法、URL 字段和 HTTP 的版本组成,格式如下:

```
Method Request-URI HTTP-Version CRLF
```

其中,Method 表示请求方法;Request-URI 是一个统一资源标识符;HTTP-Version 表示请求的 HTTP 版本;CRLF 表示回车和换行(除了作为结尾的 CRLF 外,不允许出现单独的 CR 或 LF 字符)。

HTTP 请求方法有 8 种,分别是 GET( )、POST( )、DELETE( )、PUT( )、HEAD( )、TRACE( )、CONNECT( )、OPTIONS( )。其中 PUT( )、DELETE( )、POST( )、GET( )分别对应增、删、改、查,对于移动开发,最常用的就是 POST( )和 GET( )了。这些方法如下:

- GET( ):请求获取 Request-URI 所标识的资源。
- POST( ):在 Request-URI 所标识的资源后附加新的数据。
- HEAD( ):请求获取由 Request-URI 所标识的资源的响应消息报头。
- PUT( ):请求服务器存储一个资源,并用 Request-URI 作为其标识。
- DELETE( ):请求服务器删除 Request-URI 所标识的资源。
- TRACE( ):请求服务器回送收到的请求信息,主要用于测试或诊断。
- CONNECT( ):HTTP/1.1 协议中预留给能够将连接改为管道方式的代理服务器。
- OPTIONS( ):请求查询服务器的性能,或者查询与资源相关的选项和需求。

请求数据不在 GET( )方法中使用,而是在 POST( )方法中使用。POST( )方法适用于需要客户填写表单的场合。与请求数据相关的最常用的请求头是 Content-Type 和 Content-Length。

HTTP 的响应报文由状态行、消息报头、空行和响应正文组成,如图 9.11 所示。

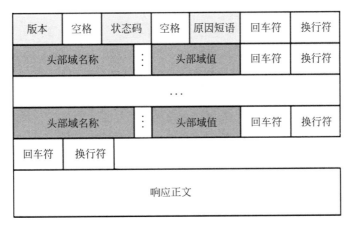

图 9.11　HTTP 的响应报文

状态行的格式如下:

HTTP-Version Status-Code Reason-Phrase CRLF

其中,HTTP-Version 表示服务器 HTTP 的版本;Status-Code 表示服务器发回的响应状态代码;Reason-Phrase 表示状态代码的文本描述。

状态代码由 3 位数字组成,第一个数字定义了响应的类别,且有 5 种可能的取值:

- 100～199:指示信息,表示请求已被接收,继续处理。
- 200～299:请求成功,表示请求已被成功接收、理解、接受。
- 300～399:重定向,要完成请求必须进行更进一步的操作。

- 400～499：客户端错误，请求有语法错误或请求无法实现。
- 500～599：服务器端错误，服务器未能实现合法的请求。

常见的状态码如下：

- 200 OK：客户端请求成功。
- 400 Bad Request：客户端请求有语法错误，不能被服务器所理解。
- 401 Unauthorized：请求未经授权，这个状态代码必须和 WWW-Authenticate 报头域一起使用。
- 403 Forbidden：服务器收到请求，但是拒绝提供服务。
- 500 Internal Server Error：服务器发生不可预期的错误。
- 503 Server Unavailable：服务器当前不能处理客户端的请求，一段时间后可能恢复正常。

HTTP 的消息报头主要分为通用报头、请求报头、响应报头、实体报头等。消息报头由键值对组成，每行一对，关键字和值用英文冒号"："分隔。

1. 通用报头

通用报头既可以出现在请求报头中，也可以出现在响应报头中。

- Date：表示消息产生的日期和时间。
- Connection：允许发送指定连接的选项。例如，指定连接是连续的，或者指定 close 选项，通知服务器，响应完成后关闭连接。
- Cache-Control：用于指定缓存指令。缓存指令是单向的（响应中出现的缓存指令在请求中未必出现），且是独立的（一个消息的缓存指令不会影响另一个消息处理的缓存机制）。

2. 请求报头

请求报头通知服务器关于客户端请求的信息，典型的请求报头包括：

- Host：请求的主机名，允许多个域名同处一个 IP 地址，即虚拟主机。
- User-Agent：发送请求的浏览器类型、操作系统等信息。
- Accept：客户端可识别的内容类型列表，用于指定客户端接收哪些类型的信息。
- Accept-Encoding：客户端可识别的数据编码。
- Accept-Language：表示浏览器所支持的语言类型。
- Connection：允许客户端和服务器指定与请求/响应连接有关的选项。例如，若为 Keep-Alive，则表示保持连接。
- Transfer-Encoding：告知接收端为了保证报文的可靠传输，对报文采用了什么编码方式。

3. 响应报头

响应报头用于服务器传递自身信息的响应。常见的响应报头包括：

- Location：用于重定向接收者到一个新的位置，常用在更换域名的时候。
- Server：包含服务器可用来处理请求的系统信息，与 User-Agent 请求报头对应。

4. 实体报头

实体报头用于被传送资源的信息，既可以用于请求，也可用于响应。请求和响应消息都可以传送一个实体。常见的实体报头包括：

- Content-Type：发送给接收者的实体正文的媒体类型。
- Content-Length：实体正文的长度。
- Content-Language：描述资源所用的自然语言。若没有设置该选项，则认为实体内容可供所有语言阅读。
- Content-Encoding：实体报头被用作媒体类型的修饰符，它的值指示了已经被应用到实体正文的附加内容的编码，因而，要获得 Content-Type 报头域中引用的媒体类型，必须采用相应的解码机制。
- Last-Modified：实体报头用于指示资源的最后修改日期和时间。
- Expires：实体报头给出响应过期的日期和时间。

9.5.2　HttpURLConnection 类

HttpURLConnection 类是支持 HTTP 特定功能的 URLConnection 类，其父类是 URLConnection。每个 HttpURLConnection 实例都可用于生成单个请求，但是其他实例可以透明地共享连接到 HTTP 服务器的基础网络。请求后在 HttpURLConnection 的 InputStream 或 OutputStream 上调用 close()方法可以释放与此实例关联的网络资源，但对共享的持久连接没有任何影响。如果在调用 disconnect()时持久连接空闲，则可能关闭基础套接字。

URLConnection 是所有类的超类，它代表应用程序和 URL 之间的通信链接。该类的实例可用来对由 URL 引用的资源进行读取和写入操作，主要步骤包括：

（1）通过在 URL 上调用 openConnection()方法创建 HttpURLConnection 连接对象。

（2）处理设置参数和一般请求属性。

（3）使用 connect()方法建立到远程对象的实际连接。

（4）远程对象变为可用。远程对象的头字段和内容变为可访问。

HttpURLConnection 继承自 URLConnection，相比 URLConnection 类多了以下方法：

- setRequestMethod()方法，用于设置 URL 请求，GET()、POST()、HEAD()、OPTIONS()、PUT()、DELETE()、TRACE()等以上所有方法都可以使用，具体取决于协议的限制。
- setFollowRedirects()方法，用于设置此类是否应该自动执行 HTTP 重定向（响应代码为 3xx 的请求）。

使用 HttpURLConnection 类的以下方法修改一般请求属性：

- setRequestProperty()方法，用于设置一般请求属性。
- addRequestProperty()方法，用于添加由键值对指定的一般请求属性。

HttpURLConnection 在处理服务器的响应方面，相比 URLConnection 类多了以下方法：

- getResponseCode()方法，用于从 HTTP 响应消息获取状态码。

- getResponseMessage( )方法,获取与来自服务器的响应代码一起返回的 HTTP 响应消息(如果有)。

编写类 TestHttpURLConnection,代码如下:

```java
public class TestHttpURLConnection {
    public static String doGet(String geturl, String params) {
        String realUrl=geturl+"?"+params;
        try {
            URL url=new URL(realUrl);
            HttpURLConnection conn=(HttpURLConnection)url.openConnection();
            conn.setRequestMethod("GET");
            conn.setUseCaches(false);
            conn.setConnectTimeout(5000);       //请求超时时间
            conn.setRequestProperty("accept", "*/*");
            conn.setRequestProperty("connection", "Keep-Alive");
            conn.connect();
            if(conn.getResponseCode()==200) {
                Map<String, List<String>>headers=conn.getHeaderFields();
                System.out.println(headers);       //输出头字段
                BufferedReader reader=null;
                StringBuffer resultBuffer=new StringBuffer();
                String tempLine=null;
                reader=new BufferedReader(new InputStreamReader(
                    conn.getInputStream(), "UTF-8"));
                while((tempLine=reader.readLine()) !=null) {
                    resultBuffer.append(tempLine) .append("\n");
                }
                reader.close();
                return resultBuffer.toString();
            }
        } catch(MalformedURLException e) {
            e.printStackTrace();
        } catch(IOException e) {
            e.printStackTrace();
        }
        return null;
    }
    public static void main(String[] args) {
        String s=doGet("http://www.baidu.com/s",
            "wd=%E4%BA%BA%E5%B7%A5%E6%99%BA%E8%83%BD");
        System.out.println(s);
    }
}
```

该程序是用"人工智能"作为关键字在百度中进行搜索,使用 GET( )方法进行 HTTP

请求，在结果中输出了响应头和响应体两部分内容。需要注意的是，创建 InputStreamReader 对象时，要使用以下构造方法，并指定其编码方式为 UTF-8，否则得到的响应体的中文会出现乱码。

```
InputStreamReader(InputStream inputStream, String encoding);
```

得到的响应体内容很多，其中使用百度搜索人工智能的程序运行结果如图 9.12 所示，而在 Google Chrome 浏览器中使用百度搜索人工智能的结果页面如图 9.13 所示。

图 9.12　使用百度搜索人工智能的程序运行结果（"人工智能"部分）

图 9.13　使用百度搜索人工智能的结果页面（浏览器）

程序 TestHttpURLConnection 展示了使用 HttpURLConnection 类,通过 GET( )方法访问指定的 URL,访问时指定了 QueryString 的内容(搜索的关键字为"人工智能")。

9.6 第三方 HTTP 开发框架

尽管 java.net 包提供了通过 HTTP 访问资源的基本功能,但是它没有提供充分的灵活性和许多应用程序所需的功能。因此,一些公司和组织纷纷推出第三方的 HTTP 开发框架,其中使用最广泛的有 Apache HttpComponents、Google Volley 和 OkHttp 等。

9.6.1 Apache HttpComponents

Apache HttpClient 旨在填补 java.net 包不具备的功能,通过提供一个高效且功能丰富的封装,实现客户端最新的 HTTP 标准和建议。利用 HttpClient 的设计为可扩展,同时提供强大的支持基本的 HTTP 的客户端应用程序,如 Web 浏览器、Web 服务客户端、扩展 HTTP 的分布式通信程序。Apache HttpComponents 项目通过提供一个高效、功能丰富的封装,实现客户端最新的 HTTP 标准和建议。

Apache HttpComponents 是 Apache 的一个顶级项目,其官方网站为 http://hc.apache.org/,hc 是 HttpComponents 的首字母缩写,其官网首页如图 9.14 所示。

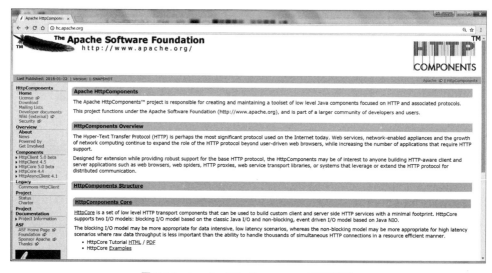

图 9.14　Apache HttpComponents 官网首页

本节及后续章节使用了 HttpComponents 中的子组件(HttpClient),其版本为 4.5.5,下载地址为 http://hc.apache.org/downloads.cgi,下载的文件名称为 httpcomponents-client-4.5.5-bin.zip。

使用 Apache 的 HttpClient 发送 GET 和 POST 请求的步骤如下:

(1) 使用帮助类 HttpClients 创建 CloseableHttpClient 对象。

（2）基于要发送的 HTTP 请求类型创建 HttpGet 或者 HttpPost 实例。

（3）使用 addHeader()方法添加请求头部，如 User-Agent、Accept-Encoding 等参数。

（4）对于 POST 请求，创建 NameValuePair 列表，并添加所有的表单参数，然后把它填充进 HttpPost 实体。

（5）通过执行此 HttpGet 或者 HttpPost 请求获取 CloseableHttpResponse 实例。

（6）从此，CloseableHttpResponse 实例中获取状态码、错误信息，以及响应页面等。

（7）最后，关闭 HttpClient 资源。

编写类 TestApacheHttpClient，代码如下：

```java
import org.apache.http.client.methods.CloseableHttpResponse;
import org.apache.http.client.methods.HttpGet;
import org.apache.http.impl.client.CloseableHttpClient;
import org.apache.http.impl.client.HttpClients;
public class TestApacheHttpClient {
    private static final String USER_AGENT="Mozilla/5.0";
    private static final String GET_URL="http://www.buu.edu.cn";
    public static void main(String[] args) throws IOException {
        sendGET();
        System.out.println("GET DONE");
    }

    private static void sendGET() throws IOException {
        CloseableHttpClient httpClient=HttpClients.createDefault();
        HttpGet httpGet=new HttpGet(GET_URL);
        httpGet.addHeader("User-Agent", USER_AGENT);
        CloseableHttpResponse httpResponse=httpClient.execute(httpGet);
        System.out.println("GET Response Status:: "
                +httpResponse.getStatusLine().getStatusCode());
        BufferedReader reader=new BufferedReader(new InputStreamReader(
                httpResponse.getEntity().getContent(), "UTF-8"));
        String inputLine;
        StringBuffer response=new StringBuffer();
        while((inputLine=reader.readLine()) !=null) {
            response.append(inputLine);
        }
        reader.close();
        System.out.println(response.toString());
        httpClient.close();
    }
}
```

可以看出，与使用 URLConnection、HttpURLConnection 相比，使用 HttpComponents 组件，代码编写更简洁。上述代码中主要使用了 CloseableHttpClient、HttpGet、CloseableHttpResponse 等类。

运行程序的结果获得了 http://www.buu.edu.cn 主页的源代码,内容较多,其中关于"学院设置"部分的 HTML 代码如图 9.15 所示。

```
72 <li class="a1"><a href="">学院设置</a>
73 <ul>
74     <li><a href="http://www.cas.buu.edu.cn/">应用文理学院</a></li>
75     <li><a href="http://tc.buu.edu.cn/">师范学院</a></li>
76     <li><a href="http://www.bc.buu.edu.cn/">商务学院</a></li>
77     <li><a href="http://www.bec.buu.edu.cn/">生化学院</a></li>
78     <li><a href="http://www.tc.buu.edu.cn/">旅游学院</a></li>
79     <li><a href="http://jxj.buu.edu.cn/">继续教育学院</a></li>
80     <li><a href="http://it.buu.edu.cn/">智慧城市学院</a></li>
81     <li><a href="http://jqr.buu.edu.cn/">机器人学院</a></li>
82     <li><a href="http://jtwl.buu.edu.cn/">轨道与物流学院</a></li>
83     <li><a href="http://glxy.buu.edu.cn/">管理学院</a></li>
84     <li><a href="http://sec.buu.edu.cn/">特殊教育学院</a></li>
85     <li><a href="http://adc.buu.edu.cn/">艺术学院</a></li>
86     <li><a href="http://yykj.buu.edu.cn/">应用科技学院</a></li>
87     <li><a href="http://marx.buu.edu.cn/">马克思主义学院</a></li>
88 </ul>
89 </li>                            <li style="width: 2px;
90 background: url(/images/1481/libg_03.jpg) no-repeat center 50%">?</li>
```

图 9.15　使用 HttpClient 组件访问网页的结果("学院设置"部分)

该项目使用的 jar 包如图 9.16 所示。

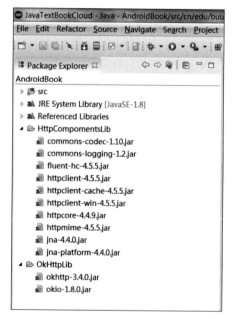

图 9.16　Eclipse 项目目录(引用的 jar 包)

9.6.2　Google Volley

Google Volley 是 Ficus Kirpatrick 在 Google I/O 2013 发布的一个处理和缓存网络请求的库,能使网络通信更快、更简单、更健壮。Volley 名称的由来为 a burst or emission of many things or a large amount at once。在 Google I/O 的演讲上,其配图是一幅发射

火弓箭的图,有点类似流星,如图 9.17 所示。可以看出,Volley 特别适合数据量不大,但是通信频繁的场景。

图 9.17　Volley 名称的由来:箭矢如流

在推出 Volley 框架以前,开发者可能经常面临如下很多麻烦的问题,例如,以前从网上下载图片的步骤可能是下面这样的流程:

- 在 ListAdapter♯getView()中开始图像的读取。
- 通过 AsyncTask 等机制使用 HttpURLConnection 从服务器中的图片资源。
- 在 AsyncTask♯onPostExecute()中设置相应的 ImageView 属性。

而在 Volley 下只需要一个函数。又如,手机屏幕旋转时,有时会导致再次从网络取得数据。为了避免这种不必要的网络访问,开发者可能需要自己写很多针对各种情况的处理,如 cache 等。另外,使用 ListView 时,由于滚动过快,可能导致有些网络请求返回时,早已经滚过当时的位置,根本没必要显示在 list 中,虽然可以通过 ViewHolder 保持 URL 等实现防止重复获取已经不必要的数据,但仍然会浪费系统的各种资源。

简单来说,Volley 提供了如下的便利功能:

- JSON、图像等的异步下载。
- 网络请求的优先级处理。
- 缓存。
- 多级别取消请求。
- 与 Activity 和生命周期的联动(Activity 结束时同时取消所有网络请求)。

Volley 使用线程池作为基础结构,主要分为主线程(UI 线程)、cache 线程、network 线程。主线程和 cache 都只有一个,而 network 线程可以有多个,这样就能解决并行问题。Volley 架构如图 9.18 所示(该图来自 Google I/O 2013)。

9.6.3　OkHttp

OkHttp 是一个第三方类库,用于 Android 中请求网络。这是一个开源项目,是 Android 上使用最广泛的网络访问轻量级框架,由移动支付 Square 公司贡献(该公司还贡献了 Picasso 和 LeakCanary)。使用 OkHttp 库可替代 HttpUrlConnection 和 Apache HttpClient(在 Android API 23 中已移除 HttpClient 了)。OKHttp 的官方网站为 http://square.github.io/okhttp/。如果想了解源码,可以在 github 上下载,地址是

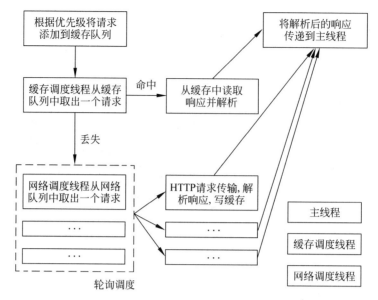

图 9.18 Volley 架构

https://github.com/ square/okhttp。在 Android Studio 中使用 OkHttp 不需要下载 jar 包,直接添加依赖即可,代码如下:

```
compile 'com.squareup.okhttp3:okhttp:3.10.0'
```

下面以 OkHttp3 为例,对 OkHttp 的使用方法进行简要介绍。本小节使用了 OkHttp 3.4.0 和 Okio 1.8.0。需要注意的是,使用 OkHttp 时也需要添加 Okio 的相关 jar 包,因为 OkHttp 使用了 Okio 的 API,因此需要同步添加后者的 jar 包。把下载的 jar 包复制到 Eclipse 项目中并单击 Build Path→Add to build path,添加到本项目的库中,如图 9.16 所示。

编写类 OkHttpGetExample ,代码如下:

```
import java.io.IOException;
import okhttp3.OkHttpClient;
import okhttp3.Request;
import okhttp3.Response;
public class OkHttpGetExample {
    OkHttpClient client=new OkHttpClient();
    String run(String url) throws IOException {
        Request request=new Request.Builder().url(url).build();
        try(Response response=client.newCall(request).execute()) {
            return response.body().string();
        }
    }
    public static void main(String[] args) throws IOException {
        GetExample example=new GetExample();
```

```
        String response=example.run("http://www.buu.edu.cn");
        System.out.println(response);
    }
}
```

运行程序,结果如图 9.19 所示。

```
adoc   Declaration   Console ⊠                                              ▣ ✕ ✖ | ▦ ▤ | ▣ ▣ | ▣ ▼ ▫ ▼ ▫ ▼
ample [Java Application] C:\Program Files\Java\jre8\bin\javaw.exe (2018年5月28日 下午2:25:22)
    <li style="width: 2px; background: url(/images/1481/libg_03.jpg) no-repe

    <li class="a1"><a href="">学院设置</a>
    <ul>
        <li><a href="http://www.cas.buu.edu.cn/">应用文理学院</a></li>
        <li><a href="http://tc.buu.edu.cn/">师范学院</a></li>
        <li><a href="http://www.bc.buu.edu.cn/">商务学院</a></li>
        <li><a href="http://www.bec.buu.edu.cn/">生化学院</a></li>
        <li><a href="http://www.tc.buu.edu.cn/">旅游学院</a></li>
        <li><a href="http://jxj.buu.edu.cn/">继续教育学院</a></li>
        <li><a href="http://it.buu.edu.cn/">智慧城市学院</a></li>
        <li><a href="http://jqr.buu.edu.cn/">机器人学院</a></li>
        <li><a class="fkspacing" href="http://jtwl.buu.edu.cn/">轨道与物流学院</a><

        <li><a href="http://glxy.buu.edu.cn/">管理学院</a></li>
        <li><a href="http://sec.buu.edu.cn/">特殊教育学院</a></li>
        <li><a href="http://adc.buu.edu.cn/">艺术学院</a></li>
        <li><a href="http://yykj.buu.edu.cn/">应用科技学院</a></li>
        <li><a class="fkspacing" href="http://marx.buu.edu.cn/">马克思主义学院</a><
```

图 9.19 使用 OkHttp 访问网络程序运行结果("学院设置"部分)

习 题 9

1. Java 提供的(   )类进行有关 Internet 地址的操作。

(A) Socket   (B) ServerSocket

(C) DatagramSocket   (D) InetAddress

2. InetAddress 类的(   )方法可以实现正向名称解析。

(A) isReachable()   (B) getHostAddress()

(C) getHostName()   (D) getByName()

3. 为了获取远程主机的文件内容,当创建 URL 对象后,需要使用(   )方法获取信息。

(A) getPort()   (B) getHost()

(C) openStream()   (D) openConnection()

4. Java 程序中,使用 TCP Socket 编写服务器端程序的 Socket 类是(   )。

(A) Socket   (B) ServerSocket

(C) DatagramSocket   (D) DatagramPacket

5. ServerSocket 的监听方法 accept()的返回类型是(   )。

(A) void   (B) Object

(C) Socket   (D) DatagramSocket

6. ServerSocket 的 getInetAddress()方法的返回类型是(　　)。

    (A) Socket   (B) ServerSocket

    (C) URL   (D) InetAddress

7. 当使用客户端套接字 Socket 创建对象时,需要指定(　　)。

    (A) 服务器主机名称和端口号   (B) 服务器端口号和文件

    (C) 服务器主机名称和文件   (D) 服务器地址和文件

8. 使用 UDP 套接字通信时,常用(　　)类打包要传输的信息。

    (A) String   (B) DatagramSocket

    (C) MulticastSocket   (D) DatagramPacket

9. 使用 UDP 套接字通信时,用(　　)方法接收数据。

    (A) read()   (B) receive()   (C) accept()   (D) listen()

10. _____是用于封装 IP 地址和 DNS 的一个类。

11. TCP/IP 套接字(Socket)是最可靠的双向流协议。等待客户端请求的服务器使用_____类,而要连接到服务器的客户端则使用_____类。

12. TCP/IP 的传输层使用的协议除了 TCP 之外,还包括_____。几个标准的应用层协议(如 HTTP、FTP 等)使用的传输层协议都是_____。

13. HTTP 中最常见的请求方式包括_____和_____。

14. HTTP 中表示访问成功的访问码是_____。

15. TCP 与 UDP 有什么区别?

16. URL 对象有什么作用? URLConnection 类与 URL 类有何异同?

第 10 章

XML 与 JSON 技术

在 Android 应用程序的开发中,绝大多数都会涉及网络请求,因此都会涉及解析服务器返回的数据。而服务器返回的数据大多数情况下是 XML 和 JSON 两种格式。因此,理解这两种数据存储和数据交换的格式,以及有效地解析这两种格式的数据,对 Android 应用程序开发者来说很重要。本章主要讲述 XML 和 JSON 数据的语法及解析技术。

10.1 XML 概述

XML(Extensible Markup Language,可扩展标记语言)是标准通用标记语言 (Standard Generalized Markup Language,SGML)的子集,是一种用于标记电子文件使其具有结构性的标记语言。

在计算机中,标记指计算机能理解的信息符号,通过此种标记,计算机之间可以处理各种信息,如文章等。XML 可以用来标记数据、定义数据类型,是一种允许用户对自己的标记语言进行定义的源语言。XML 非常适合 WWW 网络传输,提供统一的方法描述和交换独立于应用程序或供应商的结构化数据,是 Internet 环境中跨平台的、依赖于内容的技术,也是当今处理分布式结构信息的有效工具。早在 1998 年,W3C 就发布了 XML1.0 规范,用以简化 Internet 的文档信息传输。

1998 年 2 月,W3C 正式批准了 XML 的标准定义,XML 可以对文档和数据进行结构化处理,从而能够在部门、客户和供应商之间进行交换,实现动态内容生成,企业集成和应用开发。XML 可以使我们能够更准确地搜索,更方便地传送软件组件,更好地描述一些事物,如电子商务交易等。XML 被设计用来传输和存储数据;HTML 被设计用来显示数据。它们都是 SGML 的子集。

XML 是一种很像 HTML 的标记语言,它的设计宗旨是传输数据,而不是显示数据。XML 的标签没有被预定义,需要自行定义。XML 被设计为具有自我描述性,是 W3C 的推荐标准。

XML 和 HTML 之间的差异主要包括:XML 并不是 HTML 的替代,它是对 HTML 的补充。XML 和 HTML 为不同的目的而设计:XML 被设计用来传输和存储数据,其焦点是数据的内容,而 HTML 被设计用来显示数据,其焦点是数据的外观。HTML 旨在显示信息,而 XML 旨在传输信息。对 XML 最好的描述是:XML 是独立于软件和硬件的信息传输工具,于 1998 年 2 月 10 日成为 W3C 的推荐标准。

XML 是各种应用程序之间进行数据传输的最常用的工具。它与 MySQL、Oracle 和 Microsoft SQL Server 等数据库不同,数据库提供了更强有力的数据存储和分析能力,如数据索引、排序、查找、相关一致性等,而 XML 仅是存储数据。事实上,XML 与其他数据表现形式最大的不同是:XML 极其简单,这是一个看上去有点琐细的优点,但正是这个优点使它与众不同。XML 和 HTML 的区别在于,HTML 不是所有的标记成对出现,而 XML 要求所有标记必须成对出现;HTML 标记不区分大小写,而 XML 对大小写敏感,即区分大小写。SGML、HTML 是 XML 的先驱。SGML 是国际上定义电子文件结构和内容描述的标准,是一种非常复杂的文档结构,主要用于大量高度结构化数据的访问和其他各种工业领域,有利于分类和索引。同 XML 相比,SGML 定义的功能很强大,缺点是不适用于 Web 数据描述,而且 SGML 软件的价格非常昂贵。HTML 的优点是比较适合 Web 页面的开发,但它有一个缺点是标记相对少,只有固定的标记集,如<p>、<strong>等,缺少 SGML 的柔性和适应性,不能支持特定领域的标记语言,如对数学、化学、音乐等领域的表示支持较少。因此,开发者很难在网页上表示数学公式、化学分子式和乐谱。XML 结合了 SGML 和 HTML 的优点并消除了其缺点。XML 仍然被认为是一种 SGML,它比 SGML 简单,但能实现 SGML 的大部分功能。

XML 的简单使其易于在任何应用程序中读写数据,这使 XML 很快成为数据交换的唯一公共语言(后续的 JSON 技术在数据交换中也得到广泛的应用),虽然不同的应用软件也支持其他的数据交换格式,但不久之后它们都将支持 XML,那就意味着程序可以更容易地与 Windows、Mac OS、Linux 以及其他平台下产生的信息结合,然后可以很容易地加载 XML 数据到程序中并分析它,并以 XML 格式输出结果。

XML 是一种元标记语言,即定义了用于定义其他特定领域有关语义的、结构化的标记语言,这些标记语言将文档分成许多部件,并对这些部件加以标识。XML 文档的定义方式有文档类型定义(DTD)和 XML Schema。DTD 定义了文档的整体结构以及文档的语法,应用广泛并有丰富的工具支持。XML Schema 用于定义管理信息等更强大、更丰富的特征。XML 能够更精确地声明内容,方便跨越多种平台的更有意义的搜索结果。XML 提供了一种描述结构数据的格式,简化了网络中的数据交换和表示,使得代码、数据和表示分离,并作为数据交换的标准格式,因此它常被称为智能数据文档。

XML 的应用和特点主要包括:

(1)兼容现有协议:XML 文档格式的管理信息可以很容易地通过 HTTP 传输,由于 HTTP 是建立在 TCP 之上的,故管理数据能够可靠传输。XML 还支持访问 XML 文档的标准 API,如 DOM、SAX、XSLT、XPath 等。

(2)统一的管理数据存取格式:XML 能够以灵活有效的方式定义管理信息的结构。以 XML 格式存储的数据不仅有良好的内在结构,而且由于 XML 是 W3C 提出的国际标准,因而得到广大软件提供商的支持,易于进行数据交流和开发。现有网络管理标准(如 TMN、SNMP 等)的管理信息库规范决定了网管数据符合层次结构和面向对象原则,这使得以 XML 格式存储网管数据非常自然,易于实现。

(3)不同应用系统间数据的共享和交互:只要定义一套描述各项管理数据和管理功能的 XML,用 Schema 对这套语言进行规定,并且共享这些数据的系统的 XML 文档遵从这些 Schema,那么管理数据和管理功能就可以在多个应用系统之间共享和交互。

（4）底层传输的数据更具可读性：网络中传输的底层数据因协议不同而编码规则不同,虽然最终传输时都是二进制位流,但是不同的应用协议需要提供不同的转换机制。这种情况导致管理站在对采用不同协议发送管理信息的被管对象之间进行管理时很难实现兼容。如果协议在数据表示时都采用 XML 格式进行描述,这样网络之间传递的都是简单的字符流,可以通过相同的 XML 解析器进行解析,然后根据不同的 XML 标记对数据的不同部分进行区分处理,使底层数据更具可读性。

（5）它和 JSON 都是一种数据交换格式。

10.2　XML 语法

XML 文件是由标签及其标记的内容构成的文本文件,与 HTML 文件不同的是,这些标签可自由定义,其目的是使得 XML 文件能够很好地体现数据的结构和含义。但是,XML 文件必须符合一定的语法规则,只有符合这些语法规则,XML 文件才可以被 XML 解析器解析,以便利用其中的数据。XML 文件分为格式良好的(well-formed)XML 文件和有效的(validated)XML 文件。符合 W3C 制定的基本语法规则的 XML 文件称为格式良好的 XML 文件,格式良好的 XML 文件如果再符合额外的一些约束,就称为有效的 XML 文件。

一个格式良好的 XML 文件必须满足 W3C 所制定的标准,例如,文件以"XML 声明"开始,文件有且仅有一个根标签,其他标签都必须包含在根标签中,文件的标签必须能够形成树状结构,非空标签必须由"开始标签"和"结束标签"组成等。一般认为,格式不良好的 XML 文件是没有实用价值的文件,甚至不能称为一个 XML 文件。本节讲述的内容都是 W3C 所制定的规范标准。

格式良好的 XML 文档在使用时可以不使用 DTD 或 XML Schema 描述它们的结构,它们也被称作独立的 XML 文档。这些数据不能依靠外部的声明,属性值只能是没有经过特殊处理的值或默认值。

一个格式良好的 XML 文档包含一个或多个元素(用开始标签和结束标签分隔),它们相互之间必须正确地嵌套。其中一个元素(即文档元素),也称为根元素,包含了文档中的其他所有元素。所有元素构成一个简单的层次树,所以元素和元素之间唯一的直接关系是父子关系。兄弟关系经常能够通过 XML 应用程序内部的数据结构推断出来,但这些既不直接,也不可靠(因为元素和它的子元素之间可能会插入新的元素)。XML 文档的内容可以包括标签和字符数据。

XML 文档如果满足下列条件,就是格式良好的文档。

- 结束标签匹配相应的开始标签(空标签除外)。
- 在元素嵌套定义时没有重叠(或交叉)。
- 对一个元素来说,没有多个相同名称的属性。
- 所有标签构成一个层次树。
- 只有一个根标签。

- 没有对外部实体的引用(除非提供了 DTD)。

任何 XML 解析器如果发现在 XML 数据中存在并不是格式良好的结构,就必须向应用程序报告一个"致命错误"(fatal error)。致命错误不一定导致解析器终止操作;它可以继续处理,试图找出其他错误,但它不再以正常方式向应用程序传递数据和 XML 结构。之所以采用这类错误处理方式,是因为 XML 简洁的设计目标,以及 XML 更多的目的不是用于显示。对于 HTML/SGML 来说,它们的工具都比 XML 宽容许多。HTML 浏览器通常会显示绝大多数支离破碎的 Web 页面,这为 HTML 的快速流行做出了巨大贡献。然而,真正的显示结果会因浏览器而异。同样,SGML 工具即使遇到错误,通常也会尽力继续处理文档,而不是报告错误信息。

格式良好的文档的存在使得可以使用 XML 数据,而不必承担构建和引用外部描述的重任。术语"格式良好的"与数学逻辑有相似之处,一个命题如果满足语法规则,那它就是格式良好的,这与命题是真是假无关。

XML 有很多用途,最基本的用途是表示结构化数据。那么,如何用 XML 表示各种各样的数据呢?下面分析一个简单的 XML 文档,参见示例 10.1(Book.xml)。

示例 10.1:Book.xml

```xml
<?xml version="1.0" encoding="UTF-8" standalone="yes" ?>
<?xml-stylesheet type="text/css" href="books.css" ?>
<!--这是一个关于书籍信息的文档 -->
<books>
    <book>
        <title>Java 面向对象程序设计</title>
        <authors>
        <author>孙连英</author>
        <author>刘畅</author>
        <author>彭涛</author>
    </authors>
        <isbn>9787302489078</isbn>
        <press>清华大学出版社</press>
        <price>45.00</price>
    </book>
<book>
        <title>XML 技术与应用</title>
        <authors>
            <author>彭涛</author>
        <author>孙连英</author>
    </authors>
        <isbn>9787302284666</isbn>
        <press>清华大学出版社</press>
        <price>29.50</price>
    </book>
</books>
```

```
<!--　存储了一些书籍的信息　-->
```

示例 10.1 中的 XML 文档虽然简单,却是一个结构完整的 XML 文档。一般地,一个 XML 文档主要由 3 部分组成。

- XML 序言(prologue),从 XML 声明到文档元素开始前的部分,对示例 10.1 来说, 包括

```
<?xml version="1.0" encoding="UTF-8" standalone="yes" ?>
<?xml-stylesheet type="text/css" href="books.css" ?>
```

- 文档主体(body),就是文档根元素包含的内容。文档的主体由一个或多个元素组成,是文档的核心及内容所在的地方。XML 文档中所有可以被应用程序使用的信息都存放于此。所有的 XML 文档都必须至少包含一个根元素。
- 尾声(epilogue),就是文档根元素后面的部分。尾声的内容可以包括注释、处理指令和/或紧跟在元素后的空白。对示例 10.1 来说,包括

```
<!--　存储了一些书籍的信息　-->
```

因此,一个 XML 文档最基本的语法要素包括：XML 声明(XMI,文档声明)、处理指令、注释和 XML 元素。可以看出,与 HTML 一样,XML 也是一个基于文本的标记语言,用标签(一对尖括号)表示数据。不同的是,XML 的标签说明了数据的含义,而不是如何显示它。XML 文档的主体内容由一个根元素构成,在示例 10.1 中,这个根元素的名称是 books,它由开始标签<books>和结束标签</books>组成,开始标签与结束标签之间就是这个元素的内容。由于各个元素的内容被各自的标签所包含,在 XML 中各种数据的分类查找和处理变得非常容易。

10.2.1　XML 声明

XML 文档以序言开头,用于表示 XML 数据的开始。它描述了数据的字符编码,并为 XML 解析器和应用程序提供一些其他的配置信息。

XML 序言的组成包括：一个 XML 声明,其后可能紧跟几个注释、处理指令和(或)空白字符;接着是一个可选的文档类型声明,其后也可能再跟几个注释、处理指令和(或)空白字符。由于这些内容都是可选的,因此这就意味着序言可以被省略,而整个 XML 文档仍然是格式良好的。

所有的 XML 文档都应该以一个 XML 声明(XML Declaration)开始。文档声明在大多数 XML 文档中不是必需的,但它有助于清晰地把数据标识为 XML,并且当处理文档时,允许进行一些优化。如果 XML 数据使用的编码不是 UTF-8 或者 UTF-16,就必须使用带有正确编码的 XML 声明。如果 XML 文档包括了 XML 声明,那么字符串常量"<?xml"必须是文档最前面的 6 个字符。XML 声明之前不允许存在空白(如空格、Tab 制表符或者空行)或者嵌入注释。

虽然 XML 声明看上去确实与处理指令(Processing Instruction,PI)类似,但严格意义上说它不是一条处理指令,它是由 XML 1.0 推荐标准定义的唯一的声明。不过,XML 声明了使用类似处理指令的分隔符(<?、? >)和类似元素的属性的语法,这些与在元素

标记中使用属性的语法非常相似(单引号或双引号用于定界字符串值)。

XML 1.0 规范中已经定义了 3 个参数。

- version:这个参数是必需的。它的值当前必须为 1.0(目前还没其他版本被定义)。该参数用来保证对 XML 未来版本的支持。
- encoding:可选参数。它的值必须是一种合法的字符编码,如 UTF-8、UTF-16 或者 ISO-8859-1(即 Latin-1 字符编码)。如果没有包含这个参数,就假设是 UTF-8 或 UTF-16 编码。在示例 10.1 的 XML 文档中,由于存在中文内容和注释,因此其编码集使用了 UTF-8。
- standalone:可选参数。它的值必须是 yes 或 no;如果是 yes,就意味着所有必需的实体声明都包含在文档中;如果是 no,就意味着需要外部的 DTD 或 XML Schema。

尽管以上的键-值对看起来与 XML 属性非常类似,但是相比后发现有很多不同。与 XML 属性(它能以任何顺序排列)不一样,上述这 3 个参数必须按上面的顺序依次出现。另一方面,也是与大多数 XML 属性不同,encoding 值不区分大小写。这种不一致主要是因为 XML 对现有 ISO 和 IANA 标准关于字符编码命名的依赖。XML 早期的草案并没有要求名称大小写敏感,所以许多早期的 XML 实现者(包括 Microsoft 在内)用的是声明的大写版本"< ? XML ... ? >"。但是,最终的 W3C 推荐标准提出了大小写敏感的要求,并将"xml"规定为小写。这样,某些所谓的 XML 文档就不再是格式良好的 XML 1.0 文档了。

10.2.2 处理指令

处理指令(PI)是 XML 文档中用来给处理它的应用程序传递信息的元素。XML 解析器会把它原封不动地传给 XML 应用程序,由应用程序解释这个指令,并按照它提供的信息进行处理,或者再把它原封不动地传给下一个应用程序。

处理指令的一般格式是:

```
<?处理指令名  处理指令信息 ?>
```

其中,处理指令名是必需的部分,而且必须是有效的 XML 名称,它可以是应用程序的实际名字,或者是在 DTD 中指向应用程序的记号名,也可以是能被应用程序识别的其他名字。由于 XML 声明的处理指令名是"xml",不管是由大写字母,还是由小写字母组成,都被保留,因此其他处理指令名不能再使用"xml"。处理指令信息部分是被传送到应用程序的信息,它可以由任何连续的字符组成,但不能包含字符串"? >"。

一种常见的处理指令是样式单处理指令,它用来告诉 XML 文档的处理程序(如浏览器),将一个样式单和 XML 数据关联起来,而且可以在指定的地方找到样式单。示例 10.1 中包含了一个样式单指令:

```
<?xml-stylesheet type="text/css" href="books.css" ?>
```

当使用浏览器(如 Chrome 等)打开存储了书籍信息的 XML 文档时,浏览器将根据样式单处理指令在指定的位置处(此处是当前目录)寻找样式单 books.css,并根据样式单显示 XML 文档中的书籍信息。

　　处理指令不是 XML 文档的通用结构部分,是为特定的应用程序提供额外信息的,而不是为所有读取该 XML 文档的应用程序提供信息的。处理指令的内容由应用程序和文档的作者根据处理的需要确定,可以插入 XML 文档中除元素的开始标签和结束标签之外的任何地方,如在文档的序言中、文档元素的后面、元素的内容中等。应用程序在读取文档时,当遇到它能够识别的处理指令时,会进行相应的处理;当遇到它不能识别的处理指令时,将简单地跳过这些处理指令。

　　处理指令具有广泛的用途,应用程序和文档的作者可以根据处理的需要设计各种各样的处理指令。

10.2.3　注释

　　许多编程语言中都可以使用注释。就像在程序中引入注释一样,人们希望在 XML 文档中加入一些用作解释的字符数据,并且希望 XML 处理器不对它们进行任何处理,这种类型的文本称为注释文本。XML 标准规定:对于这类文本,XML 处理程序可以忽略,也可以读取注释的正文传递给应用程序作为参考。但无论采用哪种方式,它至多只提供参考,永远不是真正的 XML 数据。注释用于对语句进行某些提示或说明,带有适当注释语句的 XML 文档不仅使其他人容易读懂,易于交流,更重要的是,它便于用户将来对此文档进行修改。

　　注释的语法形式如下:

```
<!--　　注释文本　　-->
```

　　可以看出,它和 HTML 中的注释语法相同,非常简单,容易使用。注释可以出现在标签之外和 XML 声明之后的任何地方。

　　在 XML 文档中使用注释时,要注意以下几点:

　　(1)注释不能出现在 XML 声明之前,因为 XML 声明必须是文档的第一行。

　　(2)在注释文本中不能出现字符"-"或字符串"--",以免 XML 处理器混淆它们和注释的结束标志"-->"。除此之外,注释可以包含任何内容。更重要的是,注释内的任何标签都会被忽略。如果想去除 XML 文档的一部分,只把这部分注释掉即可;如果要恢复被注释掉的部分,只去掉注释标记即可。

　　(3)不能把注释文本放在开始标签和结束标签中,否则 XML 文档就违反了格式良好的 XML 文档关于标签的规定。此时如果用浏览器打开,浏览器就会报错。

　　(4)注释不能嵌套,即注释文本中不能再包含另一个注释。

　　大多数浏览器都以灰色字体显示 XML 文档中的注释。

10.2.4　元素

　　元素(在 XML 文档中体现为标签)是 XML 标记的基本组成部分,可以看作容器。元素可以有关联的属性,也可以包含其他的元素、字符数据、字符引用、实体引用、PI、注释和(或)CDATA 等部分。下面解释这些术语。事实上,大多数 XML 数据(除了注释、PI 和空白)都必须包含在元素中。元素是 XML 内容的基本容器,它可以包含字符数据、其他元素以及(或)其他标记(如注释、PI、实体引用等)。由于元素代表的是一些离散的对象,因此可以把它们看作 XML 中的名词。

元素是 XML 文档内容的基本单元,使用标签(Tag)进行分隔。格式良好的 XML 文档的主体部分必须包含在一个单一的元素中,这个单一的元素称为文档元素或根元素,所有的其他元素都必须包含在文档元素中。例如,示例 10.1 中的文档根元素为 books,其他元素(如 book、title、press 等)都包含在元素 books 中。

元素使用开始标签和结束标签界定。如果元素没有内容,则称为空元素,它既可以使用开始标签/结束标签对表示,也可以使用空元素标签表示。与 HTML 和 SGML 的松散语法不一样,结束标签不能被省略,除非是空元素标签。每种标签均由封闭在一对尖括号(<>)中的元素类型名(这必须是一个有效的 XML 命名)组成。

一个元素开始的定界符被称为开始标签。开始标签由封闭在一对尖括号中的元素类型名和一些属性(属性将在后续部分讨论)组成。可以把开始标签看作"打开"了一个容器,该容器接着将由结束标签关闭。结束标签由正斜杠"/"紧随元素的名称组成,它也是封闭在一对尖括号中。结束标签的名称必须与相应开始标签中的元素名称匹配。元素的开始标签和结束标签之间的内容都包含在该元素中。不允许开始标签中的"<"与元素类型名称之间存在空格。

XML 对于标签的语法有严格的规定,具体包括:

(1)标签必不可少。格式良好的 XML 文档必须且只能有一个顶层元素(称为文档元素或根元素)。所有的其他元素必须包含在顶层元素中。因此,标签在 XML 文档中是必不可少的。

(2)标签名称中含有英文字母时,大小写有所区分,即标签中大小写是敏感的。在 HTML 中,标签<H>和<h>是相同的,但在 XML 中,它们是两个截然不同的标签。

(3)要有正确的结束标签。结束标签除要和开始标签在拼写和大小写形式上完全相同外,还必须在标签名称前面加上一个斜杠"/"。因此,如果开始标签为<title>,那么结束标签应该为</title>。

(4)XML 严格要求标签配对。为了简便起见,当一对标签之间没有任何文本内容时,可以不写结束标签,而在开始标签的最后加上表示结束的斜杠"/",这样的标签称为空标签。空标签一般都有属性。有属性的空标签表示如下:

```
<标签名 [属性名 1="属性值 1" [属性名 2="属性值 2"]]  />
```

例如:

```
<price currency="RMB">
```

(5)标签命名要合法。标签名由用户给定,但是应该符合 XML 的命名规则:

- 在使用默认编码的情况下,标签名可以由字母或下画线开头,后面跟零到多个字母、数字、句点".."、冒号":"、下画线或者连字符"-"。在指定编码的情况下,标签名称除了上述的字符外,还可以出现该字符集中的合法字符。
- 不能以数字开头。

- 不能以字符串"xml"(任何大小写形式)开头。
- 不能包含空格。
- 不能包含斜杠"/"。
- 最好不以冒号开头,尽管这是合法的,但可能会带来混淆。

空元素没有内容,但它可以有一些相关联的属性。可以只加入开始标签和结束标签对,而不在其中包含任何内容,例如:

```
<logo></logo>
```

当然,如果只想指定一个点,而不是提供一个容器,那么使用简写形式可能更好,它能节省空间。这可以用<logo />元素指出,而不需任何内容。所以,XML 指定空元素可以用简写形式表示,它是开始标签和结束标签的混合体,既短小精悍,又能明确指出该元素不会有任何内容。空元素标签由一个元素类型名称紧跟一个正斜杠组成,并封闭在一对尖括号中。注意,"/"和">"之间不能有任何空白,开始标签中的"<"与标签名称之间也不能有任何空白。

注意:与 HTML 相比,HTML 中不封闭的标记(如
、<p>、<img>等)是 HTML 继承了 SGML 的人为规定,它们与空元素标签不同(虽然它们可能被转换成空元素标签),也不允许在 XML 中使用。

空元素标签的另一常见应用包括一个或多个属性,这与 XML 数据中点的想法类似。例如,可以使用以下空元素在文本数据中插入图像:

```
<logo source="companyLogo.gif" />
```

元素内容可以包括下列 4 种类型。

1. 字符数据

字符数据可以是任何合法的 Unicode 字符,不仅包含来自英语和其他西文字母表中的常见字母与符号,也包含来自古斯拉夫语、希腊语、希伯来语、阿拉伯语、汉语和日语的象形汉字和韩国 Hangul 音节表等,但不包含被预留有特殊用途的字符,如"<",因为该字符被预留用作标签的开始符号。

为了避免混淆字符数据和标签中需要用到的一些特殊符号,XML 还提供了一些有用的预定义实体,可以不必提前说明而引用这些实体代替特殊符号。表 10.1 列出了 5 个 XML 预定义的字符实体。

表 10.1　5 个 XML 预定义的字符实体

特殊字符	实体名	实体引用
>	gt	&gt;
<	lt	&lt;
&	amp	&amp;
"(双引号)	quot	&quot;
'(单引号)	apos	&apos;

另外，有些字符无法从键盘输入 XML 文档，如希腊字母，此时可以使用字符引用解决这个问题。XML 支持字符引用，如"α"会被解析器替换成希腊字母"α"。所谓字符引用，就是使用字符的 Unicode 代码点（字符在 Unicode 字符集中的顺序位置）引用该字符。以"&#"开始的字符引用，使用代码点的十进制；以"&#x"开始的字符引用，使用代码点的十六进制。对于 Microsoft Windows 操作系统，可以使用字符映射表获取字符的代码点（附件→系统工具→字符映射表）。

2. CDATA 段

CDATA 段包含除字符串"<![CDATA["和"]]>"之外的任意字符的文本块。

3. 处理指令

在 XML 文档中，处理指令用于给处理 XML 文档的应用程序提供信息。XML 解析器可能对它并不感兴趣，只是把这些信息原封不动地传给 XML 应用程序，由应用程序解释这个指令，按照它提供的信息进行处理，或者再把它原封不动地传递给下一个应用程序。

4. 注释

注释是对 XML 文档内容的补充说明，人们可以读到它，但是 XML 解析器会忽略它。

前面已介绍，各种元素描述了 XML 文档的逻辑结构。对于一个稍微复杂的文档来说，一些并列的元素是无法准确描述其结构的。因此，元素包含的内容要求不仅是文档的原始数据，而且要包含其他元素，如例 10.1 所示。

元素中包含其他元素，这就构成元素的嵌套。几乎所有的 XML 文档都由嵌套的元素构成（除非整个文档只有一个元素）。XML 规定，无论文档中有多少元素，也不管这些元素是如何排列、嵌套的，最后所有元素都必须包含在一个称为"根元素"的元素中。在示例 10.1 的 XML 文档中，所有元素都包含在 books 元素中，这就构成了 XML 文档元素的树状结构。XML 对于元素的嵌套，有如下规则：

（1）所有 XML 文档都从一个根节点开始，该根节点代表文档本身，根节点包含一个根元素。

（2）文档中所有的其他元素都包含（直接或间接）在根元素中。

（3）包含在根元素中的元素称为根元素的子元素，如果有多个子元素，则这些子元素互为兄弟，而根元素为父元素。

（4）子元素还可以包含子元素，因此，父元素和子元素都是相对而言的。如示例 10.1 中的 book 元素，对 books 元素而言，它是子元素，但它又是 title、price、authors、isbn 等元素的父元素。

（5）包含子元素的元素称为分支，没有子元素的元素称为树叶。

10.2.5 属性

属性是元素的可选组成部分，用户可以自己定义，其作用是对元素及其内容的附加信息进行描述，由使用等号"＝"分隔的名称-值的对（即键值对）构成。在 XML 中，所有属性的值都必须用引号引起来。单引号、双引号均可，但开始和结束使用的引号必须相同。如果属性的值含有单引号或双引号，则可以使用表 10.1 中所示的字符实体引用。含有属性的标签其形式如下。

```
<标签名称 [属性名 1="属性值 1" [属性名 2="属性值 2" …]]>内容</标签名称>
```

例如,如果在图书信息中想表示价格的货币类型信息,可采用如下形式:

```
<price currency="RMB">45.00</price>
```

那么,什么时候使用属性呢? 也就是说,什么样的信息是元素或内容的"附加性"信息呢? 对于这个问题,没有明确的规定,一般地,具有下述特征的信息可以考虑使用属性表示。

1. 与文档读者无关的简单信息

所谓"简单",是指没有子结构,如＜Rectangle width＝"100" height＝"80" /＞中的 Rectangle 元素,其目的是向读者展示一个矩形,但矩形的大小与读者基本无关,而且其"宽"与"高"也没有子结构,在这种情况下,就可以将矩形的长、宽等信息作为元素的属性。

2. 与文档有关,而与文档的内容无关的简单信息

其实,有些信息既可以用元素表示,又可以用属性表示。

使用元素存储书籍信息的 XML 文档参见示例 10.2。使用属性存储相同信息的 XML 文档参见示例 10.3。

示例 10.2: book.xml

```xml
<?xml version="1.0" encoding="UTF-8" standalone="yes" ?>
<book>
    <title>Java 面向对象程序设计</title>
    <authors>
        <author>孙连英</author>
        <author>刘畅</author>
        <author>彭涛</author>
    </authors>
    <isbn>9787302489078</isbn>
    <press>清华大学出版社</press>
    <price>45.00</price>
</book>
```

示例 10.3: book_attributes.xml

```xml
<?xml version="1.0" encoding="UTF-8" standalone="yes" ?>
<book title="Java 面向对象程序设计" authors="孙连英,刘畅,彭涛"
    isbn="9787302489078" press="清华大学出版社"
    price="45.00">
</book>
```

原来作为元素的 title、authors、isbn、press、price 等信息变成了元素的属性,这样做完全符合 XML 的语法规范。但是,对于使用浏览器阅读 XML 文档的读者来说,两种表示方法具有不同的显示结果,分别如图 10.1 和图 10.2 所示。

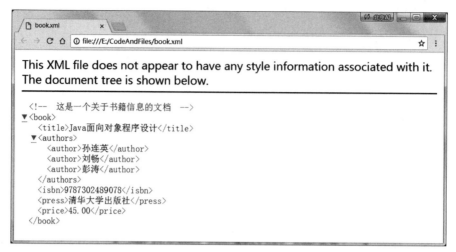

图 10.1　使用元素存储信息的显示结果

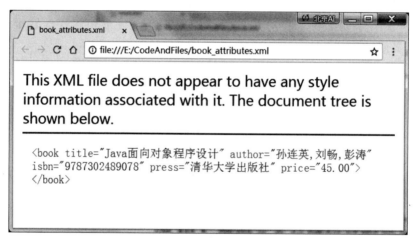

图 10.2　使用属性存储信息的显示结果

那么,在使用元素也行、使用属性也行的情况下,到底使用哪种方式更好呢?对于这个问题,XML 规则没有提供明确的答案,具体使用哪种方式完全取决于文档编写者的经验。下面的介绍只是基于经验的一般性总结,而不是规则。

(1) 在将已有文档处理为 XML 文档时,文档的原始内容应全部表示为元素,而编写者增加的一些附加信息,如对文档中某部分内容的说明、注释等信息可以表示为属性,当然,前提是这些信息非常简单。

(2) 在创建和编写 XML 文档时,希望读者看到的内容应表示为元素,反之表示为属性。在 XML 文档中加入样式单以后,属性一般不会在浏览器中显示出来。

(3) 实在没有明确理由表示为元素或属性的,就表示为元素。因为元素比属性具有更大的灵活性,而使用属性存在如下问题:

- 属性不能包含多个值(元素可以)。

- 属性不容易扩展。
- 属性不能描述结构(元素可以)。

属性名称的命名规则与标签的命名规则类似:

- 英文名称必须以英文字母或者下画线开头,中文名称则必须以中文文字或者下画线开头。
- 在使用默认编码集的情况下,属性名称可以由英文字母、数字、下画线句点".”、下画线"_"、连字符"-"等构成。在指定编码集的情况下,属性名称除上述字符外,还可以出现该字符集中的合法字符。
- 名称中不能含有空格。
- 名称中含有英文字母时,严格区分大小写。
- 同一个元素不能有多个名称相同的属性,如下面的实例是不合法的:

```
<price currency="RMB" currency="USD">45.00</price>
```

与属性名称不同,XML 对属性值的内容没有很严格的限制。它是包含在引号内的一串字符,只要遵守下面的规则,用户就可以为属性指定任何值。

- 使用单引号(')或双引号(")分隔字符串。
- 字符串不能包含用来括起字符串的引号,如果属性值包含单引号或双引号,则需使用另一种引号括起该值,或使用字符实体引用。
- 字符串不能包含"<"字符。XML 解析器会混淆这个字符与 XML 标签的开始符号。
- 除了在实体引用的起始位置外,字符串不能包含"&"字符。

当然,在使用属性之前首先要定义属性,这部分内容后续章节中会进行说明。另外,在编写处理 XML 文档的程序时,要注意 XML 元素的属性值都是字符串,对于这样的属性值,如果需要在程序中当作数值类型使用,则必须首先进行字符串数据类型到相应数值数据类型的转换。

10.2.6　命名空间

XML 允许自定义标签,因此不同 XML 文件以及同一 XML 文件内部就可能出现名称相同的标签。如果想区分这些标签,就需要使用命名空间。命名空间的目的是有效地区分名称相同的标签,当多个标签的名称相同时,可以通过不同的命名空间区分。

在讲解命名空间之前,示例 10.4 是一个简单的 XML 文件。

示例 10.4:Notes.xml

```xml
<?xml version="1.0" encoding="UTF-8" standalone="yes" ?>
<notes>
    <book>
        <title>Java 面向对象程序设计</title>
        <authors>
            <author>孙连英</author>
            <author>刘畅</author>
```

```
        <author>彭涛</author>
      </authors>
      <isbn>9787302489078</isbn>
      <press>清华大学出版社</press>
      <price>45.00</price>
  </book>
  <book>
      <hotel>北京盘古七星大酒店</hotel>
      <address>北京市朝阳区北四环中路 27 号</address>
      <telephone>010-59067777</telephone>
      <date>2019-02-14</date>
  </book>
</notes>
```

示例 10.4 中的 XML 文件用于存储个人的日常记录信息,第一个 book 元素表示最近要学习的书的信息,第二个 book 元素表示旅行中酒店预订的信息。XML 解析器在解析该 XML 文件中的数据时,如果使用如下代码:

```
NodeList nodeList=element.getElementsByTagName("book");
```

那么返回值 nodeList 中将含有两个 Node 对象。如果只想解析出其中一个元素中的数据,就必须在 XML 文件中使用命名空间。

命名空间的声明有以下两种方式。

1. 有前缀的命名空间

声明有前缀的命名空间,语法如下:

```
<标签名称 xmlns:前缀="命名空间的名称">
```

例如:

```
<book xmlns:reading="http://www.buu.edu.cn/reading">
```

2. 无前缀的命名空间

声明无前缀的命名空间,语法如下:

```
<标签名称 xmlns="命名空间的名称">
```

例如:

```
<book xmlns="http://www.buu.edu.cn/travel">
```

需要注意的是,声明命名空间时,xmlns 与冒号“:”、冒号“:”与命名空间的前缀之间都不能有空白存在。

当且仅当它们的名称相同时,两个命名空间相同。也就是说,对于有前缀的命名空间,如果两个命名空间的名称不同,即使它们的前缀相同,也是不同的命名空间;如果两个命名空间的名称相同,即使它们的前缀不同,也是相同的命名空间。命名空间的前缀仅是为了方便地引用命名空间。下列声明分别声明了 3 个不同的命名空间:

```
<book xmlns:reading="http://www.buu.edu.cn/reading">
<book xmlns:Reading="http://www.buu.edu.cn/Reading">
<book xmlns:travel="http://www.buu.edu.cn/travel">
```

注意,http://www.buu.edu.cn/reading 和 http://www.buu.edu.cn/Reading 是不同的命名空间名称,因为 XML 区分大小写。

命名空间的声明必须在元素的"开始标签"中,而且命名空间的声明必须放在开始标签中标签名字的后面,例如:

```
<book xmlns:travel="http://www.buu.edu.cn/travel">
```

一个标签如果使用了命名空间声明,那么该命名空间的作用域是该标签及其所有的子孙标签。如果一个标签中声明的是有前缀的命名空间,那么该标签及其子孙标签如果准备隶属于该命名空间,则必须通过命名空间的前缀引用这个命名空间,使得该标签隶属于这个命名空间。一个标签通过在它的开始标签和结束标签的标签名字前添加命名空间的前缀和冒号命名空间(前缀、冒号和标签名字之间不能有空格),表明此标签隶属于该命名空间。因此,在示例 10.4 的基础上增加命名空间的声明和使用,参见示例 10.5。

示例 10.5:NotesNS.xml (NS 代表命名空间 namespace)

```xml
<?xml version="1.0" encoding="UTF-8" standalone="yes" ?>
<notes>
    <reading:book xmlns:reading="http://www.buu.edu.cn/reading">
        <reading:title>Java 面向对象程序设计</reading:title>
        <reading:authors>
            <reading:author>孙连英</reading:author>
            <reading:author>刘畅</reading:author>
            <reading:author>彭涛</reading:author>
        </reading:authors>
        <reading:isbn>9787302489078</reading:isbn>
        <reading:press>清华大学出版社</reading:press>
        <reading:price>45.00</reading:price>
    </reading:book>
    <travel:book xmlns:travel="http://www.buu.edu.cn/travel">
        <travel:hotel>北京盘古七星大酒店</travel:hotel>
        <travel:address>北京市朝阳区北四环中路 27 号
    </travel:address>
        <travel:telephone>010-59067777</travel:telephone>
        <travel:date>2019-02-14</travel:date>
    `</travel:book>
</notes>
```

该文档使用浏览器显示的结果如图 10.3 所示。

如果一个标签中声明的是无前缀的命名空间,那么该标签及其子标签都默认隶属于这个命名空间。

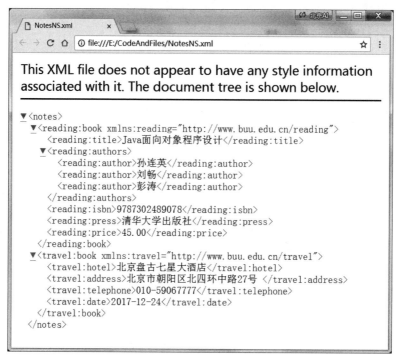

图 10.3　使用命名空间的 XML 文档的显示结果

下面的 XML 文件中，所有标签都隶属于同一个名称为 http://www. buu. edu. cn/reading 的命名空间。

```
<book xmlns="http://www.buu.edu.cn/reading">
<title>Java 面向对象程序设计</title>
<authors>
    <author>孙连英</author>
    <author>刘畅</author>
    <author>彭涛</author>
</authors>
<isbn>9787302489078</isbn>
<press>清华大学出版社</press>
<price>45.00</price>
</book>
```

尽管子标签可以通过命名空间的前缀引用父标签声明的有前缀的命名空间，但是子标签也可以在其开始标签处重新声明自己的命名空间，因此，子标签和父标签可以属于不同的命名空间，这给某些要求非常灵活的 XML 应用领域带来了很大的便利。另外，即使父标签声明的是无前缀的命名空间，子标签仍然可以重新声明命名空间。

命名空间的目的是有效地区分名称相同的标签，那么命名空间本身的名称就成为一个值得关注的问题。W3C 推荐使用统一资源标识符（Uniform Resource Identifier，URI）作为命名空间的名称。URI 是有一定的语法、用来标识资源的一个字符串。一个 URI 可

以是一个 E-mail 地址、一个文件的绝对路径、一个 Internet 主机的域名等,例如:

```
"SmartSearch@163.com"
"D:\XML_Book\Codes\Chapter02\books.xml"
"www.buu.edu.cn"
```

需要注意的是,在 XML 中,一个 URI 不必是有效的。XML 使用 URI 仅是为了区分命名空间的名称。在实践中,大多数 URI 实际上就采用统一资源定位符(Uniform Resource Locator,URL),例如:

```
xmlns="www.buu.edu.cn"
xmlns:buu="http://www.buu.edu.cn"
```

如果在浏览器的地址栏中输入 www.buu.edu.cn 或者 http://www.buu.edu.cn,访问的是同一个 Web 站点,但是在 XML 中,上述两个是完全不同的命名空间,因为二者是不同的字符串。另外,如果在浏览器中输入 http://www.buu.edu.cn/hello.html,可能会得到"404 File not found"的错误提示,但是对于 XML,它可以作为命名空间的名称。因为在 XML 中,一个 URI 不必是有效的,也就是说,它不必指向一个真实存在的资源。

编写 XML 文档时,往往使用本公司、机构注册的域名作为命名空间的名称的一部分。例如,在 Microsoft Word(2003 及更高版本)中可以把 doc 文件另存为 XML 文件,其文档根元素的开始标签如下:

```
<w:wordDocument
xmlns:w="http://schemas.microsoft.com/office/word/2003/wordml"
xmlns:v="urn:schemas-microsoft-com:vml"
xmlns:w10="urn:schemas-microsoft-com:office:word"
xmlns:sl="http://schemas.microsoft.com/schemaLibrary/2003/core"
xmlns:aml="http://schemas.microsoft.com/aml/2001/core"
xmlns:wx="http://schemas.microsoft.com/office/word/2003/auxHint"
xmlns:o="urn:schemas-microsoft-com:office:office"
xmlns:dt="uuid:C2F41010-65B3-11d1-A29F-00AA00C14882" …>
```

该 XML 文档中的大多数标签都属于前缀为 w、名称为 http://schemas.microsoft.com/office/word/2003/wordml 的命名空间,该命名空间的名称即使用了 Microsoft 公司的域名。

10.3　XML 解析

XML 文件可以作为应用程序的数据来源,因此,从 XML 文件中提取需要的数据就变得十分关键。另一方面,有时需要把数据写到 XML 文件中,而这些操作也需要借助 XML 解析器完成。XML 解析器是 XML 和应用程序之间的一个中介程序,其目的是为应用程序从 XML 文件中解析出需要的数据。XML 解析器有两种类型:基于 DOM 的解析器和基于 SAX 的解析器。在前几节的示例程序中,曾多次用到 DOM 解析器,本节将简要介绍基于 DOM 的解析器。

基于 DOM 的解析器称为 DOM 解析器。DOM 解析器解析 XML 文件的最大特点是把整个 XML 文件加载到内存中，在内存中形成一个与 XML 文件树状结构对应的节点树，然后再依据节点的父子关系访问数据。通过 DOM 解析器处理 XML 文件的速度较快，但也比较消耗系统的资源(主要是内存)，比较适合结构复杂但内存占用量相对较小的 XML 文件。

10.3.1　DOM 解析器

DOM 是文档对象模型(Document Object Model)的缩写，和 XML 一样，它也是 W3C 制定的一套规范。根据 DOM 规范(http://www.w3.org/DOM/)，DOM 是一种与浏览器、平台、编程语言无关的接口。各种编程语言可以按照 DOM 规范实现这些接口，并给出解析文件的解析器实现。DOM 规范中指的文件相当广泛，其中包括 XML 文件和 HTML 文件。

W3C 在 1998 年 8 月通过了 DOM 的第一个版本(Level 1)。Level 1 包括对 XML 1.0 和 HTML 的支持，每种 HTML 元素可以表示为一个接口。Level 1 还包括了用于添加、编辑、移动和读取节点中包含的信息的方法等，但是它没有包括对 XML 命名空间的支持。

2000 年 3 月，W3C 公布了 DOM 的第二个版本(Level 2)。Level 2 包括更广泛的 W3C 推荐技术，如级联样式单(CSS)和 XML 命名空间。

本节使用的是 DOM 的第三个版本(Level 3)。Level 3 包括对创建 Document 对象的更好支持和增强的命名空间支持，以及用于处理文档加载、保存、验证、XPath 等的新模块。

本节主要介绍 DOM 解析器，该解析器是支持 Level 3 规范的解析器。在认识 DOM 解析器之前，首先要区分 DOM 解析器和另外两种解析器(JDOM 和 DOM4J)。

其中，DOM 是用与平台和编程语言无关的方式表示 XML 文档的官方 W3C 标准，而 JDOM 是 Java 特定文档模型，它简化了与 XML 的交互，并且其解析速度比 DOM 更快。JDOM 与 DOM 主要有两方面不同：第一，JDOM 仅使用具体类，而不使用接口，这在某些方面简化了 API，但是也限制了它的灵活性；第二，API 大量使用了 Java Collections 类，这更方便了熟悉这些类的 Java 开发者的使用。JDOM 自身不包含解析器，它通常使用 SAX2 解析器解析和验证输入的 XML 文档。另一种解析器 DOM4J 最初是 JDOM 的一种智能分支，它合并了许多超出基本 XML 文档表示的功能，包括继承的 XPath 支持、XML Schema 的支持以及用于大文档或文档流的基于事件的处理；它还提供了构建文档表示的选项，通过 DOM4J API 和标准 DOM 接口，它还具有并行访问功能。DOM4J 大量使用了 Java API 中的 Collections 类，虽然为此 DOM4J 付出了更复杂的 API 的代价，但是它具有比 JDOM 大得多的灵活性。

JDK 1.6 中包含 DOM 解析器解析 XML 文件需要的 API(Java API For XML parsing，JAXP)，JAXP 实现了 DOM 规范的 Java 语言绑定。在 JAXP 中，DOM 解析器是一个 DocumentBuilder 类的实例。下面介绍如何创建一个 DOM 解析器，主要步骤如下。

（1）创建一个解析工厂，利用这个工厂获得一个具体的解析器对象，其代码如下：

```
DocumentBuilderFactory factory=null;
factory=DocumentBuilderFactory.newInstance();
```

使用 DocumentBuilderFactory 的目的是创建与具体解析器无关的程序，当 Document BuilderFactory 类的静态方法 newInstance() 被调用时，解析工厂将根据系统变量的值决定具体使用哪种解析器。

（2）通过 factory 对象调用它的静态方法 newDocumentBuilder()，以获得一个 DocumentBuilder 对象，这个对象就是 DOM 解析器，代码如下：

```
DocumentBuilder builder=null;
builder=factory.newDocumentBuilder();
```

DocumentBuilderFactory 类和 DocumentBuilder 类都包含在 javax.xml.parsers 包中。获得一个 DocumentBuilder 类的对象（DOM 解析器）之后，就可以调用该对象的 public Document parse(File file) 方法解析文件。解析的内容以对象的形式返回，该对象是实现了 Document 接口的一个实例，称为 Document 实例对象，代码如下：

```
Document document=null;
document=builder.parse(new File(XML_FILE_PATH));
```

Document 接口在 org.w3c.dom 包中。如果想让创建的 DOM 解析器支持名称空间，则需要调用 factory 对象的 setNamespaceAware(boolean b) 方法，代码如下：

```
factory.setNamespaceAware(true);
```

如果想通过解析器检验 XML 文档是否符合相应的 DTD 定义，则需要调用 factory 对象的 setValidation(boolean b) 方法，代码如下：

```
factory.setValidation(true);
```

获得的 Document 实例对象以树状结构对应 XML 文件的各个标签，应用程序只分析内存中的 Document 对象，就可以获得 XML 文件中的数据。

builder 对象除了可以调用 public Document parse(File file) 方法解析文件外，还可以调用如下两个方法解析文件：

```
public Document parse(InputStream in);
public Document parse(String uri);
```

其中，public Document parse(File file) 方法可以接收一个可被解析的参数指定的 XML 文件，代码如下：

```
File xmlFile=new File("D:\\01.xml");
Document document=builder.parse(xmlFile);
```

而 public Document parse(InputStream in) 方法可以接收可被解析的 XML 文件输入流，代码如下：

```
FileInputStream in=new FileInputStream("D:\\01.xml");
Document document=builder.parse(in);
```

public Document parse(String URI)方法可以接收一个由 URI 参数指定的有效资源,代码如下:

```
String uri="D:\\01.xml";
Document document=builder.parse(uri);
```

1. Node 接口

Node 接口定义了一些基本的方法和属性,利用这些方法可以实现对 XML 文档的遍历,同时,通过属性还可以获得节点名称或节点类型等信息。DOM 规范中很多接口都是从 Node 接口继承来的,如 Document、Element、Attr、CDATASection、Entity 等。在 DOM 规范中,可以将 XML 文件中的每个标签、属性、注释、文本内容等都视为节点。一个 Node 对象代表了某种类型的节点,这些节点都是从 Node 继承而来的。Node 接口定义了所有类型的节点都具有的属性和方法。

在 DOM 规范中,不同类型的节点采用不同的整数加以区分。为了保证未来能够对节点类型进行扩充,W3C 保留了 1～200 的整数,作为不同节点类型的定义值,具体的对应关系见表 10.2。

表 10.2　XML 的节点类型

节 点 类 型	整数	表 示 常 量
标签(元素)节点,Element	1	ELEMENT_NODE
属性节点,Attr	2	ATTRIBUTE_NODE
文本节点,Text	3	TEXT_NODE
CDATA 节点,CDATASection	4	CDATA_SECTION_NODE
实体引用节点,EntityReference	5	ENTITY_REFERENCE_NODE
实体节点,Entity	6	ENTITY_NODE
处理指令节点,ProcessingInstruction	7	PROCESSING_INSTRUCTION_NODE
Comment 节点	8	COMMENT_NODE
Document 节点	9	DOCUMENT_NODE
文档类型节点,DocumentType	10	DOCUMENT_TYPE_NODE
文档片段节点,DocumentFragment	11	DOCUMENT_FRAGMENT_NODE
Notation 节点	12	NOTATION_NODE

常用节点的父子关系如图 10.4 所示。

节点的类型可以通过下列方法获取:

```
short getNodeType()
```

Node 接口中包含的常用方法见表 10.3。

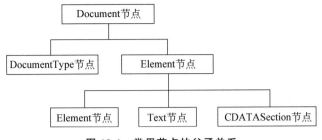

图 10.4　常用节点的父子关系

表 10.3　Node 接口中包含的常用方法

方　　法	返回类型	功　　能
getNodeName()	String	获取当前节点的名称
getNodeValue()	String	获取当前节点的值
setNodeValue(String)	void	设置当前节点的值
getNodeType()	short	获取当前节点的类型,参见表 10.2
getChildNodes()	NodeList	获取当前节点的所有子节点,返回 NodeList 对象
getFirstChild()	Node	获取当前节点的第一个子节点
getLastChild()	Node	获取当前节点的最后一个子节点
getPreviousSibling()	Node	获取当前节点的前一个兄弟节点
getNextSibling()	Node	获取当前节点的后一个兄弟节点
getParentNode()	Node	获取当前节点的父节点
getAttributes()	NamedNodeMap	获取当前节点的所有属性,返回 NamedNodeMap 对象
appendChild(Node)	Node	在当前节点的所有子节点之后添加参数指定的新节点
hasChildNodes()	boolean	判断当前节点是否有子节点
insertBefore(Node,Node)	Node	把参数 2 指定的节点插入当前节点的子节点(参数 1)之前
removeChild(Node)	Node	从当前节点的子节点中删除参数指定的节点
replaceChild(Node,Node)	Node	使用参数 2 指定的节点替换当前节点的子节点(参数 1)
getNamespaceURI()	String	获取命名空间的 URI
hasAttributes()	boolean	判断当前节点是否有属性
getTextContent()	String	获取当前节点的文本内容
isSameNode(Node)	boolean	判断当前节点与参数指定的节点是否为同一个节点
isEqualNode(Node)	boolean	判断当前节点与参数指定的节点是否相等

2. NodeList 接口

NodeList 接口提供了对节点集合的抽象定义,用于表示有顺序的一组节点。

NodeList 中的每个节点都可以通过索引访问,索引值 0 表示集合中的第一个节点。Node 接口的 getChildNodes()方法,其返回类型为 NodeList。NodeList 接口常用的方法见表 10.4。

表 10.4　NodeList 接口常用的方法

方　法	返回类型	功　　能
getLength()	int	返回 NodeList 集合中节点的个数
item(int)	Node	返回 NodeList 集合中参数指定的节点

如前所述,DOM 解析器的 parse()方法将整个被解析的 XML 文件封装成一个 Document 节点返回,如图 10.4 所示,应用程序可以从该节点的子孙节点中获取整个 XML 文件中数据的细节。Document 节点的各个子节点具有不同的节点类型,当然也包括 Document 节点自身。本节对 DOM 中各种类型的节点进行介绍。

3. Document 节点

Document 节点代表整个 XML 文件。XML 文件的所有内容都封装在一个 Document 节点中。Document 对象提供了对文档中的数据进行访问的入口,应用程序可以从该节点的子孙节点中获得整个 XML 文件的数据。

Document 类型节点的两个子节点的类型分别是 DocumentType 和 Element。 DocumentType 类型节点对于 XML 文件所关联的 DTD 文件,通过 DocumentType 节点的子孙关系可以分析并获得 XML 文件所关联的 DTD 文件中的数据。Element 类型节点对应 XML 文件的标签(元素)节点,通过 Element 节点的子孙关系可以获得 XML 文件中的数据。Document 节点常用的方法见表 10.5。

表 10.5　Document 节点常用的方法

方　法	返回类型	功　　能
getDocumentElement()	Element	返回当前节点的 Element 子节点,即文档根元素
getDoctype()	DocumentType	返回当前节点的 DocumentType 子节点
getElementByTagname(String)	NodeList	返回一个 NodeList 对象,该对象由参数指定的节点的 Element 类型子孙节点组成
getElementByTagNameNS (String,String)	NodeList	返回一个 NodeList 对象,该对象由参数 2 指定的节点的 Element 类型子孙节点组成,该节点的命名空间由参数 1 指定
getElementById(String)	Element	返回一个 NodeList 对象,该对象由参数指定 ID 的节点的 Element 类型的子孙节点组成
getXmlEncoding()	String	返回 XML 文件使用的编码
getInputEncoding()	String	返回解析时使用的编码
getXmlStandalone()	boolean	返回 XML 文件声明中的 standalone 属性的值

续表

方　法	返回类型	功　　能
getXmlVersion()	String	返回 XML 文件声明中的 version 属性的值
setDocumentURI(String)	void	设置 DocumentURI
setXmlVersion(String)	void	设置 XML 的版本
createElement(String)	Element	创建一个 Element 节点，节点名称由参数指定
createAttribute(String)	Attr	创建一个 Attr 节点，节点名称由参数指定，然后调用 setAttributeNode()方法设置其属性
createCDATASection(String)	CDATASection	创建一个 CDATASection 节点
createTextNode(String)	Text	创建一个具有指定内容的文本节点

下面通过示例 10.6 说明 Document 节点的部分用法。

示例 10.6：TestDocument.java

```java
package cn.buu.edu.xmlparse;
import javax.xml.parsers.DocumentBuilder;
import javax.xml.parsers.DocumentBuilderFactory;
import org.w3c.dom.Document;
import org.w3c.dom.Element;
import org.w3c.dom.Node;
import org.w3c.dom.NodeList;
public class TestDocument {
    public static final String XML_FILE="D:\books.xml";
    public static void main(String[] args) {
        DocumentBuilderFactory factory=null;
        DocumentBuilder builder=null;
        Document document=null;
        Element root=null;
        String version=null;
        String encoding=null;
        boolean isStandalone=false;
        NodeList books=null;
        Node node=null;
        try {
            factory=DocumentBuilderFactory.newInstance();
            builder=factory.newDocumentBuilder();
            document=builder.parse(XML_FILE);
            version=document.getXmlVersion();
            encoding=document.getXmlEncoding();
            isStandalone=document.getXmlStandalone();
            root=document.getDocumentElement();
            System.out.println("该文件的版本为 "+version);
```

```
            System.out.println("该文件的编码为 "+encoding);
            System.out.println("该文件是否独立为 " +isStandalone);
            System.out.println("该文件的文档根元素为 " +root.getNodeName());
            books=root.getElementsByTagName("book");
            for(int i=0; i<=stocks.getLength()-1; i++) {
                node=books.item(i);
                NodeList list=node.getChildNodes();
                System.out.print(" Book "+(i+1)+":");
                for(int j=0; j<=list.getLength()-1; j++) {
                    if(list.item(j).getNodeType()==Node.TEXT_NODE)  continue;
                    System.out.print("\n\t" +list.item(j).getNodeName()+":"
                        +list.item(j).getTextContent());
                }
                System.out.println();
            }
        }
        catch(Exception e) {
            System.err.println(e);
            e.printStackTrace();
        }
    }
}
```

该程序的运行结果如图 10.5 所示。

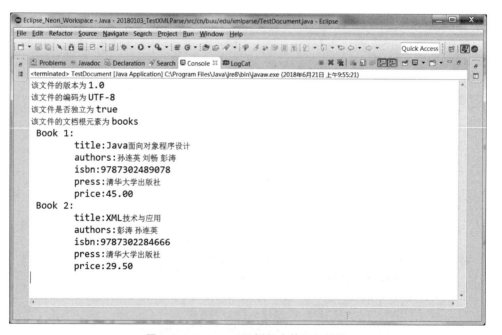

图 10.5　Document 示例程序的运行结果

4. Element 节点

Element 节点是 Document 节点最重要的子节点,因为被解析的 XML 文件的标签(即元素)对应这种类型的节点。表示 Element 节点的常量为 Node.ELEMENT_NODE。

一个节点使用 short getNodeType()方法返回的值等于 Node.ELEMENT_NODE,那么该节点就是 Element 节点。

Element 节点常用的方法见表 10.6。

表 10.6　**Element 节点常用的方法**

方　　法	返回类型	功　　能
getTagName()	String	获取 Element 节点的标签名称
getAttribute(String)	String	获取 Element 节点的参数指定的属性名称的属性值
setAttribute(String,String)	void	使用参数 2,设置 Element 节点中参数 1 指定的属性名称的属性值
removeAttribute(String)	void	删除 Element 节点中参数指定的属性名称的属性值
getAttributeNode(String)	Attr	获取 Element 节点中参数指定的属性名称的 Attr 节点
setAttributeNode(Attr)	Attr	使用参数设置 Element 节点中的属性
removeAttributeNode(Attr)	Attr	删除 Element 节点中参数指定的属性
getElementsByTagName(String)	NodeList	获取 Element 节点中参数指定的标签名称的 Element 集合
getAttributeNS(String,String)	String	获取参数 1 指定的命名空间、参数 2 指定的属性名称的属性值
setAttributeNS(String,String,String)	void	使用参数 3 设置参数 1 指定的命名空间、参数 2 指定的属性名称的属性值
removeAttributeNS(String,String)	void	删除参数 1 指定的命名空间、参数 2 指定的属性名称的属性值
getAttributeNodeNS(String,String)	Attr	返回参数 1 指定的命名空间、参数 2 指定的属性名称的 Attr 节点
setAttributeNodeNS(Attr)	Attr	使用参数设置 Element 节点中的参数
getElementsByTagNameNS(String,String)	NodeList	获取 Element 节点中参数 1 指定的命名空间、参数 2 指定的标签名称的 Element 集合
hasAttribute(String)	boolean	判断当前 Element 节点是否具有参数指定的属性
hasAttributeNS(String,String)	boolean	判断当前 Element 节点是否具有参数 1 指定的命名空间、参数 2 指定的属性名称的属性值

下面通过示例 10.7 说明 Element 节点的部分用法。

示例 10.7：TestElement.java

```java
package cn.buu.edu.xmlparse;
import javax.xml.parsers.DocumentBuilder;
import javax.xml.parsers.DocumentBuilderFactory;
import org.w3c.dom.Document;
import org.w3c.dom.Element;
import org.w3c.dom.Node;
import org.w3c.dom.NodeList;
public class TestElement {
    public static final String XML_FILE="D:\books.xml";
    public static void main(String[] args) {
        DocumentBuilderFactory factory=null;
        DocumentBuilder builder=null;
        Document document=null;
        Element root=null;
        NodeList books=null;
        Node node=null;
        Element element=null;
        try {
            factory=DocumentBuilderFactory.newInstance();
            builder=factory.newDocumentBuilder();
            document=builder.parse(XML_FILE);
            root=document.getDocumentElement();
            books=root.getElementsByTagName("book");
            for(int i=0; i<=books.getLength()-1; i++) {
                node=books.item(i);
                NodeList list=node.getChildNodes();
                System.out.println("\n book "+(i+1)+":");
                for(int j=0; j<=list.getLength()-1; j++) {
                    node=list.item(j);
                    //if(node.getNodeType()==Node.ELEMENT_NODE) {
                    if(node instanceof Element) {
                        element=(Element) node;
                        System.out.print("\n\t" +element.getTagName()+":"
                            +element.getTextContent());
                    }
                }
            }
        }
        catch(Exception e) {
            System.err.println(e);
            e.printStackTrace();
```

```
        }
    }
}
```

该程序的运行结果如图 10.6 所示。

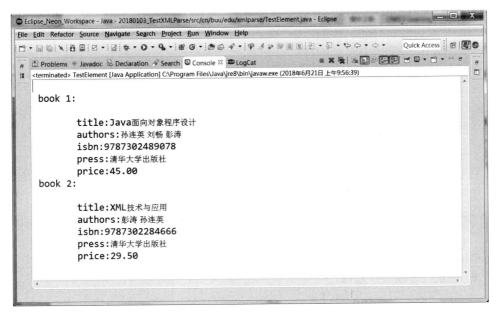

图 10.6　Element 示例程序的运行结果

示例 10.7 程序中,判断 Node 类型的代码:

```
if(node.getNodeType()==Node.ELEMENT_NODE) {
```

也可以写成如下形式:

```
if(node instanceof Element) {
```

代码:

```
element=(Element) node;
```

的目的是进行下溯造型,因为接口 Element 是接口 Node 的子接口。在进行下溯造型之前,需要进行类型的判断。判断时,既可以通过 Node 的 getNodeType()方法的返回值,也可以通过 Java 语言用于类型判断的关键字 instanceof。

5. Text 节点

格式良好的 XML 文件的非空标签可以包含子标签和文本内容。在 DOM 规范中,解析器使用 Element 节点封装标签,使用 Text 节点封装标签的文本内容,即 Element 节点可以有 Element 子节点和 Text 节点。例如,对于下列内容:

示例 10.8:book.xml

```
<?xml version="1.0" encoding="UTF-8" standalone="yes" ?>
```

```
<!--这是一个关于书籍信息的文档 -->
<book>
    <title>Java 面向对象程序设计</title>
    <authors>
        <author>孙连英</author>
        <author>刘畅</author>
        <author>彭涛</author>
    </authors>
    <isbn>9787302489078</isbn>
    <press>清华大学出版社</press>
    <price>45.00</price>
</book>
```

如果包含这些空白字符,那么该 XML 文档的树状结构中就会包含这些空白字符,这些空白字符和 title 等 4 个 Element 一样,是文档根元素 Stock 的直接子节点。

表示 Text 节点类型的常量是 Node. TEXT_NODE。对一个节点调用 short getNodeType()方法,如果其返回值为 Node.TEXT_NODE,那么该节点就是 Text 节点。对于 Text 节点,调用 String getNodeName()方法的返回值为"♯text"。示例 10.9 为处理图书 XML 文档的 Java 程序,其中展示了 Text 节点的部分方法。

示例 10.9：TestText.java

```java
public class TestText {
    public static final String XML_FILE="D:\book.xml";
    public static void main(String[] args) {
        DocumentBuilderFactory factory=null;
        DocumentBuilder builder=null;
        Document document=null;
        Element book=null;
        NodeList items=null;
        Node node=null;
        Element element=null;
        Text text=null;
        NodeList list=null;
        try {
            factory=DocumentBuilderFactory.newInstance();
            builder=factory.newDocumentBuilder();
            document=builder.parse(XML_FILE);
            //代表文档根元素 book
            book=document.getDocumentElement();
            items=stock.getChildNodes();
            System.out.printf("\nElement Book 共有 %d 个子节点",
                items.getLength());
            for(int i=0; i<=items.getLength()-1; i++) {
                node=items.item(i);
```

```java
            System.out.printf("\n 第 %d 个直接子节点,", (i+1));
            if(node.getNodeType()==Node.ELEMENT_NODE) {
                element=(Element)node;
                System.out.printf(" Element 节点,标签名称为 %s,\t",
                    element.getTagName());
                list=element.getChildNodes();
                for(int j=0; j<=list.getLength()-1; j++){
                    Node child=list.item(j);
                    if(child.getNodeType()==Node.TEXT_NODE ) {
                        text=(Text)child;
                        System.out.printf("包含的文本内容为 %s",
                            text.getWholeText());
                    }
                    else if(child.getNodeType()==Node.ELEMENT_NODE) {
                        Element childElement=(Element)child;
                        System.out.printf("%s ->%s\t\n",
                            childElement.getTagName(),
                            childElement.getTextContent());
                    }
                }
            }
            else if(node.getNodeType()==Node.TEXT_NODE) {
                text=(Text) node;
                System.out.printf(" Text 节点,长度为 %d,内容为 %s",
                    text.getTextContent().length(),
                    text.getTextContent());
            }
        }
    }
    catch(Exception e) {
        System.err.println(e);
        e.printStackTrace();
    }
    }
}
```

该程序的运行结果如图 10.7 所示。

示例 10.10：book.xml

```xml
<?xml version="1.0" encoding="UTF-8" standalone="yes" ?>
<!--这是一个关于书籍信息的文档 -->
<book><title>Java 面向对象程序设计</title><authors><author>孙连英</author>
<author>刘畅</author><author>彭涛</author></authors><isbn>9787302489078
</isbn><press>清华大学出版社</press><price>45.00</price></book>
```

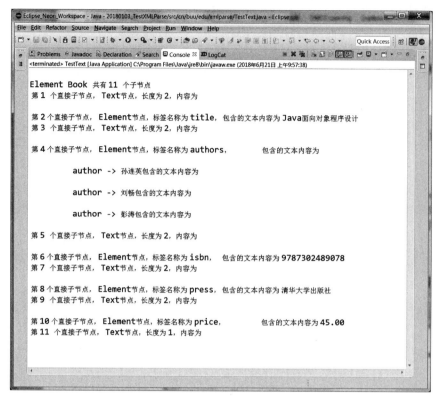

图 10.7　Text 示例程序的运行结果

需要注意的是,示例 10.10 中的 XML 文档从文档根元素 book 开始,没有包含用于美观的空白,包括换行和制表符。其运行结果如图 10.8 所示。

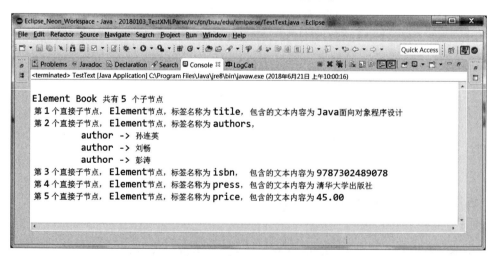

图 10.8　TestText 程序的运行结果

对于应用程序而言,Text 节点是比较重要的节点,因为 Text 节点中包含了 XML 标签中的文本数据,这也是应用程序通过 XML 解析器需要获取的主要内容。

10.3.2 SAX 解析器

SAX(Simple API for XML)解析器提供了对 XML 文档内容的有效访问。和 DOM 解析器相比,SAX 解析器具有更好的性能优势。SAX 解析器最大的优点是内存消耗小, 因为它不像 DOM 解析器那样一次把整个 XML 文档都加载到内存中,不会在内存中建立一个与 XML 文件对应的树状结构。SAX 解析器采用基于事件驱动的处理模式,任何时刻只分析 XML 文件的某一部分,因此 SAX 解析器可以解析大于系统内存的 XML 文档。

SAX 也是解析 XML 的一种规范,它不是 W3C 的推荐标准。SAX 是开放源代码的规范,由一系列接口组成。SAX 最初由 David Megginson 采用 Java 语言开发而成,后来参与 SAX 开发的程序员越来越多,在 Internet 上组成了 XML_DEV 社区。1998 年 5 月, XML_DEV 社区正式发布 SAX 1.0 版,目前最新的版本是 2.0。SAX 2.0 版本中增加了对命名空间的支持,而且该版本还具有设置解析器是否对 XML 文档进行有效性验证,以及处理带有命名空间的元素名称等功能。SAX 2.0 中还有一个内置的过滤机制,可以很轻松地输出一个 XML 文档子集或进行简单的文档转换。SAX 2.0 版本在许多地方不兼容 1.0 版本,而且 SAX 1.0 中的接口在 SAX 2.0 中已经不再使用。

SAX API 由 org.xml.sax 和 org.xml.sax.helper 两个包构成。其中 org.xml.sax 包主要定义 SAX 的一些基础接口,如 XMLReader、ContentHandler、ErrorHandler、DTDHandler、EntityResolver 等;org.xml.sax.helper 包主要提供一些方便开发人员使用的辅助类,如默认实现了所有事件处理接口的辅助类 DefaultHandler、方便开发人员创建 XMLReader 的工厂类 XMLReaderFactory 等。

本节主要介绍如何使用 SAX 2.0 进行 XML 文档处理。JDK 1.6 中提供了 SAX 的 API,其中 SAX 解析器是 Java 语言版本。

SAX 解析器是一种基于事件的解析器,其核心是事件处理模式。基于事件的处理模式主要是围绕事件源以及事件处理器工作的。一个可以产生事件的对象称为事件源,针对事件进行处理的对象称为事件处理器。在事件源中,事件和事件处理器是通过注册事件处理器的方法关联的。当事件源产生事件后,会调用事件处理器相应的方法,该事件就可以得到处理。在事件源调用事件处理器中相应的方法时,会传递给事件处理器相应事件的相关状态信息,这样,事件处理器就能根据接收到的事件状态信息进行处理。

利用 SAX 解析器处理 XML 文件,主要包括下列步骤:

首先,实例化一个 XMLReader 类型的对象,该对象就是 SAX 解析器,代码如下:

```
XMLReader xmlReader=null;
xmlReader=XMLReaderFactory.createXMLReader();
```

上述代码中,调用 XMLReaderFactory 类的静态方法 createXMLReader()得到了 SAX 解析器。XMLReaderFactory 类还有另外一个静态方法:

```
public static XMLReader createXMLReader(String className)
                    throws SAXException
```

这个方法可以指定要创建的 SAX 解析器的类的全名,如 org.apache.xerces. parsers. SAXParser。Xerces 是由 Apache 组织推动的一项 XML 文档解析开源项目,目前有多种语言版本,除 Java 外,还包括 C++、Perl 等语言。如果调用的是无参数的 createXMLReader() 方法,则默认创建的 SAX 解析器类型为 com. sun. org. apache. xerces. internal. parsers. SAXParser,该类在 JDK 1.6 安装之后的 rt.jar 中。

然后,创建事件处理器对象,并把该对象与 xmlReader 对象关联。

```
StockXmlHandler handler=null;
handler=new StockXmlHandler();
xmlReader.setContentHandler(handler);
xmlReader.setDTDHandler(handler);
xmlReader.setErrorHandler(handler);
```

在上述代码中,类 StockXmlHandler 是自定义的类,其父类是 DefaultHandler。类 DefaultHandler 属于 org.xml.sax.helper 包,该类或其子类的对象就是 SAX 解析器的事件处理器。

最后,通过 XMLReader 类型的对象 xmlReader 调用 parse()方法即可解析 XML 文件,代码如下:

```
xmlReader.parse(File xmlFile);
```

一旦调用 parse()方法,SAX 解析器就开始解析指定的 XML 文件。SAX 解析器在解析 XML 文件时,将所有产生的事件报告给已经指定的事件处理器,该事件处理器就会对这个事件进行相应的处理。事件处理器处理事件是逐个进行的,SAX 解析器必须等待事件处理器处理完成当前事件之后才能继续解析 XML 文件,并报告下一个事件。因此,当事件处理器正在处理事件时,SAX 解析器处于阻塞状态。已经处理完的事件不需要继续存储在内存中,其占用的资源会得以释放,因此,SAX 解析器占用的资源较少,可用来处理较大的 XML 文件。这是 SAX 解析器优于 DOM 解析器的一个方面,也是 SAX 解析器最大的优点。

10.4　JSON 的语法

JSON(JavaScript Object Notation)是一种轻量级的数据交换格式,易于人阅读和编写,同时也易于机器解析和生成。它是基于 JavaScript Programming Language、Standard ECMA-262 3rd Edition - December 1999 的一个子集。JSON 采用完全独立于语言的文本格式,但是也使用了类似 C 语言家族的习惯(包括 C、C++、C♯、Java、JavaScript、Perl、Python 等)。这些特性使 JSON 成为理想的数据交换语言。

JSON 建构于以下两种结构:

- "名称/值"对的集合(a collection of name/value pairs):不同的语言中,它被理解为对象(object)、记录(record)、结构体(struct)、字典(dictionary)、哈希表(hash table)、有键列表(keyed list),或者关联数组(associative array)。

- 值的有序列表（an ordered list of values）：在大部分语言中，它被理解为数组
（array）。

这些都是常见的数据结构。事实上，大部分现代计算机语言都以某种形式支持它们，这使得同一种数据格式在基于使用了这些结构的编程语言之间交换成为可能。

与 XML 一样，JSON 也是基于纯文本的数据格式。由于 JSON 天生是为 JavaScript 准备的，因此 JSON 的数据格式非常简单，可以用 JSON 传输一个简单的 String、Number、Boolean，也可以传输一个数组，或者一个复杂的 Object 对象。String、Number 和 Boolean 使用 JSON 表示非常简单。例如，使用 JSON 表示一个简单的 String" abc "，其格式为"abc"。

JSON 具有 5 种形式，即对象、数组、单一值、字符串、数值。

1. 对象

对象是一个无序的"'名称/值'对"集合。一个对象以"{"开始、以"}"结束。每个"名称"后跟一个"："，"'名称/值'对"之间使用","分隔，如图 10.9 和图 10.10 所示。

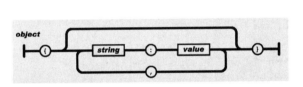

图 10.9　使用 JSON 表示对象

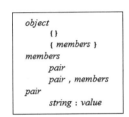

图 10.10　JSON 中对象的存储方式

2. 数组

数组是值（value）的有序集合。一个数组以"["开始、以"]"结束。值之间使用","分隔，如图 10.11 和图 10.12 所示。

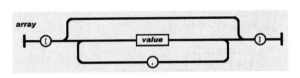

图 10.11　使用 JSON 表示数组

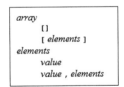

图 10.12　JSON 中数组的存储方式

3. 单一值

值可以是双引号括起来的字符串（string）、数值（number）、true、false、null、对象（object）或者数组（array），这些结构可以嵌套，如图 10.13 和图 10.14 所示。

4. 字符串

字符串（string）是由双引号包围的任意数量 Unicode 字符的集合，使用反斜线转义。一个字符（character）即一个单独的字符串。除字符 "、\、/和一些控制符（\b、\f、\n、\r、\t）需要编码外，其他 Unicode 字符可以直接输出，如图 10.15 和图 10.16 所示。字符串与 C 或者 Java 中的字符串非常相似。

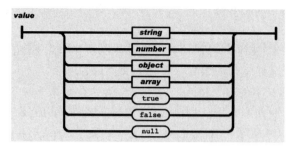

图 10.13　使用 JSON 表示单一值

图 10.14　JSON 中单一值的存储方式

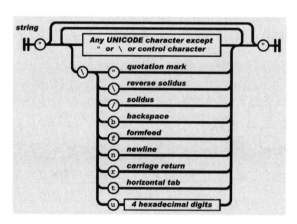

图 10.15　使用 JSON 表示字符串

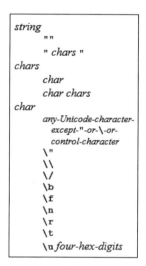

图 10.16　JSON 中字符串的存储方式

5．数值

数值(number)也与 C 或者 Java 的数值非常相似,除去未曾使用的八进制与十六进制格式,以及一些编码细节,如图 10.17 和图 10.18 所示。

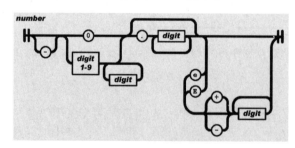

图 10.17　使用 JSON 表示数值

Object 在 JSON 中是用{ }包含一系列无序的 Key-Value(键值对)表示的,实际上,此处的 Object 相当于 Java 中的 Map<String, Object>,而不是 Java 中的 class。注意,Key 只能用 String 表示。例如,一个 Book 对象包含如下 Key-Value:

```
number
        int
        int frac
        int exp
        int frac exp
int
        digit
        digit1-9 digits
        - digit
        - digit1-9 digits
frac
        . digits
exp
        e digits
digits
        digit
        digit digits
e
        e
        e+
        e-
        E
        E+
        E-
```

图 10.18　JSON 中数值的存储方式

```
title:Java 面向对象程序设计
authors:孙连英,刘畅,彭涛
isbn: 9787302489078
press:清华大学出版社
price:45.00
date: 2017-12-01
```

用 JSON 表示如下：

```
{"title" : "Java 面向对象程序设计", "authors" : "孙连英,刘畅,彭涛", "isbn" :
"9787302489078", "press" : "清华大学出版社", "price" : "45.00", "date" : "2017-12-
01"}
```

其中，Value 也可以是另一个 Object 或者数组，因此，复杂的 Object 可以嵌套表示。
例如，一个 Author 对象包含 name 和 address 对象，可以表示如下：

```
{
    "name" : "Peter",
    "address" : {
            "city" : "Beijing",
            "district" : "Chaoyang District",
            "street" : "  Beisihuan East Road",
            "postcode" : "100101"
    }
}
```

10.5　JSON 解析

目前已有一些开放源代码的 JSON 解析库可用,其中使用比较广泛的有 Google 公司的 Gson。本章程序使用的 Gson 版本为 2.7。

10.5.1　解析单个对象

Gson 中的类 Gson 提供了 JSON 字符串和 POJO 对象之间的转换函数。

```
String toJson(Object obj);
Object fromJson(String jsonString);
```

通过调用上述函数,即可完成 JSON 字符串和 POJO 对象之间的双向转换。

示例 10.11:BookBean.java

```java
package cn.buu.edu.jsonparse;
import java.util.List;
public class BookBean {
private String title;
private List<String>authors;
private String isbn;
private String press;
private double price;
//省略了 getter()和 setter()方法
@Override
public String toString() {
    String bookString="";
    bookString +="书名:"+this.getTitle();
    bookString +="\n\t 作者:"+this.getAuthors();
    bookString +="\n\t ISBN:"+this.getIsbn();
    bookString +="\n\t 出版社:"+this.getPress();
    bookString +="\n\t 价格:"+this.getPrice();
    return bookString;
}
}
```

示例 10.12:TestObject2JsonString.java

```java
package cn.buu.edu.jsonparse;
import java.util.ArrayList;
import java.util.List;
import com.google.gson.Gson;
public class TestObject2JsonString {
    public static void main(String[] args) {
    BookBean book=new BookBean();
```

```
    book.setTitle("Java 面向对象程序设计");
    List<String> authors=new ArrayList<String>();
    authors.add("孙连英");
    authors.add("刘畅");
    authors.add("彭涛");
    book.setAuthors(authors);
    book.setPress("清华大学出版社");
    book.setIsbn("9787302489078");
    book.setPrice(45.00);
    Gson gson=new Gson();
    String jsonString=gson.toJson(book);
    System.out.println(jsonString);
    }
}
```

新建 Gson 对象之后，调用该对象的 toJson()方法即可把实体类对象转换为符合 JSON 语法的字符串，该方法的参数就是需要转换的实体类对象。示例程序 10.12 的运行结果如图 10.19 所示。

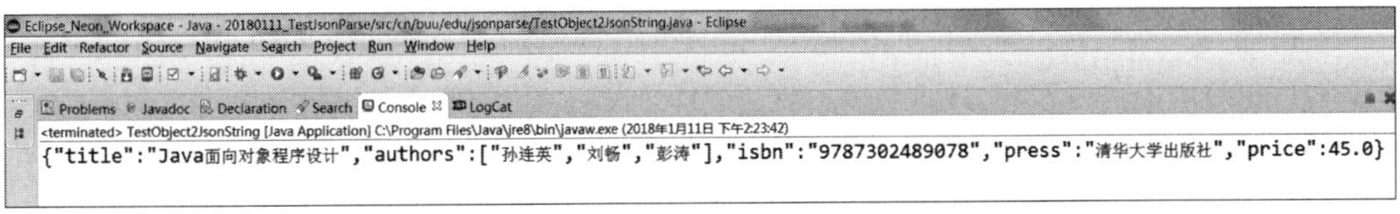

图 10.19　把实体类对象转换为 JSON 字符串

示例 10.13：TestJsonString2Object.java

```
package cn.buu.edu.jsonparse;
import com.google.gson.Gson;
public class TestJsonString2Object {
    public static void main(String[] args) {
        String jsonString="{"title":"Java 面向对象程序设计","
            +""authors":["孙连英","刘畅","彭涛"],"
            +""isbn":"9787302489078","
            +""press":"清华大学出版社","
            +""price":"45.0"}";
        Gson gson=new Gson();
        BookBean book=gson.fromJson(jsonString, BookBean.class);
        System.out.println(book.getTitle());
        System.out.println(book.getAuthors());
        System.out.println(book.getIsbn());
        System.out.println(book.getPress());
        System.out.println(book.getPrice());
    }
}
```

示例程序 10.13 的运行结果如图 10.20 所示。

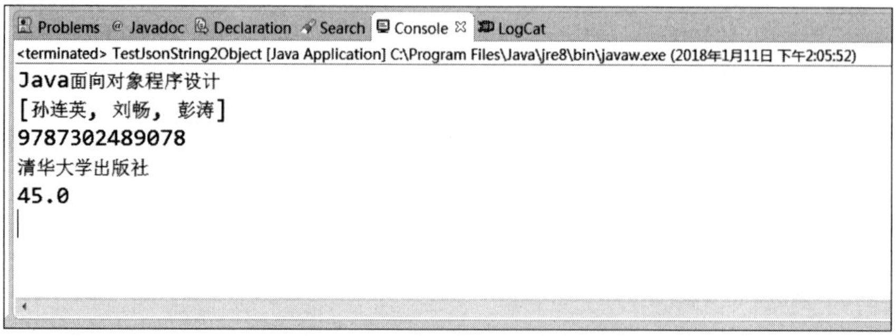

图 10.20　把 JSON 字符串转换为实体类对象

10.5.2　解析对象数组

如果是一个包含多个对象的对象数组数据,其解析原理与解析单个对象类似,但是不能使用 POJO 类的.class 作为解析类型,此时一般需要使用某种集合类的对象(参见作者的另一本教材:《Java 面向对象程序设计》第 11 章集合类,孙连英、刘畅、彭涛编著,清华大学出版社,ISBN:9787302489078)。本节使用 List 接口、ArrayList 和 LinkedList 类进行多个对象的存储,如示例 10.14 和示例 10.15 所示。

示例 10.14：TestObjectCollection2JsonString.java

```java
package cn.buu.edu.jsonparse;
import java.util.ArrayList;
import java.util.List;
import com.google.gson.Gson;
public class TestObjectCollection2JsonString {
public static void main(String[] args) {
    List<BookBean>books=new ArrayList<BookBean>();

    BookBean bookJava=new BookBean();
    bookJava.setTitle("Java面向对象程序设计");
    List<String>authorsJava=new ArrayList<String>();
    authorsJava.add("孙连英");
    authorsJava.add("刘畅");
    authorsJava.add("彭涛");
    bookJava.setAuthors(authorsJava);
    bookJava.setPress("清华大学出版社");
    bookJava.setIsbn("9787302489078");
    bookJava.setPrice(45.00);

    BookBean bookXml=new BookBean();
    bookXml.setTitle("Java面向对象程序设计");
    List<String>authorsXml=new ArrayList<String>();
```

```
authorsXml.add("彭涛");
authorsXml.add("孙连英");
bookXml.setAuthors(authorsXml);
bookXml.setPress("清华大学出版社");
bookXml.setIsbn("9787302284666");
bookXml.setPrice(29.5);

books.add(bookJava);
books.add(bookXml);

Gson gson=new Gson();
String jsonString=gson.toJson(books);
System.out.println(jsonString.replace("},{", "},\n{"));
    }
}
```

示例程序 10.14 的运行结果如图 10.21 所示。

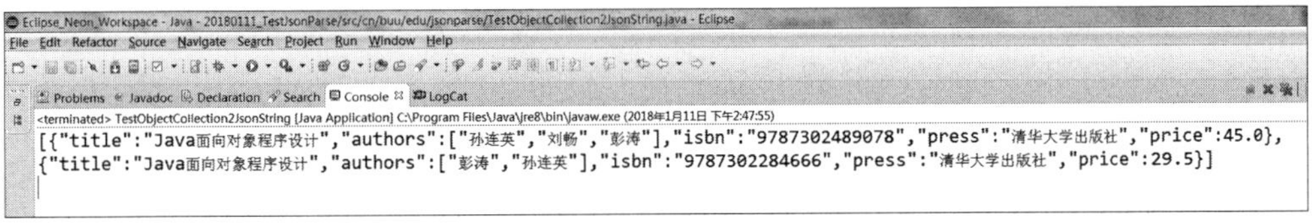

图 10.21 把对象集合转换为 JSON 字符串

示例 10.15 中的工具类 JsonParseUtil 就调用了 Gson 库中的类 Gson 的方法 fromJson()，该方法的第 1 个参数是 JSON 形式的数据，第 2 个参数是要从 JSON 数据中读取的数据的类型信息，此处是实体类 BookBean 的 LinkedList 集合，因此该 JSON 数据中存储的是 1 种或多种书籍的信息。示例 10.16 的应用程序中使用变量 jsonData 存储了两种书籍的 JSON 数据，调用工具类 JsonParseUtil 进行解析后输出。

示例 10.15：JsonParseUtil.java

```
import java.lang.reflect.Type;
import java.util.LinkedList;
import java.util.List;
import com.google.gson.Gson;
import com.google.gson.reflect.TypeToken;
public class JsonParseUtil {
    public static List<BookBean>
            getBooksByJsonString(String jsonData) {
        Type listType=new TypeToken<LinkedList<BookBean>>(){}.getType();
        Gson gson=new Gson();
        LinkedList<BookBean>books=gson.fromJson(jsonData, listType);
        return books;
    }
}
```

示例 10.16：TestParseJson.java

```java
package cn.buu.edu.jsonparse;
import java.util.List;
public class TestParseJson {
public static void main(String[] args) {
    String jsonData="[{\"title\":\"Java面向对象程序设计\",
            \"authors\":[\"孙连英\",\"刘畅\",\"彭涛\"],
            \"isbn\":\"9787302489078\",
            \"press\":\"清华大学出版社\",
            \"price\":\"45.0\"},"
                +"{\"title\":\"XML技术与应用\",
            \"authors\":[\"彭涛\", \"孙连英\"],
            \"isbn\":\"9787302284666\",
            \"press\":\"清华大学出版社\",
            \"price\":\"29.5\"}]";
    List<BookBean>list=JsonParseUtil.getBooksByJsonString(jsonData);
    for(int i=0; i<=list.size()-1; i++) {
        System.err.println("****************************");
        System.out.println(list.get(i));
    }
}
}
```

示例程序 10.16 的运行结果如图 10.22 所示。

```
Problems  @ Javadoc  Declaration  Search  Console ⊠  LogCat
<terminated> TestParseJson [Java Application] C:\Program Files\Java\jre8\bin\javaw.exe (2018年1月11日 下午2:38:00)
****************************
书名：Java面向对象程序设计
        作者：[孙连英，刘畅，彭涛]
        ISBN: 9787302489078
        出版社：清华大学出版社
        价格：45.0
****************************
书名：XML技术与应用
        作者：[彭涛，孙连英]
        ISBN: 9787302284666
        出版社：清华大学出版社
        价格：29.5
```

图 10.22　把 JSON 字符串转换为对象集合

10.6　JSON 与 XML 的比较

如果只是表达一个数据结构,把一组数据作为一个整体进行存储或传输,这就是一个轻量级的应用,此时既可以使用 JSON,也可以使用 XML。相对于 JSON 而言,XML 算是重量级的数据格式,这主要体现在解析上。DOM 把一个 XML 整体解析成一个 DOM 对象,这一点和 JSON 把 JSON 文字解析成对象是相同的。而 SAX 则是一个事件驱动的解析方法,不需要把整个 XML 文档都解析完,就可以对解析出的内容进行处理。每当解析出特定的对象时,就会通知到对应解析处理器的代码进行处理,程序也可以随时终止解析。

如果在网络上传输数据流,那么在传输过程中,已传输的部分就已经被处理了。这一点 JSON 是做不到的,至少目前的 JSON 程序组件并不支持这种解析方法,JSON 只提供整体解析的方案。

在普通的 Web 应用中,无论是服务器端生成或处理 XML,还是客户端使用 JavaScript 解析 XML,都常常导致比较复杂的代码。此外,在 JavaScript 语言中不仅会把来自 Web 表单的数据放到请求中,而且经常使用对象表示数据。在这种情况下,从 JavaScript 对象中提取数据,然后再将数据放到名称-值的对或者 XML,就有些多此一举,此时适合使用 JSON。JSON 为 Web 应用开发者提供了另外一种数据交换格式,允许将 JavaScript 对象转换为可以随请求发送的数据,同步或异步通信模式均可。但是,JSON 只提供了整体解析方案,这种方法只在解析较少的数据时才有良好的效果,而 XML 提供了对大规模数据的逐步解析方案,这种方案适用于对较大数据量的处理。

在编码上,虽然 XML 和 JSON 都有各自的解析工具,但是 JSON 的解析要比 XML 稍微简单;与 XML 一样,JSON 也是基于文本的,且它们都使用 Unicode 编码,与数据交换格式 XML 一样具有可读性。主观上看,JSON 更清晰且冗余更少。JSON 官方网站提供了对 JSON 语法的严格描述,只是描述较简短。总体上看,XML 比较适于标记文档,而 JSON 更适于进行较小数据量的数据交换。

10.7　JSON 的应用

在互联网时代,把网站的服务封装成一系列计算机易识别的数据接口开放出去,供第三方开发者使用,这种行为叫作 Open API(应用程序接口),提供 Open API 的平台本身被称为开放平台。

淘宝开放平台(Taobao Open Platform)项目是淘宝(中国)软件有限公司面向第三方应用开发者,提供 API 和相关开发环境的开放平台。软件开发者可通过淘宝 API 获取淘宝用户信息、淘宝商品信息、淘宝商品类目信息、淘宝店铺信息、淘宝交易明细信息、淘宝商品管理等信息,并建立相应的电子商务应用。同时,它将为开发者提供整套的淘宝 API 的附加服务:测试环境、技术咨询、产品上架、版本管理、收费策略、市场销售、产品评估等。

在上述 API 中,调用之后返回的数据主要有 XML 和 JSON 两种格式。例如,在淘宝开放平台的商品 API 中,taobao.items.get 表示搜索商品信息的功能,该 API 根据传入的搜索条件获取商品列表(类似于淘宝页面上的商品搜索功能,但是只有搜索到的商品列表,不包含商品的 ItemCategory 列表)。搜索商品信息 API 返回的 XML 数据格式如图 10.23 所示,返回的 JSON 数据格式如图 10.24 所示。可以看出,在开放平台的数据交换上,XML 和 JSON 起着十分重要的作用。

```xml
01  <?xml version="1.0" encoding="utf-8" ?>
02  <items_get_response>
03      <items list="true">
04          <item>
05              <iid>
06                  a77d89756c91413df8a8f0aab0785be1
07              </iid>
08              <nick>
09                  tbtest649
10              </nick>
11          </item>
12          <item>
13              <iid>
14                  cc0dcf2eb954598b6eee101959b9b32a
15              </iid>
16              <nick>
17                  czhendong001
18              </nick>
19          </item>
20          <item>
21              <iid>
22                  85e5e5320efb4b5b8de15cc251deb292
23              </iid>
24              <nick>
25                  tbtest81
26              </nick>
27          </item>
28      </items>
29      <total_results>
30          3
31      </total_results>
32  </items_get_response>
33  <!--vm127.sqa-->
```

图 10.23　搜索商品信息 API 返回的 XML 数据格式

```json
01  {
02      "items_get_response": {
03          "items": {
04              "item": [{
05                  "iid": "a77d89756c91413df8a8f0aab0785be1",
06                  "nick": "tbtest649"
07              },
08              {
09                  "iid": "cc0dcf2eb954598b6eee101959b9b32a",
10                  "nick": "czhendong001"
11              },
12              {
13                  "iid": "85e5e5320efb4b5b8de15cc251deb292",
14                  "nick": "tbtest81"
15              }]
16          },
17          "total_results": 3
18      }
19  }
```

图 10.24　搜索商品信息 API 返回的 JSON 数据格式

习　题　10

1. XML 元素由_____、结束标记和两者之间的内容 3 个部分组成。

2. _____是解决 XML 元素名称冲突问题的方案。

3. 当 XML 文档符合_____时,称该文档是"良好格式的"(Well-formed)。

4. ＜?xml version＝"1.0" encoding＝"UTF-8" ?＞是一个_____。

5. JSON 表示的数据主要包括_____和_____。

6. 简要说明 DOM 解析 XML 数据的方法和步骤。

7. 简要说明 SAX 解析 XML 数据的方法和步骤。

8. 简要说明 JSON 的语法特点。

9. 比较 JSON 和 XML,并说明在结构化数据存储和交换中二者的应用情况。

10. 设计并编写课程类(CourseBean),编写程序,完成课程对象(1 个、多个)到 JSON 字符串的双向解析功能。

第 11 章

Android 网络开发技术

作为 Android 应用程序开发者,在应用程序的开发中不免会对网络进行访问,虽然现在已经有很多开源库可以帮助开发者访问网络,但是仍须了解网络访问的原理,这也是一个优秀开发人员必备的知识点。

本章主要讲授两部分内容:第一部分是服务器端的开发技术,主要使用 Java Servlet 技术实现,采用的开发工具为 MyEclipse,除了返回第 9 章中传统的 HTML 代码之外,Java Servlet 还可以返回第 10 章中讨论的 XML 和 JSON 格式的数据;第二部分是 Android 移动端的开发技术,基于 Java 语言,采用 Google Volley 和 OkHttp 等框架访问服务器端的 Java Servlet,包括 GET()方法和 POST()方法。

11.1 Java Web 开发技术

Java Web 开发技术的内容很多,其中使用最广泛的有 JSP 和 Java Servlet。本节主要讨论 JavaServer Pages(JSP),11.2 节将讨论 Java Servlet 开发技术。

JSP 是一种支持动态内容开发的网页技术。它可以帮助开发人员利用特殊的 JSP 标签,其中大部分以＜％开始,并以％＞作为结束标志插入 Java 代码到 HTML 页面。

JSP 组件是 Java Servlet 的一种特殊形式,其目的主要是完成 Java Web 应用程序用户界面的开发工作。Web 开发人员编写 JSP 为文本文件,结合 HTML 或 XHTML 代码、XML 元素,并嵌入 JSP 动作和命令。

使用 JSP 可以通过网页的形式从数据库或其他来源的记录收集来自用户的输入,并动态地创建 Web 页面。

JSP 标签可完成各种不同的任务,包括从数据库中检索信息或登记的用户偏好、访问 JavaBeans 组件、在页面之间传递控制和共享需求等。

JavaServer 页面往往服务于同一目的,使用通用网关接口(CGI)执行的方案。相比 CGI,JSP 有如下几个优点。

- 性能更好,因为 JSP 允许嵌入动态元素在 HTML 页面中,而不是只有一个单独的 CGI 文件。
- JSP 在请求处理之前经过了编译,它不同于 CGI/Perl 服务器,需要服务器在加载时解释,并在每次请求页面时处理目标脚本。
- JSP 建立在 Java Servlet 的 API 之上,所以就像 Servlet,JSP 也可以访问强大的企业 Java API 的所有功能,包括 JDBC、JNDI、EJB、JAXP 等。

- JSP 页面可以结合使用 Servlet 处理业务逻辑,通过 Java Servlet 模板引擎所支持的模型。

最后,JSP 是基于 J2EE 的企业级应用开发平台的一个组成部分。这意味着,JSP 可以开发最简单的应用程序,或作为最复杂的应用程序的一部分。

JSP 本质上是把 Java 代码嵌套到 HTML 中,然后经过 JSP 容器(如 Tomcat、Resin、WebLogic 等)的编译执行,再根据这些动态代码的运行结果生成对应的 HTML 代码,从而可以在客户端的浏览器中正常显示。

如果 JSP 页面是第一次被请求运行,服务器的 JSP 编译器就会生成 JSP 页面对应的 Java 代码,并且编译成类文件。当服务器再次收到对这个 JSP 页面的请求时,会判断这个 JSP 页面是否被修改过,如果被修改过,就重新生成 Java 代码并且重新编译,而且服务器中的垃圾回收方法会把没用的类文件删除;如果没有被修改过,服务器就会直接调用以前已经编译过的类文件。

JSP 的运行原理如图 11.1 所示。

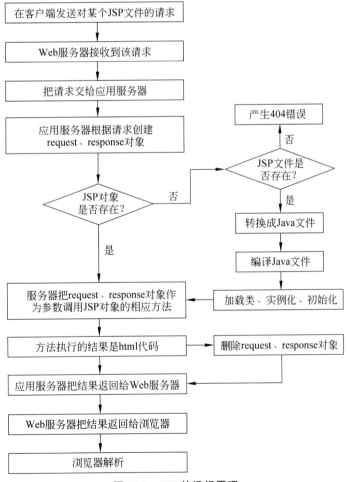

图 11.1　JSP 的运行原理

在 Java Web 开发技术中，JSP 的定位主要是作为程序运行结果的显示，即与用户交互的用户界面，这一点与 Android 应用程序开发中的 Activity 类似，后者可以使用特定的布局包含相应的控件显示相关内容，与用户进行交互。最重要的是，JSP 页面的运行结果是一个 HTML 文档，该文档包含了用户需要的数据内容，但也包含了相关的 HTML 格式标签、CSS 代码以及 JavaScript 代码。对于使用浏览器用户访问服务器来说，JSP 完全能够满足视图层的工作，但对于移动端的请求而言，原生的移动应用程序只需要请求的数据，关于如何显示，由移动应用程序本身负责完成。例如，Android 应用程序采用布局和控件实现交互界面。从这个角度讲，JSP 并不适合作为服务器端面向移动应用程序提供数据访问的实现技术。Java 服务器端开发技术中的 Servlet 则能够胜任这个工作。

11.2　Servlet 开发技术

Servlet 是一项服务器端技术，它接收来自 HTTP 的请求并返回 HTTP 响应。默认情况下，Servlet 是多线程的，Servlet 引擎只创建了一个 Servlet 实例，用多个线程执行 Servlet 的 service() 方法。Servlet 引擎向 Servlet 提供了一些标准的服务，其中包括身份验证、并行执行、内存管理等。

线程安全的 Servlet 应该保护共享资源不被同时访问。synchronized 保留字是保护共享资源的代码的一个有效方法。

如果 Servlet 代码不是线程安全的，那么修改 Servlet 类实现 SingleThreadModel 接口，Servlet 引擎会认为该 Servlet 是单线程的，并请求它一次只处理一个请求。

11.2.1　Servlet 概述

最常用的 Servlet 类型是为满足 HTTP 请求而设计的 HTTP Servlet，现在大部分 Web 服务器只支持 HTTP Servlet，如 WebLogic Server。HttpServlet 被扩展时，新类会继承一些方法实现，包含 init(ServletConfig c)、service(HttpServletRequest request，HttpServletResponse response)、destroy()。HttpServlet 的类继承结构如图 11.2 所示。

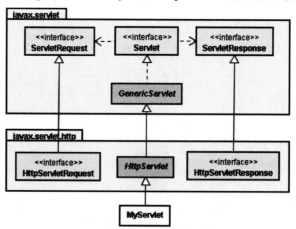

图 11.2　HttpServlet 的类继承结构

HttpServlet 继承了 GenericServlet 中的 service()方法,GenericServlet 类的 service()方法根据 HttpServletRequest 判断 HTTP 请求的类型,根据类型调用更专业的方法。HTTP 1.1 协议中的标准方法为 OPTIONS、GET、HEAD、POST、PUT、DELETE、TRACE、CONNECT,尽管实际上所有的 Servlet 只使用 GET()与 POST()方法,但 HttpServlet 类中的服务器方法可以处理 doOptions()、doGet()、doHead()、doPost()、doPut()、doDelete()、doTrace()等方法。

Servlet 的生命周期如图 11.3 所示。

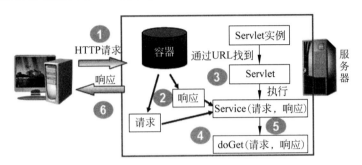

图 11.3　Servlet 的生命周期

Servlet 生命周期的各个阶段以及对应的回调方法如图 11.4 所示。

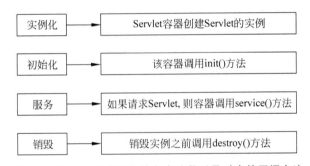

图 11.4　Servlet 生命周期的各个阶段以及对应的回调方法

要创建一个 HttpServlet,请扩展 HttpServlet 类,该类是用专门的方法处理 HTTP 请求的 GenericServlet 的一个子类。在实现 HttpServlet 时,很多情况下是在处理用户提交的 HMTL 表单(如用户登录、数据查询等)。HTML 表单是由<form>和</form>标记定义的。表单中典型地包含输入字段(如文本输入字段、复选框、单选按钮和选择列表等)和用于提交数据的按钮。当提交信息时,它们还指定服务器应执行哪个 Servlet(或其他的程序)。

HttpServlet 类包含 init()、service()、doGet()、doPost()、destroy()、GetServletConfig()和 GetServletInfo()方法。

1. init()方法

在 Servlet 的生命周期中仅执行一次 init()方法(类似于 Android 组件中 Activity 的 onCreate()方法),它是在服务器装入 Servlet 时执行的。可以配置服务器,以在启动服器或客户机首次访问 Servlet 时装入 Servlet。无论有多少客户机访问 Servlet，都不会重复执行 init()。

缺省的 init()方法通常是符合要求的，但也可以用定制 init()方法覆盖它，典型的是管理服务器端资源。例如，可以编写一个定制 init()用于一次装入 GIF 图像，改进 Servlet 返回 GIF 图像和含有多个客户机请求的性能。另一个示例是初始化数据库连接。缺省的 init()方法设置了 Servlet 的初始化参数，并用它的 ServletConfig 对象参数启动配置，因此所有覆盖 init()方法的 Servlet 应调用 super.init()，以确保仍然执行这些任务。在调用 service()方法之前，应确保已完成了 init()方法。

2. service()方法

service()方法是 Servlet 的核心。每当一个客户请求一个 HttpServlet 对象，该对象的 service()方法就要被调用，而且传递给这个方法一个"请求"（ServletRequest）对象和一个"响应"（ServletResponse）对象作为参数。HttpServlet 中已存在 service()方法。缺省的服务功能是调用与 HTTP 请求的方法相应的 do 功能。例如，如果 HTTP 请求的方法为 GET()，则缺省情况下就调用 doGet()。Servlet 应该为 Servlet 支持的 HTTP 方法覆盖 do 功能。因为 HttpServlet.service()方法会检查请求方法是否调用了适当的处理方法，不必覆盖 service()方法，只覆盖相应的 do()方法就可以了。

Servlet 的响应可以是下列几种类型：

- 一个输出流，浏览器根据它的内容类型（如 text/HTML）进行解释。
- 一个 HTTP 错误响应，重定向到另一个 URL、Servlet、JSP。

3. doGet()方法

当一个客户通过 HTML 表单发出一个 HTTP GET 请求或直接请求一个 URL 时，doGet()方法被调用。与 GET 请求相关的参数添加到 URL 的后面，并与这个请求一起发送。当不会修改服务器端的数据时，应该使用 doGet()方法。

4. doPost()方法

当一个客户通过 HTML 表单发出一个 HTTP POST 请求时，doPost()方法被调用。与 POST 请求相关的参数作为一个单独的 HTTP 请求从浏览器发送到服务器。当需要修改服务器端的数据时，应该使用 doPost()方法。

5. destroy()方法

destroy()方法仅执行一次，即在服务器停止且卸装 Servlet 时执行该方法。典型地，将 Servlet 作为服务器进程的一部分关闭。缺省的 destroy()方法通常是符合要求的，但也可以覆盖它，典型的是管理服务器端资源。例如，如果 Servlet 在运行时会累计统计数据，则可以编写一个 destroy()方法，该方法用于在未装入 Servlet 时将统计数字保存在文件中。另一个示例是关闭数据库连接。

当服务器卸装 Servlet 时，将在所有 service()方法调用完成后，或在指定的时间间隔后调用 destroy()方法。一个 Servlet 在运行 service()方法时可能会产生其他线程，因此请确认在调用 destroy()方法时，这些线程已终止或完成。

6. GetServletConfig()方法

GetServletConfig()方法返回一个 ServletConfig 对象，该对象用来返回初始化参数和 ServletContext。ServletContext 接口提供有关 Servlet 的环境信息。

7. GetServletInfo()方法

GetServletInfo()方法是一个可选的方法，它提供有关 Servlet 的信息，如作者、版本、版权。

当服务器调用 Servlet 的 service()、doGet()和 doPost()方法时，均需要"请求"和"响应"对象作为参数。"请求"对象(request)提供有关请求的信息，而"响应"对象(response)提供将响应信息返回给浏览器的通信途径。

javax.servlet 软件包中的相关类为 ServletResponse 和 ServletRequest，而 javax.servlet.http 软件包中的相关类为 HttpServletRequest 和 HttpServletResponse。Servlet 通过这些对象与服务器通信，并最终与客户机通信。Servlet 能通过调用"请求"对象的方法获知客户机环境、服务器环境的信息和所有由客户机提供的信息。Servlet 可以调用"响应"对象的方法发送响应，该响应是准备发回客户机的。

下面编写第一个 Servlet。

11.2.2　编写第一个 Servlet

在 MyEclipse 中创建一个 Web Project，如图 11.5 所示，项目名称为 ServletDemo，详细信息如图 11.6 所示。

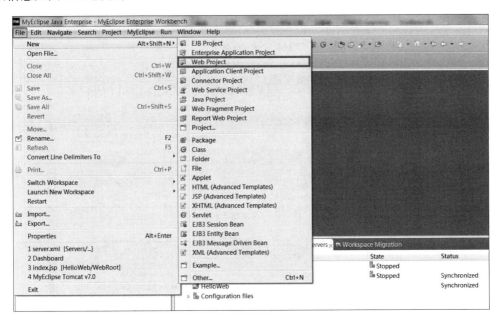

图 11.5　新建 Web Project

本机获得的 IP 地址为 10.11.65.233(内部 IP 地址，非互联网 IP 地址)，在内网中均可通过该 IP 地址访问 Web 服务器(MyEclipse 自带的 Apache Tomcat 7.0)，使用本机的浏览器访问，结果如图 11.7 所示。读者在使用的时候可以把 10.11.65.233 替换为 localhost 或 127.0.0.1，或 Tomcat 服务器所在计算机的内网或 Internet IP 地址。

图 11.6　设置 Web Project 的详细信息

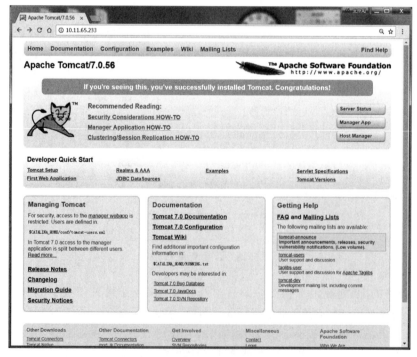

图 11.7　访问 Tomcat 服务器默认主页

把 ServletDemo 项目部署到 MyEclipse 自带的 Tomcat 7.0 上,通过浏览器访问。部署方法:选择工具栏中的部署按钮(提示信息为 Manage Deployments...),出现如图 11.8 所示的对话框,在 Module 中选择 ServletDemo,单击 Add 按钮,出现如图 11.9 所示的 Web 服务器列表,选择 Choosing an existing server,在服务器列表中选择 MyEclipse Tomcat v7.0,单击 Finish 按钮就完成了该项目的部署。

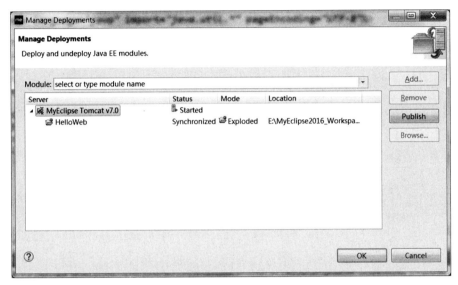

图 11.8　选择要部署的 Web Project

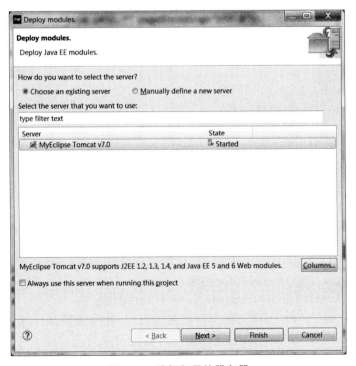

图 11.9　选择部署的服务器

部署成功后,通过浏览器访问 ServletDemo 项目,运行结果如图 11.10 所示。

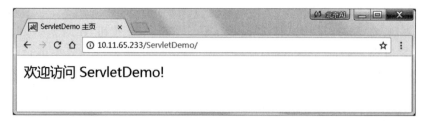

图 11.10　ServletDemo 项目的运行结果

以上运行结果表明,Tomcat 服务器运行正常,并且 ServletDemo 项目已成功部署到 Tomcat 服务器上,可以正常访问了。

部署成功后,MyEclipse 中的 Servers 管理界面如图 11.11 所示。

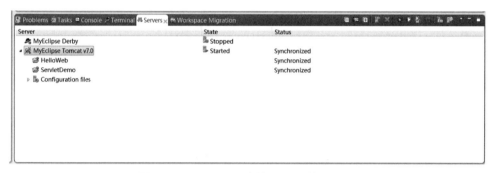

图 11.11　MyEclipse 中的 Servers 管理界面

下面编写第一个 Java Servlet,定义类 FirstServlet,并从 HttpServlet 类继承。由于不涉及表单数据的提交,因此只重写 doGet()方法。代码如下:

```java
//省略了 package 和 import 语句
@WebServlet("/FirstServlet")
public class FirstServlet extends HttpServlet {
    private static final long serialVersionUID=1L;
    public FirstServlet() {
        super();
    }
    protected void doGet(HttpServletRequest request,
                                  HttpServletResponse response)
        throws ServletException, IOException {
        response.setContentType("text/html;charset=UTF-8");
        response.setCharacterEncoding("UTF-8");
        PrintWriter out=response.getWriter();
        out.println("<!DOCTYPE HTML PUBLIC "-//W3C//DTD HTML 4.0
            Transitional//EN">");
        out.println("<HTML>");
        out.println("<HEAD><title>ServletDemo-推荐图书
```

```
</title>");
        out.println("</HEAD>");
        out.println("<BODY leftmargin='66'><h3>推荐图书</h3>");
        out.println("<br>书名:Java 面向对象程序设计");
        out.println("<br>作者:孙连英、刘畅、彭涛");
        out.println("<br>ISBN:9787302489078");
        out.println("<br>出版社:清华大学出版社");
        out.println("<br>出版日期:2017 年 12 月");
        out.println("<br>购买链接:<a href='https://www.amazon.cn/
dp/B078B3YCGT/'>亚马逊</a>");
        out.println("<br><img height='250' width='160'
src='/ServletDemo/images/Java.jpg'>");
        out.println("</BODY>");
        out.println("</HTML>");
        out.close();
    }
}
```

通过浏览器访问,访问的 URL 为 http://10.11.65.233/ServletDemo/ FirstServlet,运行结果如图 11.12 所示。

图 11.12　FirstServlet 的运行结果

FirstServlet 类的 doGet()方法中,代码 response.setContentType("text/html");非常重要,这个方法设置发送到客户端的响应的内容类型,此时响应还没有提交。给出的内容类型可以包括字符编码说明,如 text/html;charset＝UTF-8。如果该方法在 getWriter()方法被调用之前调用,那么响应的字符编码将仅从给出的内容类型中设置。如果该方法在 getWriter()方法被调用之后或者被提交之后调用,将不会设置响应的字符编码,在使用 HTTP 的情况中,该方法设置 Content-type 实体报头。

因此,一般在 Servlet 中,习惯性地会在 doGet()方法或 doPost()方法的最前面,首先设置请求、响应的内容类型以及编码方式:

```
response.setContentType("text/html;charset=UTF-8");
request.setCharacterEncoding("UTF-8");
```

但是,与 JSP 默认的响应返回类型是 HTML 页面不同的是,Java Servlet 除了返回 HTML 页面之外,还可以返回 XML、JSON 类型的数据,甚至可以是二进制图片、Word 文档、Zip 和 RAR 文档等。在移动端应用程序和服务器端进行数据访问和数据交换时,经常使用 Servlet 返回 JSON 和 XML 类型的数据。下面编写一个以 XML 形式返回上述图书信息的 Servlet。

11.2.3　返回 XML 的 Servlet

在 Servlet 中设置返回 XML 格式的数据非常简单,可把 FirstServlet 类中 doGet()方法的设置响应类型的代码改为

response.setContentType("text/xml;charset=UTF-8");

把返回类型从 text/html 改为 text/xml,就完成了返回 XML 格式数据的设置! 只不过,在后面的代码中也需要使用 getWriter()方法返回的 PrintWriter 对象输出 XML 格式(而不是像 FirstServlet 中一样,输出 HTML 代码)的数据并返回。

首先设计如下的 XML 文档格式存储图书信息:

```xml
<?xml version='1.0' encoding='UTF-8'?>
<book>
    <title>Java 面向对象程序设计</title>
    <authors>
        <author>孙连英</author>
        <author>刘畅</author>
        <author>彭涛</author>
    </authors>
    <ISBN>9787302489078</ISBN>
    <press>清华大学出版社</press>
    <publishDate>2017-12-01</publishDate>
    <ASIN>B078B3YCGT</ASIN>
</book>
```

然后编写类 XMLServlet,重写其 doGet()方法,在该方法中设置其返回类型为 text/xml,并设置编码方式为 UTF-8,之后通过 PrintWriter 对象把上述 XML 格式的数据输出到网页的 body 元素中,代码如下:

```java
@WebServlet("/XMLServlet")
public class XMLServlet extends HttpServlet {
    private static final long serialVersionUID=1L;
        public XMLServlet() {
        super();
```

```
        }
        protected void doGet(HttpServletRequest request,
                             HttpServletResponse response)
            throws ServletException, IOException {
            response.setContentType("text/xml;charset=UTF-8");
            response.setCharacterEncoding("UTF-8");
            PrintWriter out=response.getWriter();
            out.println("<?xml version='1.0' encoding='UTF-8'?>");
            out.println("<book>");
            out.println("<title>Java面向对象程序设计</title>");
            out.println("<authors>");
            out.println("<author>孙连英</author>");
            out.println("<author>刘畅</author>");
            out.println("<author>彭涛</author>");
            out.println("</authors>");
            out.println("<ISBN>9787302489078</ISBN>");
            out.println("<press>清华大学出版社</press>");
            out.println("<publishDate>2017-12-01</publishDate>");
            out.println("<ASIN>B078B3YCGT</ASIN>");
            out.println("</book>");
            out.close();
        }
    }
```

通过浏览器访问 XMLServlet。使用 Google Chrome 浏览器（版本 67.0.3396.62）访问的结果如图 11.13 所示。使用 Internet Explorer 浏览器（版本 10）访问的结果如图 11.14 所示。

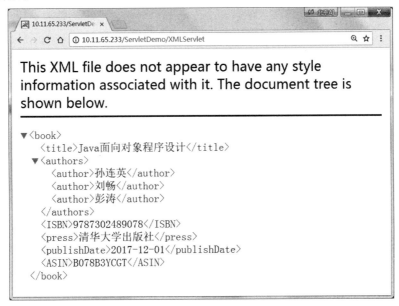

图 11.13　XMLServlet 运行结果（Chrome 浏览器）

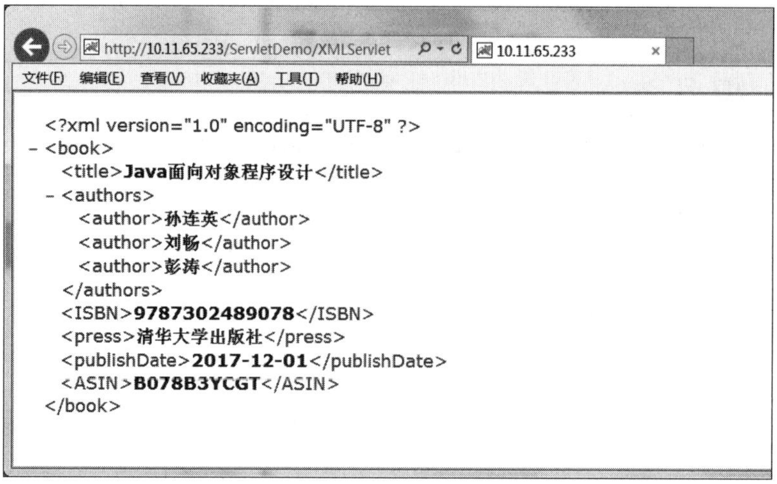

图 11.14 XMLServlet 运行结果（Internet Explorer 浏览器）

由于 XML 文档是树状结构，并且在 XMLServlet 中没有给返回的 XML 数据指定显示的样式，因此 Chrome 和 Internet Explorer 浏览器各自采用自身默认的树状显示样式显示 XMLServlet 返回的 XML 数据。

11.2.4 返回 JSON 的 Servlet

在 Servlet 中设置返回 JSON 格式的数据非常简单，可把 Servlet 类中 doGet()方法的设置响应类型的代码改为

response.setContentType("text/json;charset=utf-8");

把返回类型设置为 text/json，就完成了返回 JSON 格式数据的设置！
定义一个实体类 BookBean，代码如下：

```
public class BookBean {
    public BookBean() {
    }
    //省略了成员变量的 get()和 set()方法
    private String title;
    private String ISBN;
    private String ASIN;
    private String authors;
    private double price;
    private String press;
    private String publishDate;
}
```

定义类 JSONServlet，代码如下：

@WebServlet("/JSONServlet")

```
public class JSONServlet extends HttpServlet {
    private static final long serialVersionUID=1L;
    public JSONServlet() {
        super();
    }
    protected void doGet(HttpServletRequest request,
                            HttpServletResponse response)
        throws ServletException, IOException {
        response.setContentType("text/json;charset=UTF-8");
        response.setCharacterEncoding("UTF-8");
        PrintWriter out=response.getWriter();
        BookBean book=new BookBean();
        book.setTitle("Java 面向对象程序设计");
        book.setISBN("9787302489078");
        book.setPress("清华大学出版社");
        book.setPublishDate("2017-12-01");
        book.setASIN("B078B3YCGT");
        book.setAuthors("孙连英, 刘畅, 彭涛");
        Gson gson=new Gson();
        String json=gson.toJson(book);
        out.println(json);
        out.close();
    }
}
```

JSONServlet 的运行结果(Chrome 浏览器)如图 11.15 所示。

图 11.15　JSONServlet 的运行结果(Chrome 浏览器)

JSONServlet 的运行结果(Internet Explorer 浏览器)如图 11.16 所示。

服务器端的 Servlet,无论是返回 XML 数据,还是返回 JSON 数据,一旦客户端应用程序接收到这些数据,就可以解析上述数据,解析结果一般为相应实体类的对象(如 BookBean)或实体类对象的集合(如 List <BookBean>),之后即可从解析结果中读取相关数据,进行显示或下一步处理。11.3 节就使用第三方 HTTP 开发框架编写应用程序,通过 GET 方式访问本节中编写的多个 Servlet。

图 11.16　JSONServlet 的运行结果（Internet Explorer 浏览器）

11.3　GET 方式访问 Servlet

11.3.1　使用 Apache HttpComponents

与 9.6.1 节 Apache HttpComponents 中访问指定的网页类似，编写类 TestHCByGet，代码如下：

```
//省略了 package 与 import 语句
public class TestHCByGet {
    private static final String USER_AGENT="Mozilla/5.0";
    private static final String GET_URL=
    "http://10.11.65.233/ServletDemo/FirstServlet";
    public static void main(String[] args) throws IOException {
        sendGET();
        System.out.println("GET DONE");
    }

    private static void sendGET() throws IOException {
        CloseableHttpClient httpClient=HttpClients.createDefault();
        HttpGet httpGet=new HttpGet(GET_URL);
        httpGet.addHeader("User-Agent", USER_AGENT);
        CloseableHttpResponse httpResponse=httpClient.execute(httpGet);
        System.out.println("GET Response Status->"+
            httpResponse.getStatusLine().getStatusCode());
        BufferedReader reader=new BufferedReader(
                new InputStreamReader(httpResponse
                .getEntity().getContent(), "UTF-8"));
        String inputLine;
        StringBuffer response=new StringBuffer();
        while((inputLine=reader.readLine()) !=null) {
            response.append(inputLine);
        }
        reader.close();
```

```
            System.out.println(response.toString());
            httpClient.close();
        }
    }
}
```

上述程序的运行结果如图 11.17 所示。

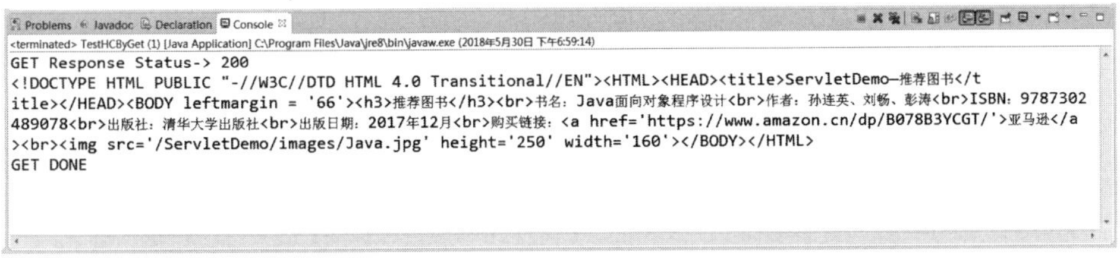

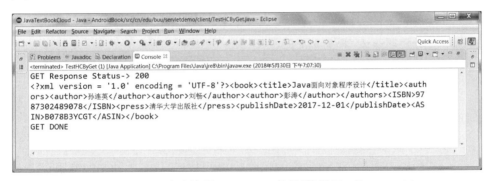

图 11.17　GET()方法访问 FirstServlet 结果(使用 HttpComponents)

把上述程序中的静态常量 GET_URL 的值修改为 http://10.11.65.233/
ServletDemo/XMLServlet,程序的运行结果如图 11.18 所示。可以看出,在 sendGet()方
法中,String 类型的变量 response 存储了 Servlet 返回给客户端(此处的客户端不再是浏
览器,而是自行开发的 Java 应用程序)。得到 Servlet 返回的 XML 数据之后,可以采用第
10 章中 XML 的解析技术从 XML 数据中解析获得其中包含的数据。

图 11.18　GET()方法访问 XMLServlet 结果(使用 HttpComponents)

把上述程序中的静态常量 GET_URL 的值修改为 http://10.11.65.233/
ServletDemo/JSONServlet,程序的运行结果如图 11.19 所示。

图 11.19　GET()方法访问 JSONServlet 结果(使用 HttpComponents)

与获得的 XML 数据一样，访问 JSONServlet 也获得了该 Servlet 返回的 JSON 数据。增加解析该数据的代码（使用了 Google Gson 解析包），具体代码如下：

```java
//省略了 package 和 import 语句
public class TestHCByGet {
    private static final String USER_AGENT="Mozilla/5.0";
    private static final String GET_URL=
        "http://10.11.65.233/ServletDemo/JSONServlet";
    public static void main(String[] args) throws IOException {
        String jsonData=sendGET();
        System.out.println("GET DONE");
        BookBean book=TestHCByGet.getBookBeanFromJsonString(jsonData);
        System.out.println("图书名称:"+book.getTitle());
        System.out.println("图书作者:"+book.getAuthors());
        System.out.println("ISBN 号:"+book.getISBN());
        System.out.println("出版社:"+book.getPress());
        System.out.println("出版日期:"+book.getPublishDate());
        System.out.println("ASIN 号:"+book.getASIN());
    }
    public static BookBean getBookBeanFromJsonString(String jsonData) {
        BookBean book=null;
        Gson gson=new Gson();
        book=gson.fromJson(jsonData, BookBean.class);
        return book;
    }
    private static String sendGET() throws IOException {
        CloseableHttpClient httpClient=HttpClients.createDefault();
        HttpGet httpGet=new HttpGet(GET_URL);
        httpGet.addHeader("User-Agent", USER_AGENT);
        CloseableHttpResponse httpResponse=httpClient.execute(httpGet);
        System.out.println("GET Response Status->"
            +httpResponse.getStatusLine().getStatusCode());
        BufferedReader reader=new BufferedReader(new InputStreamReader(
            httpResponse.getEntity().getContent(), "UTF-8"));
        String inputLine;
        StringBuffer response=new StringBuffer();
        while((inputLine=reader.readLine()) !=null) {
            response.append(inputLine);
        }
        reader.close();
        System.out.println(response.toString());
        httpClient.close();
        return response.toString();
    }
}
```

上述程序的运行结果如图 11.20 所示。

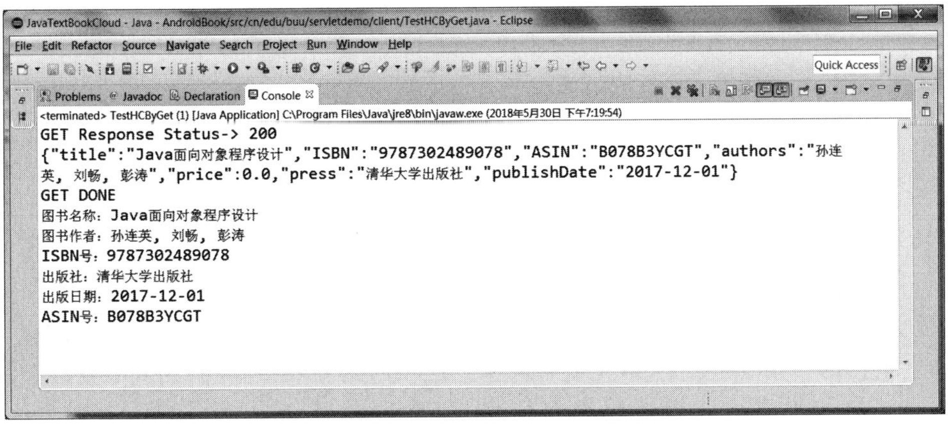

图 11.20　解析 JSON 数据的结果（使用 Gson）

通过在命令行的输出可以看出，在这个基于命令行的 Java 应用程序中，使用 Apache HttpComponents 组件，通过 GET() 方法访问了 JSONServlet，之后使用 Google Gson 解析包成功获得包含正确数据的实体类对象，也就完成了从服务器端到客户端传递实体类对象的任务，这也是数据交换最核心的工作。JSON 在这个数据交换中作为数据传输和交换的中间格式，发挥了重要的作用。

上述代码是以基于命令行的 Java 应用程序实现和运行的。同样的代码也能在 Android 应用程序中运行。需要注意的是，由于需要访问网络，因此在 AndroidManifest. xml 配置文件中要添加访问网络权限的声明：

```
<uses-permission android:name="android.permission.INTERNET"/>
```

11.3.2　使用 Google Volley

前面说过使用第三方库需要添加相关依赖，打开 build.gradle 文件，在 dependencies 中添加 volley 的依赖，并添加图片加载的依赖，代码如下：

```
//Google volley
compile 'com.android.volley:volley:1.1.0'
//图片加载
compile 'com.squareup.picasso:picasso:2.5.2'
```

接下来创建一个用 Google Volley 框架进行网络请求的工具类 VolleyApi.java，代码如下：

```
public class VolleyApi {
    private static final String URL= "http://devg.bjpygh.com/Amazon/";
public static void GET(Context context, String api,
                        Response.Listener listener) {
        RequestQueue queue=Volley.newRequestQueue(context);
        StringRequest stringRequest=new StringRequest
```

```
                (Request.Method.GET,URL+api,
                listener, new Response.ErrorListener() {
            @Override
            public void onErrorResponse(VolleyError error) {
                Log.d("error is : ", error.toString());
            }
        });
        queue.add(stringRequest);
    }
}
```

工具类已经封装好了 get()方法，可以直接调用，其中静态常量 URL 是要访问的服务器地址，get()方法中需要传递 3 个参数：第一个参数是上下文；第二个参数是接口地址，包括拼接的参数；第三个参数是监听对象。现在回到主页中，调用获取书籍信息列表的接口；网络请求需要获取手机网络请求权限，打开 AndroidManifest.xml 文件，在 manifest 中添加如下代码：

```
<uses-permission android:name="android.permission.INTERNET" />
```

接下来就可以发起网络请求了。在 MainActivity.java 中添加网络请求的方法，并在 init()方法中调用，代码如下：

```
private void httpRequest() {
    VolleyApi.GET(this, "getBookList", new Response.Listener() {
        @Override
        public void onResponse(Object response) {
            Log.d("response is:", response.toString());
        }
    });
}
```

运行项目之后打开 Logcat，在 Verbose 中输入 response，Logcat 中会展示网络请求得到的返回数据，如图 11.21 所示。

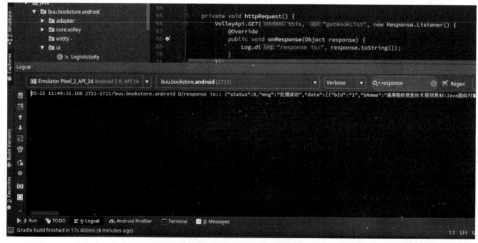

图 11.21　　Logcat 信息

11.3.3　使用 OkHttp

编写访问 JSONServlet 的类 OkHttpGetExample，代码如下：

```
//省略了 package 和 import 语句
public class OkHttpGetExample {
    private static final String GET_URL=
        "http://10.11.65.233/ServletDemo/JSONServlet";
    OkHttpClient client=new OkHttpClient();
    String run(String url) throws IOException {
        Request request=new Request.Builder().url(url).build();
        try(Response response=client.newCall(request).execute()) {
            return response.body().string();
        }
    }
    public static void main(String[] args) throws IOException {
        OkHttpGetExample example=new OkHttpGetExample();
        String response=example.run(GET_URL);
        System.out.println(response);
        BookBean book=TestHCByGet.getBookBeanFromJsonString(response);
        System.out.println("图书名称:"+book.getTitle());
        System.out.println("图书作者:"+book.getAuthors());
        System.out.println("ISBN 号:"+book.getISBN());
        System.out.println("出版社:"+book.getPress());
        System.out.println("出版日期:"+book.getPublishDate());
        System.out.println("ASIN 号:"+book.getASIN());
    }
}
```

在上述程序中调用 TestHCByGet 类的工具方法 getBookBeanFromJsonString (String)，该方法的作用是把指定的 JSON 字符串转换为 BookBean 对象。该程序的运行结果如图 11.22 所示。

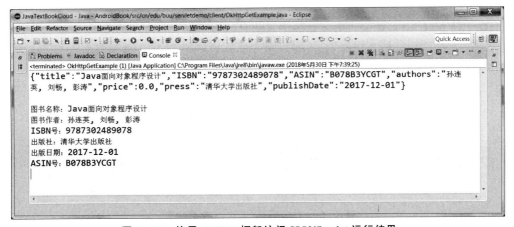

图 11.22　使用 OkHttp 框架访问 JSONServlet 运行结果

11.4　POST 方式访问 Servlet

11.4.1　使用 Google Volley

在 11.3.2 节中已经介绍了 Google Volley Get 方式请求网络数据，接下来讲解如何使用 Google Volley 发送 Post 请求。在 VolleyApi 类中添加 post( )方法，代码如下：

```
public static void POST(Context context,String api,
Response.Listener listener){
    RequestQueue queue=Volley.newRequestQueue(context);
    StringRequest stringRequest=new StringRequest(
                Request.Method.POST, URL+api,
                listener, new Response.ErrorListener() {
    @Override
    public void onErrorResponse(VolleyError error) {
        Log.d("error is : ", error.toString());
    }
});
    queue.add(stringRequest);
}
```

此方法需要传递 3 个参数：第一个参数是应用程序上下文；第二个参数是网络请求的地址；第三个参数是回调监听。打开程序，在 MainActivity 中添加 volley 的 post 网络请求，在 onCreate( )方法中添加如下代码：

```
String param="?bId=1";
VolleyApi.GET(this, "getBook"+param, new Response.Listener() {
    @Override
    public void onResponse(Object response) {
        Log.d("response>>>>", response.toString());
    }
});
```

在上面的代码中，我们通过 post 方式访问了 getBook 接口，其中需要传递一个参数 bId，在访问 getBookList 接口时返回的书籍信息列表数据中包含一个 bId 的参数，将其值传入就可以了，这里直接传入 1，表示获取 bId 为 1 的书籍信息详情。运行程序，查看 Logcat，打印的消息如图 11.23 所示。

图 11.23　Google Volley post 请求结果

11.4.2　使用 OkHttp

通过前面的学习，读者基本掌握了网络请求的方法，在功能上实现了网络请求，但是使用时会有一些问题，如使用 Google Volley 框架时，当需要传递大量参数的时候，对访问地址和参数拼接会很麻烦。下面通过 OkHttp 的 post() 方法的学习，对方法进行封装，变成工具类，以便于提高开发效率。

第一步依然是添加依赖。打开 build.gradle 文件，在 dependencies 中添加依赖，代码如下：

```
//okhttp
compile 'com.squareup.okhttp:okhttp:2.6.0'
```

创建一个工具类 OkHttp，代码如下：

```
public class OkHttp {
    private static final String HOST="http://devg.bjpygh.com/Amazon/";
    private String mUrlPath;
    private Request.Builder mRequestBuilder;
    private Callback mCallback;
    private Map<String, String>mParams;
    private static OkHttpClient HTTP_CLIENT=new OkHttpClient();
    public interface Callback<T>{
        void onDataReceived(T result);
    }
    private OkHttp(String path) {
        mRequestBuilder=new Request.Builder();
        mUrlPath=path;
        mParams=new HashMap<>();
    }
    public static OkHttp request(String path) {
        return new OkHttp(path);
    }
    public static Request buildPostRequest(Request.Builder builder,
        String url, RequestBody body) {
        return builder.url(url).post(body).build();
    }
    public static RequestBody keyValueForm(Map<String, String>params) {
        FormEncodingBuilder builder=new FormEncodingBuilder();
        for(String key : params.keySet()) {
            builder.add(key, params.get(key));
        }
        return builder.build();
    }
    public void send(OkHttp.Callback<JSONObject>callback) {
```

```java
        mCallback=callback;
        new AsyncTask<Void, Void, JSONObject>() {
            @Override
            protected JSONObject doInBackground(Void... params) {
                try {
                    RequestBody body=keyValueForm(mParams);
                    Request request=buildPostRequest(mRequestBuilder, HOST+
                        mUrlPath, body);
                    Response response=HTTP_CLIENT.newCall(request).execute();
                    return onProcessResponse(response);
                } catch(IOException e) {
                    e.printStackTrace();
                    return null;
                }
            }
            @Override
            protected void onPostExecute(JSONObject data) {
                mCallback.onDataReceived(data);
            }
        }.execute();
    }
    protected JSONObject onProcessResponse(Response response)
        throws IOException {
        if(!response.isSuccessful()) {
            return null;
        }
        ResponseBody body=response.body();
        JSONObject result=null;
        try {
            result=new JSONObject(body.string());
        } catch(JSONException e) {
            e.printStackTrace();
        }
        return result;
    }
    public OkHttp addParameter(String key, String value) {
        mParams.put(key, value);
        return this;
    }
}
```

封装的方法稍微复杂,首先看构造方法,构造方法需要传递一个接口路径,构造方法中会创建 Build 对象以及 Map 对象,Build 对象用于发起请求,Map 对象用于存储请求参数。在使用过程中,不是直接创建 OkHttp 的对象,而是在 request(String path)方法中创建。

接下来看 addParameter(String key，String value)方法，通过这个方法可以将请求参数存入 Map 中，存入后，通过 keyValueForm(Map＜String，String＞ params)方法将参数放到 build 对象的请求体中。

最后，在 send()方法中发起请求，接下来开始使用，看是否方便，更改 MainActivity 中获取书籍详情接口的方式，代码如下：

```
OkHttp.request("getBook")
    .addParameter("bId", "1")
    .send(new OkHttp.Callback<JSONObject>() {
        @Override
        public void onDataReceived(JSONObject result) {
            Log.d("response:>:>:>", result.toString());
        }
    });
```

在上面的代码中，通过调用 addParameter()方法传递请求参数，这样可以使代码更清晰。如果需要传递多个参数，则继续在 addParameter()后调用此方法即可，代码如下：

```
OkHttp.request("getBook")
    .addParameter("bId", "1")
    .addParameter("XXX", "X")
    …
    .send(…);
```

运行程序，查看 Logcat 中的日志，返回参数如图 11.24 所示。

图 11.24　OkHttp post 请求结果

习　题　11

1. HTTP 访问方法中最常用的是＿＿＿＿方法和＿＿＿＿方法，其中＿＿＿＿方法会把浏览器传递给服务器的数据附加在访问的 URL 后面，而＿＿＿＿方法则把数据在 HTTP 中单独存储和传输。

2. 在 Servlet 中如何设置返回类型为 XML 类型？如何指定字符编码方式为 UTF-8？

3. 在 Servlet 中如何设置返回类型为 JSON 类型？如何指定字符编码方式为

UTF-8?

4. 简要说明 Java Web 开发技术中 Servlet 和 JSP 的关系，包括联系和区别。

5. 编写 Android 应用程序，使用 Google Volley 框架访问 Internet 上的天气查询服务，在应用程序界面上选择城市后，显示天气查询的结果。

6. 编写 Android 应用程序，使用 OkHttp 框架访问 Internet 上的天气查询服务，在应用程序界面上选择城市后，显示天气查询的结果。

7. 编写应用程序，包括服务器端应用程序和 Android 应用程序。整个程序的功能是在 Android 应用程序中输入课程名称，之后从服务器上进行课程查询后在 Android 应用程序中显示查询结果（要求：支持课程名称的模糊查询）。

第12章

Android App 开发案例

12.1　服务器端程序开发

网上书城案例 Android 端需要与服务器端服务器进行交互，如用户登录、获取书籍信息、用户下单等，都需要服务器端服务器返回数据，所以在讲 Android 端开发之前，需要初步了解服务器端程序的内容，从前端到后端，再到数据库的逻辑流程。

12.1.1　创建 Web 项目

关于网上书城案例开发，其中服务器端程序开发采用的工具是 IntelliJ IDEA，安装工具后打开，配置好 Java JDK 的路径，然后新建一个项目，项目类型选择 Java 中的 Web Application，如图 12.1 所示。

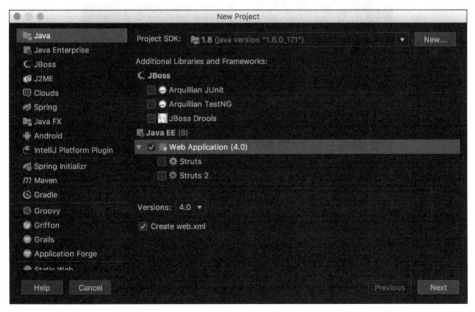

图 12.1　创建 Java Web 项目

单击 Next 按钮，填入项目名称 bookstore 后，单击 Finish 按钮，项目创建完成。接下来在项目的 Web 目录下的 WEB-INF 中添加需要引入的 jar 包：一个是 gson 的 jar 包；一个是数据库连接的 jar 包，如图 12.2 所示。

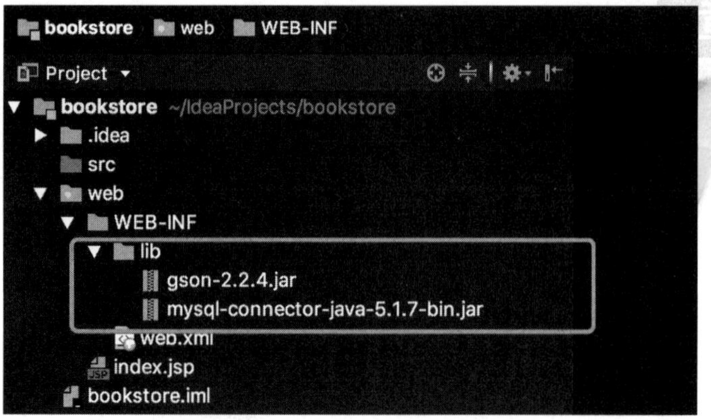

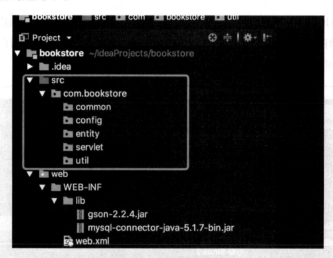

图 12.2　引入相关的 jar 包

完成项目的目录结构。和 Android 端的开发一样,需要对代码文件进行分类,将不同功能的 jar 包放入不同的包中。包的结构目录如图 12.3 所示,这样,一个基本的 Java Web 项目结构就创建好了。

图 12.3　包的目录结构

12.1.2　数据库访问

在项目的 util 包中创建一个数据库连接工具类 DBUtil.java 文件,代码如下:

```java
public class DBUtil {
    private static final String URL="jdbc:mysql://127.0.0.1:3306/ bookstore?
        useUnicode=true&characterEncoding=UTF-8&autoReconnect=true&rewrite_
        BatchedStatements=TRUE";
    private static final String USER="root";
    private static final String PASSWORD="root";
    private static Connection conn=null;
```

```
static {
    try {
        //1.加载驱动程序
        Class.forName("com.mysql.jdbc.Driver");
        //2.获得数据库的连接
        conn=DriverManager.getConnection(URL, USER, PASSWORD);
    } catch(ClassNotFoundException e) {
        e.printStackTrace();
    } catch(SQLException e) {
        e.printStackTrace();
    }
}
public static Connection getConnection(){
    return conn;
}
}
```

数据库连接工具中设置了 3 个参数，分别是连接 MySQL 数据库的地址、账户名以及密码，这里的 127.0.0.1 指向的是本机地址，需要本机安装 MySQL 数据库，并创建一个名为 bookstore 的数据库，其中表的内容和数据在第 3 章已经介绍过。

下面创建一个 Servlet，通过访问网络从而获得数据库中的数据，在 Servlet 中添加一个获取书籍列表的类 BookListServlet.java，从数据库获取所有书籍信息，代码如下：

```
public class BookListServlet extends HttpServlet {
    @Override
    protected void doGet(HttpServletRequest req,
                    HttpServletResponse resp)
                    throws ServletException, IOException {
        req.setCharacterEncoding("UTF-8");
        resp.setCharacterEncoding("UTF-8");
        resp.setHeader("content-type", "text/html;charset=UTF-8");
        PrintWriter writer=resp.getWriter();
        Connection conn=null;
        try {
            conn=DBUtil.getConnection();
            ResultSet resultSet=conn.prepareStatement("SELECT b_id, b_name,
                b_unitPrice, b_star, b_picture FROM book").executeQuery();
            while(resultSet.next()) {
                System.out.println(resultSet.getString("b_name"));
            }
        } catch(SQLException e) {
            e.printStackTrace();
        } finally {
            writer.flush();
```

```
        writer.close();
    }
  }
}
```

通过 DBUtil.getConnection()方法获取数据库连接,再通过 conn.prepareStatement()方法执行 SQL 语句,从数据库获取数据,Servlet 完成后,需要在 web.xml 中注册 Servlet,代码如下:

```
<!--获取书籍信息列表接口-->
<servlet>
    <servlet-name>BookListServlet</servlet-name>
    <servlet-class>com.bookstore.servlet.BookListServlet
        </servlet-class>
</servlet>
<servlet-mapping>
    <servlet-name>BookListServlet</servlet-name>
    <url-pattern>/getBookList</url-pattern>
</servlet-mapping>
```

接下来运行项目,在浏览器中访问 getBookList 接口,在控制台查看打印信息,如图 12.4 所示。

图 12.4　从数据库获取的书名

12.1.3　定义返回格式和状态

从数据库获取到数据后,需要把数据放到实体类中,在 entity 包中创建一个实体类 Book,包含书籍的价格、名称等属性,代码如下:

```
public class Book {
```

```
    private String bId;
    private String bIsbn;
    private String bPublish;
    private String bName;
    private String bAuthorOne;
    private String bAuthorTwo;
    private String bAuthorThree;
    private String bAuthorFour;
    private String bAuthorFive;
    private String bLanguage;
    private Long bFormat;
    private String bSize;
    private String bWeight;
    private Double bStar;
    private Long bRank;
    private Double bUnitprice;
    private String bDiscription;
    private String bStatus;
    private String bType;
    private String bPicture;
    private Integer quantity;
}
```

然后快捷生成 getter() 与 setter() 方法,完成后在 BookListServlet 中修改代码,具体代码如下:

```
List<Book>books=new ArrayList<>();
while(resultSet.next()) {
    Book book=new Book();
    book.setbId(resultSet.getString("b_id"));
    System.out.println(resultSet.getString("b_name"));
    book.setbName(resultSet.getString("b_name"));
    book.setbUnitprice(resultSet.getDouble("b_unitPrice"));
    book.setbStar(resultSet.getDouble("b_star"));
    book.setbPicture(resultSet.getString("b_picture"));
    books.add(book);
}
```

这样数据就解析成实体类,最后需要返回到 Android 应用程序前端,把数据再次封装,并返回处理的状态码,在 common 包中添加返回状态的类 Status,代码如下:

```
public class Status {
    private int status;                        //状态码
    private String msg;
    private Object data=new Object();          //用户要返回给浏览器的数据
    public static Status success(){
```

```java
        Status result=new Status();
        result.setStatus(0);
        result.setMsg("处理成功");
        return result;
    }
    public static Status fail(int status, String msg){
        Status result=new Status();
        result.setStatus(status);
        result.setMsg(msg);
        return result;
    }
    public Status add(Object value){
        this.setData(value);
        return this;
    }
    public int getStatus() {
        return status;
    }
    public void setStatus(int status) {
        this.status=status;
    }
    public String getMsg() {
        return msg;
    }
    public void setMsg(String msg) {
        this.msg=msg;
    }
    public Object getData() {
        return data;
    }
    public void setData(Object data) {
        this.data=data;
    }
}
```

其中 success()方法是处理成功后调用的方法,默认状态码是 0,在 BookListServlet 中使用,在 get()方法中创建 Status 的引用,代码如下:

```java
PrintWriter writer=resp.getWriter();
Status status=null;
Connection conn=null;
```

若获取到数据,则设置处理成功,将数据放入 Status,在 while 循环中添加如下代码:

```java
books.add(book);
status=Status.success().add(books);
```

如果获取到的数据为空,则返回错误为"没有数据",在 while 循环后面添加如下代码:

```
if(!(books.size()>0)){
    status=Status.fail(GlobalStatus.NO_DATA, "没有数据");
}
```

在 catch 中捕获到异常之后,处理错误:

```
status=Status.fail(GlobalStatus.SQL_ERROR, "查询异常");
```

最后,在 finally 中返回处理的结果:

```
writer.println(GsonUtil.getJsonString(status));
```

这样,获取书籍列表信息的接口就写好了。运行项目,在浏览器中输入接口地址,获取到的数据如图 12.5 所示。

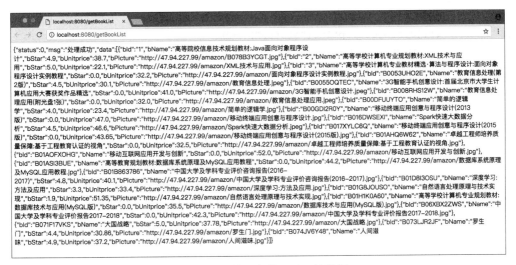

图 12.5　书籍列表接口返回的数据

书籍商城后台的接口文档地址为 https://github.com/zahkeJiang/bookstore/blob/master/api.md,这个文档中包含了 Android 端需要用到的接口的说明。

12.2　书籍数据解析

本节将使用 Android 中的网络请求与数据解析技术。网络请求框架包括目前最火热的轻量级框架 OkHttp 以及在 2013 年 Google I/O 大会上推出的 Volley。

12.2.1　解析书籍列表

首先,添加在第 11 章写的网络请求的工具类 Volley API 和 OkHttp,使用之前不要忘记添加相关依赖,以及注册网络请求的权限。

接下来新建一个包,在 buu.bookstore.android 下的 core 中,包名叫作 volley,完成后在 volley 中添加工具类 VolleyApi,接着创建一个包名 okhttp,添加工具类 OkHttp。

在第 11 章中已经演示了如何调用接口方法,接下来解析获取到的 JSON 数据并展示。先在 entity 包中创建一个实体类 Book,包含名称、图片地址属性,然后快捷生成 getter()与 setter()方法,在 Book 类中右击,从弹出的快捷菜单中选择 Generate→Getter and Setter,然后选择要生成的属性,这里全部选中,单击 OK 按钮,在 Book 类下面就会生成所有属性的 getter()与 setter()方法;接下来在 MainActivity 类中定义一个全局的书籍 List 集合,添加如下代码:

```
ArrayList<Book>books=new ArrayList<>();
```

接着在 MainActivity 类中添加解析 JSON 数据为 Book 集合的方法,代码如下:

```
public void getBooks(String response) {
    try {
        JSONObject jsonObject=new JSONObject(response);
        if(jsonObject.optInt("status")==0){
            JSONArray data=jsonObject.optJSONArray("data");
            for(int i=0;i<data.length();i++){
                JSONObject jsonObject1=data.getJSONObject(i);
                Book book=new Book();
                book.setbId(jsonObject1.optString("bId"));
                book.setbName(jsonObject1.optString("bName"));
                book.setbStar(jsonObject1.optDouble("bStar"));
                book.setbUnitprice(jsonObject1.optDouble("bUnitprice"));
                book.setbPicture(jsonObject1.optString("bPicture"));
                books.add(book);
            }
        }
    } catch(JSONException e) {
        e.printStackTrace();
    }
}
```

通过 getBooks()方法将 JSON 数据转换成 List<Book>,就可以让适配器加载了。下面为书籍列表添加样式。在 res 下面的 layout 中添加 book_list_item.xml 文件,这是一个布局样式,具体布局代码就不详细展示了,效果如图 12.6 所示。

这是书籍列表中每个单元的布局,然后创建加载书籍列表的适配器,在包名为 adapter 的包中创建 BookListAdapter.java 文件,代码如下:

```
public class BookListAdapter extends BaseAdapter {
    private Context context;
    private ArrayList<Book>books;
    public BookListAdapter(Context context, ArrayList<Book>books) {
```

图 12.6　书籍列表界面

```
    this.context=context;
    this.books=books;
}
@Override
public int getCount() {
    return books.size();
}
@Override
public Object getItem(int position) {
    return books.get(position);
}
@Override
public long getItemId(int position) {
    return position;
}
@Override
public View getView(int position, View convertView, ViewGroup parent) {
    ViewHolder viewHolder;
    if(convertView==null) {
        convertView=LayoutInflater.from(context).inflate(R.layout.book_
        list_item, parent, false);
        viewHolder=new ViewHolder(convertView);
```

```
            convertView.setTag(viewHolder);
        } else {
            viewHolder=(ViewHolder) convertView.getTag();
        }
        Book book=books.get(position);
        Picasso.with(context)
                .load(book.getbPicture())
                .into(viewHolder.mImageCover);
        viewHolder.mId.setText(book.getbId());
        viewHolder.mBookName.setText(book.getbName());
        viewHolder.mPrice.setText(""+book.getbUnitprice());
        viewHolder.mRatingStar.setRating(Float.parseFloat(book.getbStar()+""));
        return convertView;
    }
    private class ViewHolder {
        TextView mId;
        ImageView mImageCover;
        TextView mBookName;
        TextView mPrice;
        RatingBar mRatingStar;
        public ViewHolder(View view) {
            mId=view.findViewById(R.id.text_b_id);
            mImageCover=view.findViewById(R.id.book_cover);
            mBookName=view.findViewById(R.id.book_name);
            mPrice=view.findViewById(R.id.book_price);
            mRatingStar=view.findViewById(R.id.rating_star);
        }
    }
}
```

最后加载前面解析的数据就可以了。先实例化 GradView，在 MainActivity 类中声明 GradView 对象，代码如下：

```
private GridView mGradView;              //商品列表
```

在 findView()中实例化：

```
mGradView=findViewById(R.id.grid_view_book);
```

最后更改 httpRequest()方法中的 onResponse()方法，在里面增加如下代码：

```
getBooks(response.toString());
mGradView.setAdapter(new BookListAdapter(MainActivity.this, books));
```

运行项目，轮播图下面会展示书籍列表信息，但是滑动列表发现，整个界面没有滑动，只有 GradView 能滑动，这是因为 GradView 的高度需要手动设置。打开 MainActivity.java 文件，添加设置 GradView 的高度的方法，代码如下：

```
//手动设置 gridView 的高度
private void setGridViewHeightBasedOnChildren(GridView gridView) {
    ListAdapter listAdapter=gridView.getAdapter();
    if(listAdapter==null) {
        return;
    }
    int totalHeight=0;
    int index;
    if(listAdapter.getCount()%2==0) {
        index=listAdapter.getCount()/2;
    }else {
        index=listAdapter.getCount()/2+1;
    }
    for(int i=0; i<index; i++) {
        View listItem=listAdapter.getView(i, null, gridView);
        listItem.measure(0, 0);
        totalHeight +=listItem.getMeasuredHeight();
    }
    ViewGroup.LayoutParams params=gridView.getLayoutParams();
    params.height=totalHeight;
    gridView.setLayoutParams(params);
}
```

　　然后在 httpRequest()方法中的 onResponse()方法中调用,将 mGradView 传入,运行项目,列表就显示正常了。

12.2.2　解析书籍详情

　　前面完成了书籍列表的展示,接下来通过 OkHttp 完成书籍详情信息的展示。首先完成界面布局。打开 activity_book_info.xml 文件,完成布局,如图 12.7 所示。

　　获取书籍详细信息的接口需要上传书籍对应的 id 字段,该字段在单击书籍列表的 item 跳转时传递过来,传递的方式是使用 Intent,在 MainActivity 中的 httpRequest()方法中找到 onResponse()方法,在里面添加列表的单击事件,代码如下:

```
mGradView.setOnItemClickListener(new AdapterView.OnItemClickListener() {
    @Override
    public void onItemClick(AdapterView<?>parent,
                            View view, int position, long id) {
        LinearLayout layout=(LinearLayout)
                            mGradView.getChildAt(position);
        //获取到被单击的 Item 的 Textview 控件
        TextView mId=layout.findViewById(R.id.text_b_id);
        Intent bookInfo=new Intent(MainActivity.this,
                            BookInfoActivity.class);
        bookInfo.putExtra("bId", mId.getText());
```

```
        startActivity(bookInfo);
    }
});
```

书籍的 id 传到 BookInfoActivity 界面,需要在这里接收数据,并通过 OkHttp 发起网络请求。首先实例化需要用到的控件,以及单击方法,这里就不详细展示了。在 BookInfoActivity 中创建 init()方法并在 onCreate()方法中调用,代码如下:

```
private void init() {
    preferences=App.getApp().getPreferences();
    uId=preferences.getInt("uId", 0);
    Intent intent=getIntent();
    String bId=intent.getStringExtra("bId");
    bookId=bId;
    OkHttp.request("getBook")
        .addParameter("bId", bId)
        .send(new OkHttp.Callback<JSONObject>() {
            @Override
            public void onDataReceived(JSONObject result) {
                try {
                    JSONObject json=new JSONObject(result.toString());
                    System.out.println("status"+json.optInt("status"));
                    if(json.optInt("status")==0){
                        JSONObject data=json.optJSONObject("data");
                        String bPublish=data.optString("bPublish");
                        String bName=data.optString("bName");
                        String bAuthorOne=data.optString("bAuthorOne");
                        String bAuthorTwo=data.optString("bAuthorTwo");
                        String bAuthorThree=data.optString("bAuthorThree");
                        String bAuthorFour=data.optString("bAuthorFour");
                        String bAuthorFive=data.optString("bAuthorFive");
                        String bLanguage=data.optString("bLanguage");
                        int bFormat=data.optInt("bFormat");
                        String bSize=data.optString("bSize");
                        String bWeight=data.optString("bWeight");
                        double bStar=data.optDouble("bStar");
                        int bRank=data.optInt("bRank");
                        double bUnitprice=data.optDouble("bUnitprice");
                        String bDiscription=data.optString("bDiscription");
                        String bPicture=data.optString("bPicture");
                        mBookName.setText(bName);
                        mRatingBar.setRating((float) bStar);
                        Picasso.with(BookInfoActivity.this).load(bPicture)
```

```
                            .into(mBookCover);
                mPrice.setText(bUnitprice+"");
                mDescription.setText(bDiscription);
                mPublish.setText(bPublish);
                mWeight.setText(bWeight);
                mLanguage.setText(bLanguage);
                mPackageSize.setText(bSize);
                mRank.setText(bRank+"");
                mAuthor.setText(bAuthorOne+""+bAuthorTwo+""+
                bAuthorThree+""+bAuthorFour+""+bAuthorFive);
            }else {
            Toast.makeText(BookInfoActivity.this,json.optString
                ("msg"),Toast.LENGTH_SHORT).show();
            }
        } catch(JSONException e) {
            e.printStackTrace();
        }
    }
  });
}
```

至此，数据请求解析就完成了。运行项目，单击书籍列表中的任意一个，跳转到书籍详情界面，如图 12.7 所示。

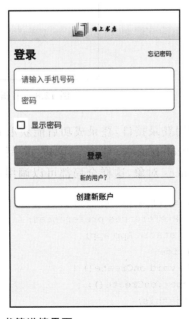

图 12.7　书籍详情界面

12.3　账户信息

用户账户包含的功能有登录、注册、忘记密码,账户信息查看、编辑与修改;登录、注册采用了比较简单的逻辑,没有做 session 或者 token 的验证;忘记密码涉及账户检验的问题,一般地,如果是邮箱账户,则用邮箱校验;如果是手机账户,则用短信校验。

12.3.1　登录信息存储

单击"登录"按钮跳转到登录界面,先完成登录界面布局,如图 12.8 所示。

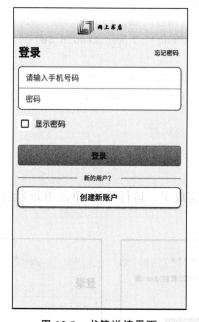

图 12.8　书籍详情界面

接下来调用登录接口,登录成功后能获取到用户信息,需要将用户的信息存入本地,通过 SharedPreferences 实现,可以重写 Application 类,在里面创建静态的 SharedPreferences 对象,这样全局都可以调用,代码如下:

```
public class App extends Application {
    SharedPreferences preferences;
    public static App app;
    @Override
    public void onCreate() {
        super.onCreate();
        app=this;
    }
    public static App getApp() {
        return app;
    }
```

```
public SharedPreferences getPreferences() {
    preferences=getSharedPreferences("user_info",
                        Context.MODE_PRIVATE);
    return preferences;
}
}
```

当登录成功获取到用户信息后，就可以存入本地，调用代码如下：

```
preferences=App.getApp().getPreferences();
SharedPreferences.Editor editor=preferences.edit();
editor.putInt("uId", data.optInt("uId"));
editor.putString("uRegister", data.optString("uRegister"));
editor.putString("uName", data.optString("uName"));
editor.putString("uSex", data.optString("uSex"));
editor.putString("uPhone", data.optString("uPhone"));
editor.putString("uQQ", data.optString("uQQ"));
editor.putInt("carts", data.optInt("carts"));
editor.commit();
```

12.3.2　忘记密码

用户忘记密码时，需要找回密码，如果是邮箱账户，则用邮箱验证；如果是手机账户，则用短信校验，这里采用短信校验的方式，短信校验需要接入第三方的 API，如阿里、百度、聚合等，这里采用了聚合数据，去官网注册一个账户，官网地址为 https://www.juhe.cn/；新用户短信校验接口有 10 次可以免费使用，这对于开发者来说非常方便；申请短信 API 的地址为 https://www.juhe.cn/docs/api/id/54，里面有接口文档以及示例代码，找到其中 Java 的代码，该代码已经完成了一个访问接口的 demo，可以直接使用。

申请完聚合数据的短信 API 服务之后，将案例代码封装成我们需要使用的工具类，找到包 utils，在下面创建 JuheSMS 类。

值得注意的是，工具类中定义了一个常量 APPKEY，这是模板 id，在"我的聚合"中需要申请模板，申请完成并通过审核之后可以在"数据中心"→"我的数据"中查看，如图 12.9 所示。

图 12.9　聚合数据界面

接下来在 LoginActivity 中添加跳转逻辑,单击"忘记密码",跳转到忘记密码界面,找到 case 为 text_forget_pass 的单击事件,添加如下代码:

```
Intent forgetPass=new Intent(LoginActivity.this, ForgetPassActivity.class);
startActivity(forgetPass);
```

打开 activity_forget_pass.xml,修改布局界面如图 12.10 所示。

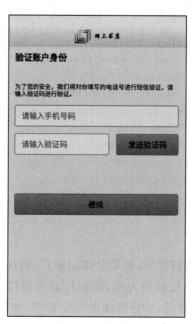

图 12.10 忘记密码界面

打开 ForgetPassActivity,实例化所要用到的控件以及添加单击事件的监听,在调用短信 API 之前需要创建一个生成随机数的工具,用来生成短信验证码,找到 utils 包,创建随机数生成工具类 CodeUtil,代码如下:

```
public class CodeUtil {
    public static String getRandom(int number){
        int max=((Double) Math.pow(10, number)).intValue() -1;
        int min=((Double) Math.pow(10, number-1)).intValue() ;
        Random r=new Random();
        int s=r.nextInt(max-min)+min;
        return s+"";
    }
}
```

接下来就可以调用短信 API 发送验证码了。在 ForgetPassActivity 中先创建全局变量 Code,用于和用户输入的短信验证码进行比较,然后在发送验证码的单击事件中添加如下代码:

```
Code=CodeUtil.getRandom(4);
```

```
JuheSMS.getRequest2(ForgetPassActivity.this,
    mPhone.getText().toString(), 75049, Code);
//设置倒计时
new CountDownTimer(60000, 1000) {
    @Override
    public void onTick(long millisUntilFinished) {
        mSendSms.setClickable(false);
        mSendSms.setText("重新获取("+millisUntilFinished/1000 +"s)");
    }
    @Override
    public void onFinish() {
        mSendSms.setText("重新获取验证码");
        mSendSms.setClickable(true);
    }
}.start();
```

首先是 CodeUtil 的使用。若传入一个 int 类型的参数 4，则会得到一个位数为 4 的数字验证码；之后聚合短信的工具类 JuheSMS 的 getRequest2()方法需要传入 4 个参数，其中第二个参数是手机号，第三个参数是模板 id，模板 id 是申请的聚合数据短信 API 的模板 id，最后一个参数是发送短信内容里的验证码。

短信发送出去后，用户会收到短信验证码，填入验证码后单击"继续"按钮，程序需要对验证码进行校验，若匹配成功，则跳转到重设密码界面。在继续按钮的单击事件中添加校验和跳转逻辑，代码如下：

```
if(mSmsCode.getText().toString().equals(Code)){
    Intent resetPass= new Intent(ForgetPassActivity.this, ResetPassActivity.
class);
    resetPass.putExtra("uPhone", mPhone.getText().toString());
    startActivity(resetPass);
    finish();
}else {
    Toast.makeText(ForgetPassActivity.this, "错误的验证码",
                    Toast.LENGTH_SHORT)
        .show();
}
```

最后调用密码重置接口就可以了。打开密码重置界面，如图 12.11 所示。
调用密码重置接口，在 ResetPassActivity 中添加保存更改的单击事件，代码如下：

```
if(!mPassword.getText().toString().equals(mEnsurePass.getText().
    toString())){
    Toast.makeText(ResetPassActivity.this,"两次密码不一致",
    Toast.LENGTH_SHORT).show();
    return;
}
```

图 12.11　密码重置界面

```
if(mPassword.getText().toString().length()<8){
Toast.makeText(ResetPassActivity.this,"请输入 8 位密码",
    Toast.LENGTH_SHORT).show();
    return;
}
OkHttp.request("resetPass")
        .addParameter("uPhone", uPhone)
        .addParameter("uPassword", mPassword.getText().toString())
        .send(new OkHttp.Callback<JSONObject>() {
           @Override
           public void onDataReceived(JSONObject result) {
               if(result.optInt("status")==0){
Toast.makeText(ResetPassActivity.this,"修改成功",
    Toast.LENGTH_SHORT).show();
               finish();
           }else {
Toast.makeText(ResetPassActivity.this, "服务器异常",
    Toast.LENGTH_SHORT).show();
           }
        }
    });
```

12.4　立即购买

用户选中一个书籍商品，单击"立即购买"按钮，之后填写收货人信息、选择支付方式等，便完成了订单创建。可以在"我的订单"中查看订单。

12.4.1　收货地址

用户下单时需要选择收货人信息，包括姓名、联系方式、收货地址等，在个人中心也会有"我的地址"界面，先完成"我的地址"界面，找到 MainActivity 的 onClick() 方法，为"我的地址"添加单击事件，代码如下：

```
if(uId==0){
    Intent toLogin=new Intent(MainActivity.this, LoginActivity.class);
    startActivity(toLogin);
}else {
    Intent address=new Intent(MainActivity.this, AddressActivity.class);
    address.putExtra("type", "edit");
    startActivity(address);
}
```

修改布局文件 activity_address.xml，界面如图 12.12 所示。

图 12.12　地址信息界面

添加下拉菜单中的内容，在 res 下 values 文件下的 spanner.xml 文件，通过 spanner 实现地址选择。在 resources 中添加如下代码：

```
<string-array name="country">
<item>中国</item>
<item>美国</item>
    ...
<item>俄罗斯</item>
</string-array>
<string-array name="province">
<item>北京市</item>
<item>天津市</item>
    ...
<item>河北省</item>
</string-array>
```

在地址界面需要调用两个接口：一个是获取地址信息接口；一个是更改地址接口。在地址界面中先调用获取地址信息的接口，将获取到的数据解析并展示在各个编辑框中，单击"保存"按钮后，获取到更改的数据并调用更改地址信息接口进行更新。

在初始化方法 init()中，Intent 会接收 type 参数，所有跳转到该界面的 Intent 对象都会传递 type 参数，通过本地是否存在地址信息判断需要传递的参数，如果参数值是 edit，则表示是编辑地址，那么请求的接口是 updateAddress；如果参数值是 add，则表示是添加地址，请求的接口是 insertAddress()，通过这种方式区分。

12.4.2　立即下单

在书籍商品详情界面会显示默认地址详情信息，如果没有登录，单击后会跳转到登录界面；如果有登录就会跳转到收货地址编辑界面；打开 BookInfoActivity 界面，获取本地登录信息，添加 id 和存储对象，代码如下：

```
SharedPreferences preferences;
Integer uId;
```

在 init()方法中获取，代码如下：

```
preferences=App.getApp().getPreferences();
uId=preferences.getInt("uId", 0);
```

找到 onClick()方法，在 case 为 select_address 的单击事件中添加如下代码：

```
if(uId==0){
    Intent toLogin=new Intent(BookInfoActivity.this,LoginActivity.class);
    startActivity(toLogin);
}else {
    Intent selectAddress=new Intent(BookInfoActivity.this,AddressActivity.
class);
    if(mAddressId.getText().toString() !=""){
        selectAddress.putExtra("type", "edit");
    }else {
```

```
        selectAddress.putExtra("type", "add");
    }
    startActivity(selectAddress);
}
```

若用户已登录并且有收货地址信息,则当前界面需要展示。添加 onResume()方法显示收货地址信息,代码如下:

```
@Override
protected void onResume() {
    super.onResume();
    OkHttp.request("getAddress")
        .addParameter("uId", ""+uId)
        .send(new OkHttp.Callback<JSONObject>() {
            @Override
            public void onDataReceived(JSONObject result) {
                if(result.optInt("status")==0) {
                    JSONObject data=result.optJSONObject("data");
                    mAddress.setText(data.optString("township")+""+
                        data.optString("remarks"));
                    mAddressId.setText(data.optInt("aId")+"");
                }
            }
        });
}
```

这时若单击"立即购买"按钮,就会跳转到订单提交界面,在 case 为 buy_now 的单击事件中添加跳转逻辑,并且将地址、是否购物车内下单、商品信息等传入下单界面,代码如下:

```
if(uId==0){
    //请先登录
    Intent toLogin=new Intent(BookInfoActivity.this, LoginActivity.class);
    startActivity(toLogin);
}else {
    Intent pay=new Intent(BookInfoActivity.this, PayActivity.class);
    String param="?uId="+uId+"&bId="+bookId +"&quantity=1"+"&isCart=0"
        + "&aId="+mAddressId.getText().toString();
    pay.putExtra("param", param);
    startActivity(pay);
}
```

订单提交界面包含支付方式、发票类型以及发票抬头。打开布局文件 activity_pay. xml,更改界面如图 12.13 所示。

这里发票类型也用到 spanner,在 spanner.xml 文件中添加 resources,代码如下:

```xml
<string-array name="invoice_type">
    <item>电子发票</item>
    <item>纸质发票</item>
</string-array>
```

单击"确认支付"按钮,调用下单接口,并将订单信息参数上传,后台返回处理成功的状态码后,会跳转到下单结果界面,展示下单成功,以及"去查看"按钮。打开布局文件 activity_pay_result.xml,界面如图 12.14 所示。

图 12.13　订单提交界面　　　　　　　图 12.14　下单成功界面

PayResultActivity.java 中的代码比较简单,展示了下单成功的信息,单击"去查看"按钮,便跳转到订单列表界面。

12.4.3　订单中心

用户下单后,可以在我的订单中查看订单信息,包括订单列表信息和订单详情信息,在 MainActivity 中添加进入订单列表的入口,在 case 为 my_order 的单击事件中添加如下代码:

```java
if(uId==0){
    Intent toLogin=new Intent(MainActivity.this, LoginActivity.class);
    startActivity(toLogin);
}else {
    //订单列表
    Intent orders=new Intent(MainActivity.this, OrdersActivity.class);
    startActivity(orders);
}
```

修改布局文件 activity_orders.xml,订单界面如图 12.15 所示。

图 12.15 订单界面

在 entity 包中添加订单实体类 Order,并添加 getter( )与 setter( )方法,新增一个订单列表适配器,在 adapter 包下添加文件 OrderListAdapter.java。接下来加载订单列表,调用订单列表接口,获取订单信息,并解析与展示订单信息。打开 OrderActivity,订单列表接口请求代码如下:

```
preferences=App.getApp().getPreferences();
    OkHttp.request("getOrderList")
        .addParameter("uId", String.valueOf(preferences.getInt("uId", 0)))
        .send(new OkHttp.Callback<JSONObject>() {
            @Override
            public void onDataReceived(JSONObject result) {
                try {
                    if(result.optInt("status")==0) {
                        JSONArray data=result.optJSONArray("data");
                        orders=getOrders(data);
                        mListView.setAdapter(new OrderListAdapter
                            (OrdersActivity.this, orders));
                    }
                } catch(JSONException e) {
                    e.printStackTrace();
                }
            }
        });
```

运行程序,再添加一个订单。单击列表中的一个 Item,进入订单详情界面,该界面中包含订单号、订单日期、订单价格、订单状态、支付方式以及货物详情,更改布局文件 activity_order_detail.xml,界面如图 12.16 所示。

图 12.16　订单详情界面

完成布局样式后,接下来添加适配器 BooksAdapter。在 OrderDetailActivity.java 中获取订单详情信息,解析数据,适配器加载列表,网络请求并解析数据,代码如下:

```
OkHttp.request("getOrderDetails")
    .addParameter("oId", oId+"")
    .send(new OkHttp.Callback<JSONObject>() {
        @Override
        public void onDataReceived(JSONObject result) {
            try {
                JSONObject json=new JSONObject(result.toString());
                if(json.optInt("status")==0){
                    JSONObject data=json.optJSONObject("data");
                    mOrderNumber.setText(data.optString("bussinessId"));
                    mOrderDate.setText(data.optString("oDate"));
                    mOrderPrice.setText(""+data.optDouble("oCount"));
                    mOrderStatus.setText(data.optString("oStatus"));
                    mPayType.setText(data.optString("uPay"));
                    mUInvoiceTitle.setText(data.optString("uInvoiceTitle"));
                    mBookList.setAdapter(new BooksAdapter
                        (OrderDetailActivity.this,getBoooks
```

```
                (data.getJSONArray("books"))));
                setListViewHeightBasedOnChildren(mBookList);
            }
        } catch(JSONException e) {
            e.printStackTrace();
        }
    }
});
```

12.5　购　物　车

首页的右上角有一个购物车图标,中间的数字表示购物车中的商品数量,单击购物车图标,进入购物车界面,界面展示了购物车内的商品信息,用户可以移除购物车内的商品,也可以在购物车结算;用户浏览商品时,可以添加到购物车;用户在购物车结算后,购物车内容将会被清空,这些内容也需要后台进行处理,如在购物车结算后,数据库里此用户的购物车数据将会清空。

12.5.1　加入购物车

首先完成添加到购物车的功能。在 MainActivity 中,在 case 为 add_to_cart 的单击事件中添加如下代码:

```
if(uId==0){
    //请先登录
    Intent toLogin=new Intent(BookInfoActivity.this, LoginActivity.class);
    startActivity(toLogin);
}else {
    OkHttp.request("insertCart")
        .addParameter("uId", ""+uId)
        .addParameter("bId", bookId)
        .send(new OkHttp.Callback<JSONObject>() {
            @Override
            public void onDataReceived(JSONObject result) {
                if(result.optInt("status")==0){
                    //添加到购物车成功
                    preferences.edit()
                            .putInt("carts",preferences.getInt("carts",0)+1)
                            .commit();
                    Toast.makeText(BookInfoActivity.this, "添加成功",
                        Toast.LENGTH_SHORT).show();
                }else {
                    //添加到购物车失败
                    Toast.makeText(BookInfoActivity.this,
                        result.optString("msg"),Toast.LENGTH_SHORT).show();
```

```
        }
    }
});
}
```

单击首页右上角的购物车图标可以进入购物车界面,在 MainActivity 的单击事件中添加 case,代码如下:

```
case R.id.cart_number:
    if(uId==0){
        Intent toLogin=new Intent(MainActivity.this,  LoginActivity.class);
        startActivity(toLogin);
    }else {
        Intent toCart=new Intent(MainActivity.this, CartActivity.class);
        startActivity(toCart);
    }
    break;
```

购物车界面中有商品列表以及"去结算"按钮,更改 activity_cart.xml 文件,界面如图 12.17 所示。

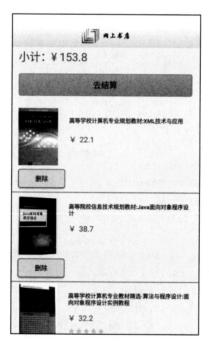

图 12.17　购物车界面

下面说明相关的实体类,以及对应的适配器。在 entity 包中添加实体类 Cart,并生成 getter()与 setter()方法,Cart 包含的属性如下:

```
public class Cart {
```

```
        private Integer cId;
        private Integer uId;
        private Book book;
    }
```

在 adapter 包中添加购物车列表的适配器 CartListAdapter.java，此适配器中包含了一个从购物车中移除的功能，给"删除"按钮添加单击事件，调用删除购物车内容接口，删除之后购物车界面需要更新，这里通过 Message 对象发送更新信息，在 CartActivity 中通过 Handler 接收消息并调用删除订单接口，当收到接口返回的删除成功的消息，则将需要移除的数据从本地的订单数据中移除，并重新加载购物车商品列表。

12.5.2　购物车结算

在购物车界面单击"去结算"按钮，如果购物车内有商品，则跳转到地址信息界面，用户确认地址信息无误后就可以支付了，若地址信息需要修改，则单击"编辑"按钮进行修改或者删除后重新添加。打开 activity_settlement.xml 文件，布局界面如图 12.18 所示。

图 12.18　确认地址界面

在地址信息界面，首先需要获取用户的地址信息，如果返回的地址信息为空，则跳转到编辑地址信息界面添加地址，添加完地址并保存后回到当前界面；用户单击"删除"按钮，调用删除地址接口，并跳转到地址编辑界面重新添加地址；单击"去支付"按钮，需要将地址信息传入支付界面，在 SettlementActivity.java 中，接收到传入的地址信息并调用下单接口完成下单，牢记下单成功后需要将本地缓存中购物车内的货物数量清空。

网上书城案例的全部代码已上传到 GitHub，可以访问链接 https://github.com/zahkeJiang/Amazon。

参 考 文 献

[1] 孙连英,刘畅,彭涛. Java 面向对象程序设计[M]. 北京:清华大学出版社,2017.

[2] 孙连英,刘畅,彭涛. 面向对象程序设计实例教程[M]. 北京:清华大学出版社,2014.

[3] 彭涛,孙连英. XML 技术与应用[M]. 北京:清华大学出版社,2012.

[4] 郭霖. 第一行代码:Android[M]. 2 版. 北京:人民邮电出版社,2016.

[5] 李刚. 疯狂 Android 讲义[M]. 3 版. 北京:电子工业出版社,2015.

[6] 郭霖. 第一行代码:Android[M]. 北京:人民邮电出版社,2014.

[7] Sillars D. 高性能 Android 应用开发[M]. 王若兰,周丹红,等译. 北京:人民邮电出版社,2016.

[8] 丰生强. Android 软件安全与逆向分析[M]. 北京:人民邮电出版社,2013.

[9] 李兴华. Java 开发实战经典[M]. 北京:清华大学出版社,2009.

[10] 何红辉,关爱民. Android 源码设计模式解析与实战[M]. 北京:人民邮电出版社,2015.

[11] 王向辉,张国印,沈洁. Android 应用程序开发[M]. 3 版. 北京:清华大学出版社,2016.

[12] 工信部通信行业技能鉴定指导中心. 移动应用开发技术[M]. 北京:人民邮电出版社,2012.

[13] 姚尚朗,靳岩. Android 开发入门与实战[M]. 2 版. 北京:人民邮电出版社,2013.

[14] 王东华. Android 网络开发与应用实战详解[M]. 北京:人民邮电出版社,2012.

[15] Bassett L. JSON 必知必会[M]. 魏嘉汛,译. 北京:人民邮电出版社,2016.

图书资源支持

感谢您一直以来对清华版图书的支持和爱护。为了配合本书的使用,本书提供配套的资源,有需求的读者请扫描下方的"书圈"微信公众号二维码,在图书专区下载,也可以拨打电话或发送电子邮件咨询。

如果您在使用本书的过程中遇到了什么问题,或者有相关图书出版计划,也请您发邮件告诉我们,以便我们更好地为您服务。

我们的联系方式:

地　　址:北京市海淀区双清路学研大厦 A 座 714

邮　　编:100084

电　　话:010-83470236　010-83470237

客服邮箱:2301891038@qq.com

QQ:2301891038(请写明您的单位和姓名)

资源下载: 关注公众号"书圈"下载配套资源。

资源下载、样书申请

书圈

获取最新书目

观看课程直播